数控加工技术

（第4版）

主　编　卢万强　苟建峰

参　编　杨保成　喻廷红　罗忠良

北京理工大学出版社
BEIJING INSTITUTE OF TECHNOLOGY PRESS

内 容 提 要

《数控加工技术（第4版）》分八章：第1章数控加工概述，第2章数控加工工艺基础，第3章数控加工程序的编制基础，第4章数控车削工艺与编程，第5章数控铣削工艺与编程，第6章变量编程及用户宏程序，第7章数控电火花加工技术，第8章先进制造技术介绍。本次修订参考对第2—5章作了较大修改，层次更清晰，内容更详细，更加强化适用性。每章后附有了适当的练习与思考题，便于学生复习巩固所学知识。

《数控加工技术（第4版）》可以作为高职院校数控技术专业、机电一体化技术专业、机械制造与自动化专业的教材，也可作为大专、职大、电大师生及工程技术人员的参考用书。

版权专有　侵权必究

图书在版编目（CIP）数据

数控加工技术/卢万强，荀建峰主编．—4版．—北京：北京理工大学出版社，2019.8（2024.7 重印）

ISBN 978-7-5682-7355-8

Ⅰ．①数… Ⅱ．①卢… ②荀… Ⅲ．①数控机床-加工-高等学校-教材 Ⅳ．①TG659

中国版本图书馆 CIP 数据核字（2019）第 168598 号

出版发行 / 北京理工大学出版社有限责任公司
社　　址 / 北京市海淀区中关村南大街5号
邮　　编 / 100081
电　　话 / （010）68914775（总编室）
　　　　　　（010）82562903（教材售后服务热线）
　　　　　　（010）68944723（其他图书服务热线）
网　　址 / http：//www.bitpress.com.cn
经　　销 / 全国各地新华书店
印　　刷 / 三河市天利华印刷装订有限公司
开　　本 / 787 毫米 × 1092 毫米　1/16
印　　张 / 18.5　　　　　　　　　　　　　　责任编辑 / 多海鹏
字　　数 / 430 千字　　　　　　　　　　　　文案编辑 / 多海鹏
版　　次 / 2019 年 8 月第 4 版　2024 年 7 月第 8 次印刷　　责任校对 / 周瑞红
定　　价 / 49.90 元　　　　　　　　　　　　责任印制 / 李志强

图书出现印装质量问题，请拨打售后服务热线，本社负责调换

前　言

"十四五"时期，我国迈入到以创新驱动为主导的工业化后期阶段，新型工业化发展势不可挡，新型技术和新型产业深度融合将全面应用于传统制造业。数控加工技术是新型工业化建设的基础，是培养创新性人才、实用性人才、技术型人才的途径之一，必将有更加广泛的应用。

《数控加工技术》（第4版）教材贯彻落实党的二十大精神，围绕建设现代化产业体系，推进新型工业化，加快建设制造强国、质量强国和重大技术装备攻关工程，推动制造业高端化、智能化、绿色化发展的目标；深入实施科教兴国、人才强国和创新驱动发展战略；以立德树人为根本目的，坚持为国育才，全面提高人才培养质量；推进职普融通、产教融合、科教融汇，优化职业教育定位；充分体现了新型工业化建设的特点和需要，着力提高人才竞争力。

《数控加工技术》（第4版）教材在修订中更加突出职业教育特点，增强实用性和素质培养。除了保留传统的数控加工基本理论和技能之外，注意融入了现代制造技术的新材料、新工艺，坚持以数控加工过程为主线，遵循人的认知规律，从机械加工的生产实际过程出发，将数控加工的基本理论知识、数控工艺、数控编程、数控夹具、数控刀具、现代监测技术及数控加工质量控制等内容融合在一起，详细介绍了数控车削加工技术、数控铣削加工技术以及数控电火花加工技术等制造工艺与编程内容，在阐明概念的基础上突出实用技术的应用性。全书共8章：第1章数控加工概述，主要讲述数控加工技术的相关概念，数控机床的工作原理、分类、加工特点及应用范围，数控技术的现状和发展趋势；第2章数控加工工艺基础，主要讲述数控机床、刀具、夹具、切削用量等工艺装备及选用；第3章数控加工程序编制基础，主要讲述数控程序编制的基础知识，数控加工坐标系，程序的规划和程序格式，加工路线的设计等；第4章数控车削工艺与编程，主要讲述数控车削加工的工艺实施过程和程序编制方法，并结合典型零件，以项目式方法讲解具体应用，第5章数控铣削工艺与编程，主要讲述数控铣削加工的工艺实施过程和程序编制方法，并结合典型零件，以项目式方法讲解具体应用；第6章变量编程及用户宏程序，主要讲述变量的定义、类型，变量编程的方法以及用户宏程序的具体应用；第7章数控电火花加工技术，主要讲述数控电火花线切割机床机构、工作原理和编程方法；第8章先进制造技术介绍，主要介绍数控高速加工、多轴加工和柔性制造技术的基本概念原理和加工思路。《数控加工技术》（第4版）教材的修订由四川工程职业技术学院卢万强担任主编。具体分工如下：四川工程职业技术学院卢万强修订第1、2、3章，四川工程职业技术学院罗忠良修订第4章，四川工程职业技术学院苟建峰修订第 5 章，四川工程职业技术学院杨保成修订第 6 章，四川工程职业技术学院喻廷红修订第 7、8 章。

编写过程中，编者参阅了国内外出版的有关教材和资料，同时引用了一些网上相关资料，在此一并表示衷心感谢！

由于编者水平有限，书中不妥之处在所难免，恳请读者批评指正。

编 者

目 录

第1章 数控加工概述 1

1.1 数控加工的基本概念 1
  1.1.1 数控技术的产生 1
  1.1.2 数控加工的基本概念 2
  1.1.3 数控加工的适应范围 4
  1.1.4 现代制造对数控加工技术的要求 5
1.2 数控机床的组成 7
1.3 常见数控机床的类型 12
1.4 数控加工的工作流程 14
练习与思考题 15

第2章 数控加工工艺基础 16

2.1 数控加工工艺概述 16
  2.1.1 数控机床加工特点 16
  2.1.2 数控加工工艺特点 17
2.2 数控加工工艺设计的基本内容 19
  2.2.1 选择适合数控加工的零件 19
  2.2.2 确定零件数控加工的内容 20
  2.2.3 数控加工的工艺性分析 20
  2.2.4 数控加工阶段及工序的划分 22
  2.2.5 加工余量的确定 24
  2.2.6 加工方法的选择和加工路线的确定 25
  2.2.7 工件的定位、装夹和夹具选择 31
  2.2.8 数控刀具的选择 32
  2.2.9 对刀点与换刀点的确定 35
  2.2.10 切削用量的选择 35
  2.2.11 加工程序的编制、校验和首件试切 38
  2.2.12 数控加工工艺文件的归档 40
练习与思考题 44

第3章 数控加工程序编制基础 ········ 45

3.1 数控机床的坐标系统 ········ 45
3.1.1 标准坐标轴及其运动方向 ········ 46
3.1.2 数控加工常用坐标系 ········ 47
3.2 数控编程的步骤 ········ 49
3.2.1 数控编程的种类 ········ 49
3.2.2 手工编程的步骤 ········ 52
3.3 数控加工程序的结构 ········ 54
3.3.1 字符和代码 ········ 54
3.3.2 程序字及其功能 ········ 55
3.3.3 程序段格式 ········ 58
3.4 程序规划的基本内容 ········ 59
3.4.1 原始信息及处理 ········ 60
3.4.2 生产能力评估 ········ 60
3.5 数控编程中的数学处理 ········ 62
3.5.1 数学处理的内容 ········ 62
3.5.2 数控加工编程误差 ········ 66
练习与思考题 ········ 67

第4章 数控车削工艺与编程 ········ 68

4.1 数控车削加工概述 ········ 68
4.1.1 数控车削加工的主要对象 ········ 68
4.1.2 数控车削加工工艺特点 ········ 69
4.1.3 数控车床的分类与选择 ········ 75
4.1.4 数控车刀的类型及选用 ········ 79
4.1.5 数控车削工艺路线的制定原则 ········ 83
4.1.6 数控车削的切削用量选择 ········ 84
4.2 数控车削的编程指令 ········ 86
4.2.1 数控车削的编程特点 ········ 87
4.2.2 数控车削工件坐标系（G50/G54） ········ 88
4.2.3 编程方式（G90/G91） ········ 89
4.2.4 进给功能（G98/G99） ········ 90
4.2.5 主轴转速功能（G97/G96/G50） ········ 90
4.2.6 刀具功能代码（T） ········ 91
4.2.7 辅助功能代码（M） ········ 91
4.2.8 机床参考点（G27/G28/G29） ········ 92

4.2.9 插补平面指令（G17/G18/G19） …… 93
4.2.10 基本运动 G 指令（G00/G01/G02/G03） …… 94
4.2.11 暂停指令（G04） …… 96
4.2.12 数控车削的刀具补偿（G41/G42） …… 96
4.2.13 数控车削螺纹（G32/G92） …… 100
4.2.14 数控车削复合固定循环（G71/G72/G73/G70/G76） …… 104
4.3 数控车削编程综合实例 …… 112
4.3.1 轴类零件的编程实例 …… 112
4.3.2 轴套类零件的编程实例 …… 125
练习与思考题 …… 130

第5章 数控铣削工艺与编程 …… 133

5.1 数控铣削加工概述 …… 133
5.1.1 数控铣削加工的主要对象 …… 133
5.1.2 数控铣床的组成及分类 …… 135
5.1.3 数控铣削刀具的类型及选用 …… 140
5.1.4 数控铣削工艺路线的制定 …… 147
5.1.5 数控铣削切削用量选择 …… 150
5.1.6 确定装夹方法 …… 152
5.2 数控铣削的编程指令 …… 153
5.2.1 数控铣削的编程特点 …… 153
5.2.2 数控铣削编程坐标系的建立（G54/G92） …… 155
5.2.3 进给速度设定（G94/G95） …… 157
5.2.4 数控加工中心换刀控制（M06） …… 158
5.2.5 数控铣削刀具半径补偿（G41/G42/G40） …… 159
5.2.6 数控铣削刀具长度补偿（G43/G44/G49） …… 162
5.2.7 数控铣削加工转角控制（G64/G09/G61/G62/G63） …… 164
5.2.8 孔加工固定循环功能 …… 165
5.2.9 子程序（M98/M99） …… 179
5.2.10 坐标系旋转功能（G68/G69） …… 182
5.2.11 极坐标指令（G16/G15） …… 185
5.2.12 比例镜像指令 …… 187
5.3 数控铣削加工编程综合实例 …… 191
练习与思考题 …… 203

第6章 变量编程及用户宏程序 …… 205

6.1 变量编程概述 …… 205

  6.1.1 变量编程基础 …………………………………………………………… 205
  6.1.2 变量编程的控制方式 …………………………………………………… 208
 6.2 变量编程及用户宏程序应用举例 …………………………………………… 210
 练习与思考题 …………………………………………………………………… 214

第7章 数控电火花加工技术 …………………………………………………… 216

 7.1 数控电火花加工概述 ………………………………………………………… 216
  7.1.1 数控电火花加工原理 …………………………………………………… 216
  7.1.2 数控电火花加工的特点 ………………………………………………… 218
  7.1.3 数控电火花加工的分类 ………………………………………………… 218
 7.2 数控电火花线切割加工基础 ………………………………………………… 220
  7.2.1 数控电火花线切割加工原理 …………………………………………… 220
  7.2.2 数控电火花线切割加工的分类和特点 ………………………………… 221
  7.2.3 数控电火花线切割加工工艺基础 ……………………………………… 222
 7.3 数控电火花线切割加工编程 ………………………………………………… 229
  7.3.1 3B 编程 …………………………………………………………………… 229
  7.3.2 ISO 码编程 ……………………………………………………………… 231
 7.4 数控电火花线切割编程举例 ………………………………………………… 238
 7.5 数控电火花成形加工 ………………………………………………………… 242
  7.5.1 数控电火花成形加工原理 ……………………………………………… 242
  7.5.2 数控电火花成形加工的特点 …………………………………………… 243
  7.5.3 数控电火花成形加工工艺基础 ………………………………………… 243
  7.5.4 数控电火花成形加工编程 ……………………………………………… 246
 练习与思考题 …………………………………………………………………… 248

第8章 先进制造技术概述 …………………………………………………………… 249

 8.1 高速切削技术概述 …………………………………………………………… 249
  8.1.1 高速切削加工机床的特点 ……………………………………………… 250
  8.1.2 高速切削加工的刀柄和刀具 …………………………………………… 251
  8.1.3 高速加工工艺 …………………………………………………………… 252
  8.1.4 高速切削数控编程的特点 ……………………………………………… 254
 8.2 自动编程技术概述 …………………………………………………………… 255
  8.2.1 自动编程原理及类型 …………………………………………………… 255
  8.2.2 自动编程软件系统概述 ………………………………………………… 256
 8.3 柔性制造技术概述 …………………………………………………………… 259
  8.3.1 柔性制造的分类及特点 ………………………………………………… 259
  8.3.2 柔性制造在制造业中的作用 …………………………………………… 260

  8.3.3 柔性制造技术的发展 …………………………………………………………… 261

附录 ………………………………………………………………………………………… 263

  附录1 SINUMERIK 840D 控制系统代码及含义 ……………………………………… 263
  附录2 SINUMERIK 802S/C 数控车床系统的常用 G 代码 …………………………… 272
  附录3 FAGOR8055T 系统常用的 G 代码 ……………………………………………… 274
  附录4 世纪星 HNC-21M 数控铣床 G 代码功能 ……………………………………… 276
  附录5 世纪星 HNC-21T 数控车床 G 代码功能 ……………………………………… 278
  附录6 数控铣床常见辅助代码 …………………………………………………………… 279
  附录7 常见数控车床辅助代码 …………………………………………………………… 280

参考文献 …………………………………………………………………………………… 281

第 1 章 数控加工概述

1.1 数控加工的基本概念

1.1.1 数控技术的产生

随着科学技术和社会生产的不断发展,机械产品的结构越来越复杂,产品更新越来越快,因此对加工机械产品的生产设备提出了更高(高性能、高精度和高自动化)的要求。传统的普通机床、专用机床、仿形机床已经不再满足加工需要。为此,一种新型的数字程序控制机床应运而生,它极其有效地解决了上述一系列矛盾,为单件、小批量生产,特别是复杂型面零件的生产提供了自动化加工手段。数字控制技术(简称数控技术)于 20 世纪中期在美国率先开始研究,是为了适应航空工业制造复杂零件的需要而产生的。1948 年,美国帕森斯公司(Parsons Co.)接受美国空军委托,研制直升机叶片轮廓用样板的加工设备。在制造飞机框架及直升机叶片轮廓用样板时,利用全数字电子计算机对轮廓路径进行数据处理,并考虑了刀具直径对加工路径的影响,提高了加工精度。1949 年,帕森斯公司在麻省理工学院(MIT)伺服机构试验室的协助下开始从事数控机床的研制工作,经过三年时间的研究,于 1952 年试制成功世界第一台数控机床试验性样机。这是一台采用脉冲乘法器原理的直线插补三坐标连续控制铣床,即数控机床的第一代。1955 年,美国空军花费巨额经费订购了大约 100 台数控机床,此后两年,数控机床在美国进入迅速发展阶段,市场上出现了商品化数控机床。1958 年,美国克耐·杜列克公司(Keaney Trecker)在世界上首先研制成功带自动换刀装置的数控机床，称为"加工中心"（Machining Center，MC）。

数控技术的发展过程见表1-1。

表1-1 数控技术的发展过程

发展阶段		时间	特点
硬件数控（NC）	第1代	1952年	采用电子管
	第2代	1959年	采用晶体管元件和印制电路板
	第3代	1965年	采用小规模集成电路
软件数控（CNC）	第4代	1970年	采用小型计算机
	第5代	1974年	采用微处理器和半导体存储器的微型计算机数控装置（MNC）
	第6代	20世纪90年代	采用PC+CNC的数控系统

1.1.2 数控加工的基本概念

1. 基本术语

现代的机械加工装备已经广泛采用数控设备，为了讨论方便，下面给出几个重要的概念。

数控（NC）是数字控制（Numerical Control）的简称，是借助数字、字符或其他符号对某一个工作过程（如加工、测量或者装配等）进行可编程控制的自动化方法。目前数控一般是采用通用或专用计算机来实现数字程序控制，因此数控也称为计算机数控（Computer Numerical Control，CNC）。

数控技术（Numerical Control Technology）是指采用数字控制的方法对某一个工作过程实现自动控制的技术。在机械加工过程中使用数控机床时，可将其运行过程数字化，这些数字信息包含了机床刀具的运动轨迹、运行速度及其他工艺参数等，而这些数据可以根据要求很方便地实现编辑修改，满足了柔性化的要求。它所控制的通常是位移、角度、速度等机械量或与机械能量流向有关的开关量。数控的产生依赖于数据载体及二进制形式数据运算的出现，数控技术的发展与计算机技术的发展是紧密相连的。

数控系统（Numerical Control System）是实现数控技术相关功能的软、硬件模块的有机集成系统。相对于模拟控制而言，数字控制系统中的控制信息是数字量，模拟控制系统中的控制信息是模拟量，数字控制系统是数控技术的载体。其特点是可以用不同的字长表示不同精度的信息，可以进行算术运算、逻辑运算等，也可以进行复杂的信息处理，还可以通过软件改变信息处理的方式和过程，因而具有较大的柔性。数字控制系统已经广泛用于机床、自动生产线、机器人、雷达跟踪系统等自动化设备。

数字设备是指某一设备（机床、工业机器人等）实现其自动工作过程的控制信息采用的是数字化信息。数控设备是目前设备制造的方向，特别是数控机床，其是集光、机、电、液等的高技术加工设备，价格较高，维修、维护困难，加工中的编程和机床调整复杂，因此需要具有数控技术基础知识的技能型人才来操作和维护。

数控机床（Numerical Control Machine Tools）是采用数字控制技术对机床的加工过程进

行自动控制的一类机床,是数控设备的一种。数控机床是机电一体化的典型产品,是集机床、计算机、电机及拖动、自动控制、检测等技术为一体的自动化设备,使输入数据的存储、处理、运算、逻辑判断等各种控制机能的实现均可通过计算机软件来完成。从外观及布局来看,数控机床除了具有与其对应的普通机床的床身、导轨、主轴、工作台及刀架等相同或相似的机床主体外,还具有普通机床所不可能配置的两大部分,即对机床进行指挥、控制的计算机数控装置和驱动机床运动的机构,包括机床主轴伺服驱动及进给机构实施位移的进给伺服系统。图 1-1 所示为五轴数控机床。

图 1-1　五轴数控机床

2. 数控加工与传统加工

图 1-2 所示为传统加工与数控加工的比较。在普通机床上进行零件加工时,操作者根据工序卡的要求操作机床,并同步地不断调整刀具与工件的相对运动轨迹和加工参数,完成切削加工,获得合格的产品,整个加工过程完全取决于操作者的习惯和技术水平。

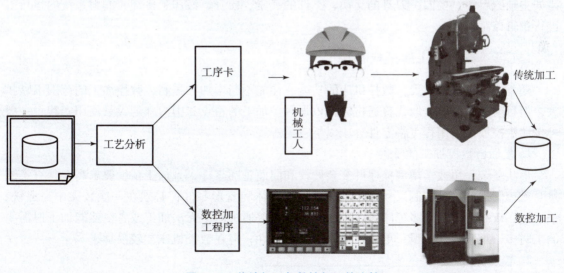

图 1-2　传统加工与数控加工的比较

在数控机床上加工零件时，首先要将刀具和工件的相对运动轨迹，以及加工过程中的主轴速度和进给速度的变换、切削液的开关、工件的夹紧和松开、刀具的交换等几何信息和工艺信息数字化，通过计算机按规定的代码和格式编写成加工程序，然后将程序送入数控系统，数控系统按照程序的要求进行相应的运算、处理，输出控制命令，使各坐标轴、主轴以及辅助动作协调运动，实现刀具与工件的相对运动及零件的自动加工，其加工过程绝大部分是由数控系统的自动控制实现的。

3. 数控加工过程信息的处理和流程

数控加工过程信息的处理和流程如图1-3所示。

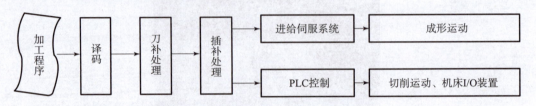

图1-3 数控加工过程信息的处理和流程

数控加工时，首先要对数控加工程序进行解释（译码），以程序段为单位转换成刀补处理程序所要求的数据结构（格式），该数据结构用来描述一个程序段解释后的数据信息，主要包括：X、Y、Z坐标值；进给速度；主轴转速；G代码；M代码；刀具信息；子程序处理和循环调用处理等数据或标志的存放顺序和格式。另外，数控加工程序一般是按照零件轮廓编写的，而数控机床在加工过程中控制的是刀具中心或者假想刀尖点的运动轨迹，因此加工前必须将零件轮廓转换成刀具中心或刀尖点的运动轨迹，即要先进行刀具补偿的处理，然后以系统规定的插补周期进行定时运动，将零件的各种线型（直线或圆弧等）组成的零件轮廓，按照程序给定的进给速度，实时计算出各个坐标轴在插补周期内的位移指令，并送给伺服系统，实现成形运动。同时逻辑控制器（Programmable Logic Controller，PLC）以CNC内部或机床各行程开关、传感器、继电器等开关量信号为条件，按照预先设定的逻辑顺序对诸如主轴的启停、换向，刀具的交换，工件的夹紧、松开，液压、冷却、润滑系统的运行等进行逻辑控制。

1.1.3 数控加工的适应范围

随着数控技术的发展，数控机床的功能、性能不断增加和提高，数控加工的范围不断扩大，但目前还不能完全取代普通机床。根据数控加工的特点和国内外的大量使用实践，一般可按照数控加工适用程度将零件分成以下三类。

1. 最适合数控加工的零件

形状复杂，用数学模型描述的复杂曲线和曲面轮廓零件，且加工精度要求高；具有难测量、难控制进给、难控制尺寸的不开敞内腔的壳体和盒形零件；必须在一次装夹中完成铣、镗、锪、铰和攻螺纹的多工序零件。上述零件在普通机床上无法加工或者虽然能加工但需要的工时多，难以保证质量，更难保证零件的一致性，但在数控机床上较易加工。

2. 较适合数控加工的零件

在普通机床上加工时易受人为因素（如情绪波动、体力强弱和技术水平等）干扰，且价值较高，一旦质量失控造成的经济损失重大的零件；在普通机床上加工必须专门设计复杂工艺装备的零件；需要多次更改设计后才能定型的零件；在普通机床上加工需要长时间调整的零件；在普通机床上加工生产率很低和体力劳动强度较大的零件。这几类零件在分析完可加工性之后，还要在提高生产率和经济效率方面做综合衡量，一般可以把它们作为数控加工的主要选择对象。

3. 暂不适合数控加工的零件

对于批量大，加工余量很不稳定，必须用特定的工艺装备协调加工的零件，采用数控加工后在加工效率和经济效率方面无明显改善的暂不适合数控加工，但随着数控加工技术的发展、数控机床品种的增加、数控加工功能的改善、数控加工效率的提高、数控机床成本的下降，特别是数控自动生产线（FMS）的出现和应用，不适合数控加工的零件会越来越少。

1.1.4 现代制造对数控加工技术的要求

进入 21 世纪后，数控加工技术出现了一些新的特征：产品绿色化，提供的产品在全寿命周期资源消耗低、无污染或少污染，以及可回收或可重用；参数极端化，产品向高效、高参数、大型化或微型化、成套化的方向发展；生产过程自动化，并向信息化、柔性化方向发展；需求个性化，用户对产品的需求多样化、分散化和个性化，未来的市场需求更加趋于动态多变；产业集群化，同类企业或相近企业在同一地区高度聚集，形成集群化的竞争优势；业务服务化，服务在价值链中的比重大幅上升，制造业不仅要为客户提供有形的装备，还要提供越来越好的服务。为此，对数控加工技术提出了更高的要求。

1. 提高运行速度，缩短加工时间

实现高效的高速加工已经成为现代加工技术的重要发展趋势。运行高速化是指：进给率、主轴转速、刀具交换速度、托盘交换速度等实现高速化，并具有高加（减）速率。高速加工不仅是指加工设备，而是机床、刀具、夹具、数控系统和编程技术的高度集成，机床的高速化需要新的数控系统、高速主轴和高速伺服进给驱动，以及机床结构的优化和轻量化。

2. 加工高精化

近半个世纪以来，加工精度几乎每 8 年提高 1 倍，普通加工精度已由 0.03mm 提升至 0.003mm，精密加工精度由 3μm 提升至 0.03μm，超精密加工则由 0.3μm 提升至 0.003μm，目前的轮廓控制和定位精度已经达到了纳米级。

为了提高加工精度，数控机床不仅要有很高的几何精度，而且还必须有很高的运动轨迹精度。对数控机床的精度要求已经不仅仅局限于静态的几何精度、运动精度，热变形与振动的监测和补偿也越来越受到重视。数控机床的定位精度普遍能达到 0.007mm 左右，亚微米级机床能达到 0.000 5mm，纳米级机床能达到 0.005~0.01μm，最小分辨率为 1nm 的数控机床也问世并逐渐被使用。除提高数控机床的制造和装配精度外，误差补偿技术的应用也大大减少了数控机床的运动误差。在减少 CNC 数控系统控制误差方面，通常提高控制系统的分辨率，以微小程序段实现连续进给，使 CNC 控制单位精细化。提高位置检测精度和位置伺服系统精度可采用前馈控制和非线性控制等方法。在采用补偿技术方面，除采用齿隙补偿、

丝杠螺距误差补偿和刀具误差补偿等方法以外，近年来对设备的热变形误差补偿与空间误差的综合补偿技术的研究和应用也越来越被重视。有研究表明，综合误差补偿技术的应用可将加工误差减少60%～80%。

3. 加工复合化

加工复合化是指工件在一台设备上一次装夹后，通过自动换刀等多种措施，完成多工序、多表面的加工，从而打破了传统的工序界限和分开加工的工艺规程。复合加工包括工序复合（车、铣、镗、钻和攻螺纹等）、不同工艺复合（集车、铣、滚齿、磨、淬火等不同工艺的复合加工机床可对大直径、短长度回转体类零件进行复合加工）、切削与非切削工序复合（如铣削与激光淬火装置的复合、冲压与激光切割的复合、金属烧结与镜面切削的复合、加工与清洗融于一台机床的复合等）。复合加工不仅提高了工艺的有效性，而且零件在整个加工过程中只有一次装夹，大大缩短了生产过程链，工序间的加工余量大为减小，既减少了装卸时间，省去了工件搬运、减少了半成品库存，又能保证和提高形位精度。

4. 加工过程智能化

随着人工智能技术的不断发展，数控加工技术智能化程度不断提高，主要表现在以下几方面。

1）加工过程自适应控制技术

通过监测加工过程中的刀具磨损、破损、切削力、主轴功率等信息的变化并将其反馈，利用数控系统运算，实时调节加工参数和加工指令，使数控机床始终处于最佳状态，以提高加工精度、降低表面粗糙度以及提高设备运行安全性。

2）加工参数的智能优化和选择

将加工专家和技工的经验、切削加工的一般规律和特殊规律等，按照人工智能中知识的表达方式建立知识智能库存入计算机中，以加工工艺参数数据库为支撑，建立专家系统，并通过它提供的通过优化的切削参数，使加工系统始终处于最优、最经济的工作状态，从而达到提高编程效率和加工工艺水平、缩短生产准备周期的目的。

3）故障自诊断技术

故障诊断专家系统是诊断装置发展的最新动向，其为数控设备提供了一个包括二次监测、故障诊断、安全保障和经济策略等方面在内的智能诊断和维护决策的信息集成系统。采用智能混合技术，可以在故障诊断中实现以下功能：故障分类、信号提取和特征提取、故障诊断、维护管理。

5. 加工过程网络化

随着信息技术和数字计算机技术的发展，尤其是计算机网络技术的发展，在以网络化、数字化为基本特征的时代，网络化、数字化以及新的制造理念深刻地影响着21世纪的制造模式和制造观念。现代加工技术，必须满足网络环境下制造集成系统的要求。具有网络功能的加工技术，可以满足诸如加工过程远程故障诊断、远程状态监测、远程加工信息共享、远程操作（如危险环境加工）和远程培训等。

1.2 数控机床的组成

数控机床是机电一体化的高技术产品，集合了机械制造、计算机技术、伺服驱动及检测技术、可编程控制技术、气动液压等技术。其组成一般包括：输入输出设备、数控装置（CNC）、可编程控制器（PLC）、伺服驱动及检测反馈、辅助装置、机床主体等。数控机床的构成如图1-4所示。

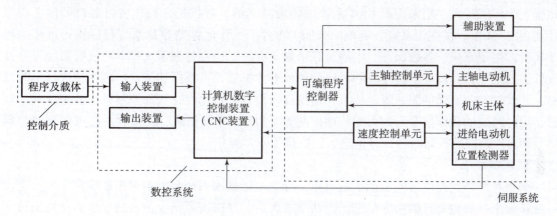

图1-4 数控机床的构成

1. 输入/输出设备及接口

数控设备操作人员与数控系统之间的信息交流过程是通过输入/输出设备或接口来完成的，输入设备的作用是将程序载体（信息载体）上的数控代码传递并存入数控系统内。根据控制存储介质的不同，输入设备包括光电阅读机、磁带机或软盘驱动器等。目前数控机床加工程序主要通过键盘用手工方式直接输入数控系统或由编程计算机把零件图通过软件自动转换成加工的程序，然后再传送到数控系统中。

通常采用的通信方式有：

（1）串行通信（RS232等串行通信接口）；

（2）自动控制专用接口和规范（DNC、MAP等）；

（3）网络技术（Internet、LAN等）。

零件加工程序输入过程有两种方式：一种是边读入边加工（数控系统内存较小时）；另一种是一次将零件加工程序全部读入数控装置内部的存储器，加工时再从内部存储器中逐段调出进行加工。

输出设备的作用是通过显示器把加工过程中必要的信息，如坐标值、报警信号等显示。

2. 数控装置

计算机数控装置（CNC）是机床数控系统的核心，它主要由计算机系统、位置控制、

PLC 接口、通信接口、扩展功能模块以及相应的控制软件等模块组成。CNC 系统的主要任务是将零件加工程序表达的加工信息（几何信息和工艺信息）进行相应的处理（运动轨迹处理、信息输入/输出处理等），然后变换成各进给轴的位移指令、主轴速度指令和辅助动作指令，控制相应的执行部件（伺服单元、驱动装置和 PLC 等），加工出符合要求的零件，所有这些工作都是通过 CNC 装置内的硬件和软件协调配合，合理组织，使数控机床有条不紊的工作而实现的。

计算机数控系统（CNC）硬件结构形式较多，按 CNC 装置中各印制电路板的插接方式可分为大板式结构和功能模板式结构；按 CNC 装置中微处理器的个数可以分为单微处理器和多微处理器结构等，但总的来说，CNC 装置与通用计算机一样，都是由中央处理器（CPU）及存储数据与程序的存储器组成。存储器分为系统控制软件程序存储器（ROM）、加工程序存储器（RAM）及工作区存储器（RAM）。ROM 中的系统控制软件程序是由数控系统生产厂家写入，用来完成 CNC 系统的各项功能的，数控机床操作者将各自的加工程序存储在 RAM 中，供数控系统控制机床来加工零件。工作区存储器是系统程序执行过程的活动场所，用于堆栈、参数保存、中间运算结果保存等。中央处理器（CPU）执行系统程序并读取加工程序，经过加工程序段的译码和预处理计算后，再根据加工程序段指令进行实时插补，并通过与各坐标伺服系统的位置、速度反馈信号进行比较，从而控制机床各坐标轴的位移。同时将辅助动作指令通过可编程序控制器（PLC）发往机床，并接收通过可编程序控制器（PLC）返回的机床的各部分信息，以决定下一步操作。

3. 伺服系统

伺服系统是数控设备的驱动执行机构，分为主轴伺服系统和进给伺服系统两大类，驱动系统接收来自数控装置的指令信息，经功率放大后，严格按照指令信息的要求驱动机床移动部件，以加工出符合图样要求的零件。因此，它的伺服精度和动态响应性能是影响数控机床加工精度、表面质量和生产率的重要因素之一。

主轴伺服系统是指机床上带动刀具与工件旋转，产生切削运动且消耗功率最大的运动系统。主轴伺服系统除了控制主轴转速之外，还有一些特殊的控制，如主轴定向控制、恒线速度切削控制以及同步控制和 C 轴控制等。主轴定向控制是指实现主轴在某一固定位置的准确定位功能。同步控制是实现主轴转角和某一进给轴进给量保持某种关系的控制功能；C 轴控制功能是实现主轴转向任意位置的控制功能，如用于车削螺纹。恒线速度控制是指实现切削点（刀具与工件的接触点）的线速度为恒值的控制功能。

进给伺服系统包括进给驱动装置和进给电动机，主要作用是实现零件加工的成形运动，其控制量是速度和位置。它执行由 CNC 发出的进给指令，经变换、放大后，通过驱动装置精确控制执行部件的运动方向、进给速度和位移量，提供切削过程中各坐标轴所需要的转矩。进给电动机有步进电动机、直流伺服电动机和交流伺服电动机。

进给伺服系统通常由位置控制单元、速度控制单元、驱动单元和机械执行部件等几部分组成，如图 1-5 所示。进给伺服系统是一种精密的位置跟踪与定位系统，按照其位置环路的开放与否，可以分为开环和闭环两种，其中闭环系统按照位置检测元件的安装部位不同可以分为全闭环和半闭环两种。全闭环的位置检测元件安装在进给传动链的末端，半闭环的位置检测元件安装在进给传动链的某个传动元件上。

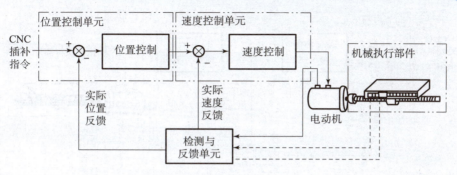

图 1-5　进给伺服系统原理图

1) 开环进给伺服系统

图 1-6 所示为开环进给伺服系统工作简图。开环伺服系统的伺服驱动装置主要是步进电动机、功率步进电动机和电液脉冲电动机等。由数控系统送出的进给指令脉冲，通过环形分配器，按步进电动机的通电方式进行分配，并经功率放大后送给步进电动机的各相绕组，使之按规定的方式通、断电，从而驱动步进电动机旋转，再经同步齿形带、滚珠丝杠螺母副驱动执行部件。每给一脉冲信号，步进电动机就转过一定的角度，工作台就走过一个脉冲当量的距离。数控装置按程序加工要求控制指令脉冲的数量、频率和通电顺序，达到控制执行部件运动的位移量、速度和运动方向的目的。由于它没有检测和反馈系统，故称为开环。其特点是结构简单，维护方便，成本较低。但加工精度不高，如果采取螺距误差补偿和传动间隙补偿等措施，定位精度可稍有提高。

图 1-6　开环进给伺服系统工作简图

2) 半闭环进给伺服系统

图 1-7 所示为半闭环进给伺服系统工作简图。半闭环伺服系统具有检测和反馈系统。测量元件（脉冲编码器、旋转变压器和圆感应同步器等）装在丝杠或伺服电动机的轴端部，通过测量元件检测丝杠或电动机的回转角，间接测出机床运动部件的位移，经反馈回路送回控制系统和伺服系统，并与控制指令值相比较。如果二者存在偏差，便将此差值信号进行放大，继续控制电动机带动移动部件向着减小偏差的方向移动，直至偏差为零。由于只对中间环节进行反馈控制，丝杠和螺母副部分还在控制环节之外，故称半闭环。对丝杠螺母副的机械误差，需要在数控装置中用间隙补偿和螺距误差补偿来减小。

3) 全闭环进给伺服系统

图 1-8 所示为全闭环进给伺服系统工作简图。它的工作原理和半闭环伺服系统相同，但测量元件（直线感应同步器、长光栅等）装在工作台上，可直接测出工作台的实际位置。该系统将所有部分都包含在控制环之内，可消除机械系统引起的误差，精度高于半闭环伺服系统，但系统结构较复杂，控制稳定性较难保证，成本高，调试、维修困难。

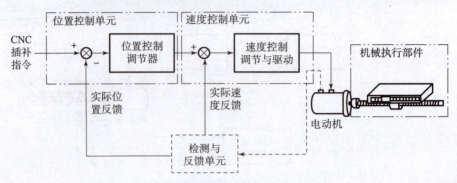

图1-7 半闭环进给伺服系统工作简图

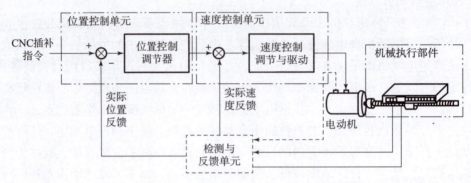

图1-8 全闭环进给伺服系统工作简图

4. 检测反馈装置

检测反馈装置是高性能数控设备中的重要组成部分。检测反馈装置主要有以下两种安装方式：

（1）安装在机床的工作台或丝杠的直线位移检测元件；

（2）安装在伺服电动机上的角位移检测元件。

检测反馈装置的作用是，将检测元件准确测出的直线位移或角位移迅速反馈给数控装置，以便与加工程序给定的指令进行比较。如果比较出误差，数控装置将向伺服系统发出新的修正命令，以控制机床有关机构向消除误差的方向进行补偿位移，并如此反复进行，以达到消除其误差的目的。

数控设备通常按有、无反馈检测装置及反馈方式将伺服系统分为开环、全闭环、半闭环及混合闭环系统，开环系统无检测反馈装置，其控制精度主要取决于系统的机械传动链和步进电动机运行的精度，而闭环系统的控制精度则主要取决于检测反馈装置的精度。

5. 可编程序控制器

可编程序控制器（PLC）是一种专为在工业环境下应用而设计的数字运算操作的电子系统。它采用可编程序控制器，用来执行逻辑运算、顺序控制、定时、计数和算术运算等操作指令，并通过数字式、模拟式的输入和输出，控制各种类型的机械设备和生产过程。按其控制的对象不同，分为可编程序逻辑控制器（PLC）及用于控制机床顺序动作的可编程序机床控制器（PMC），可编程序机床控制器（PMC）在数控装置（CNC）中接收来自操作面板、机床上各行程开关、传感器、按钮，强电柜中的继电器以及主轴控制、刀库控制的有关信号，经处理后输出有关信号，控制相应的器件运行。

CNC 装置和 PLC 协调配合共同完成数控机床的控制，其中 CNC 装置主要完成与数字运算和管理有关的功能，如零件程序的编辑、插补运算、译码、位置伺服控制等；PLC 主要完成与逻辑运算有关的一些动作，没有轨迹上的具体要求，接受 CNC 装置的控制代码辅助功能 M 指令、主轴功能 S 指令、刀具功能 T 指令等顺序动作信息，对其进行译码，转换成对应的控制信号，控制辅助装置完成机床相应的开关动作，如工件的装夹、刀具的更换、冷却液的开与关等一些辅助动作；它还接受机床操作面板的指令，一方面直接控制机床的动作，另一方面将一部分指令送往 CNC 装置，用于加工过程的控制。

6. 机床主体

数控机床是数控系统的被控制对象，是实现加工零件的执行部件。它主要由主轴传动装置、进给传动装置、支撑床身以及特殊装置，如刀具自动交换系统 ATC（Automatica Tools Changer）、自动工件交换系统（Automatica Pallet Changer）和辅助装置（如液压气动系统、润滑系统、冷却装置、转位和夹紧装置、回转工作台和数控分度头等）组成。与普通机床相比，数控机床在整体布局、外观造型、传动系统、刀具系统的结构以及操作机构等方面都有很大的变化，这种变化的目的是满足数控机床的要求和充分发挥数控机床的特点。数控机床的主要性能指标如下：

1）数控机床的基本能力指标

数控机床的基本能力指标主要包括：行程范围、工作台面尺寸、承载能力、主轴功率和进给轴转矩、可控轴数和联动轴数等。

2）数控机床的精度指标

数控机床的精度指标主要包括：几何精度和位置精度。其中位置精度又包括定位精度、重复定位精度、分度精度和回零精度等。

3）数控机床的运动性能指标

数控机床的运动性能指标主要包括：主轴转速、快速移动和进给速度、坐标轴行程、摆角范围、刀库容量和换刀时间、分辨率和脉冲当量等。

4）数控机床的可靠性能指标

数控机床的可靠性能指标主要包括：平均无故障工作时间（MTPF）和平均修复时间（MTTR）。

平均无故障工作时间是指数控机床在可修复的相邻两次故障间正常工作的时间的平均值，它与机床部件和数控系统的质量有关。MTPF 的值越大越好。

平均修复时间是指数控机床从出现故障开始到能正常工作所用的平均修复时间。MTTR 的值越小越好。

1.3 常见数控机床的类型

从机械本体的表面上看,很多数控机床都和普通的机床一样,看不出有多大的差别。但事实上它们有本质的不同。驱动坐标工作台的电动机已经由传统的三相交流电动机换成了步进电动机或交、直流伺服电动机或交流伺服电动机;由于电动机的速度容易控制,所以传统的齿轮变速机构已经很少采用了。还有很多机床取消了坐标工作台的机械式手摇调节机构,取而代之的是按键式的脉冲触发控制器或手摇脉冲发生器。坐标读数也已经是精确的数字显示方式,而且加工轨迹及进度也能非常直观地通过显示器显示出来。

1. 按控制功能分类

数控机床按控制功能分,有点位控制机床、直线控制机床和轮廓控制机床。

1)点位控制机床

如图 1-9(a)所示,只控制刀具从一点向另一点移动,而不管其中间行走轨迹的控制方式。在从点到点的移动过程中,只做快速空程的定位运动,因此不能用于加工过程的控制。属于点位控制的典型机床有数控钻床、数控镗床和数控冲床等。这类机床的数控功能主要用于控制加工部位的相对位置精度,而其加工切削过程还需靠手工控制机械运动来进行。

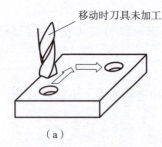
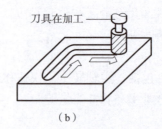
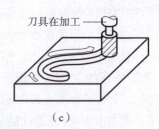

图 1-9 按控制功能分类
(a)点位控制;(b)直线控制;(c)轮廓控制

2)直线控制机床

如图 1-9(b)所示,可控制刀具相对于工作台以适当的进给速度,沿着平行于某一坐标轴方向或与坐标轴成 45°的斜线方向做直线轨迹的加工。这种方式只有某一轴在运动,或让两轴以相同的速度同时运动以形成 45°的斜线,所以其控制难度不大,系统结构比较简单。一般地,都是将点位与直线控制方式结合起来,组成点位直线控制系统而用于机床上。这种形式的典型机床有车阶梯轴的数控车床、数控镗铣床和简单加工中心等。

3)轮廓控制机床

轮廓控制机床又称连续控制机床。如图 1-9(c)所示,可控制刀具相对于工件做连续轨迹的运动,能加工任意斜率的直线、任意大小的圆弧,配以自动编程计算可加工任意形状的曲线和曲面。典型的轮廓控制型机床有数控铣床、功能完善的数控车床、数控磨床和数控电加工机床等。

2. 按进给伺服系统类型分类

数控机床按照进给伺服驱动装置有无位置测量装置可分为有开环数控系统和闭环数控系统，在闭环数控系统中根据位置测量装置的位置又可以分为全闭环数控系统和半闭环数控系统。

3. 按工艺用途（机床类型）分类

数控机床按传统的加工工艺方法来分有：数控车床、数控钻床、数控镗床、数控铣床、数控磨床、数控齿轮加工机床、数控冲床、数控折弯机、数控电加工机床、数控激光与火焰切割机和加工中心等。其中，现代数控铣床基本上都兼有钻、镗加工功能。当某数控机床具有自动换刀功能时，即可称为"加工中心"。

4. 按数控系统功能水平分类

1）经济型

经济型数控机床只具有基本的数控操作功能，开环控制，控制轴数在3轴以下，转速一般在3 000r/min以内，快速移动速度在24m/min以内，定位精度较低，价格便宜，常用于数控车床。

2）普及型

普及型数控机床采用半闭环控制，控制轴数在3轴及以上，可以3轴联动，具有彩显、RS232和DNC通信、人机对话、联网和监控功能，转速可达到10 000r/min，快速移动速度在24~40m/min以内，定位精度较低，可达0.005mm，加工效率较高。

3）高档型

高档型数控机床采用闭环控制，能实现高速、高精、柔性和复合加工控制，有32位或64位CPU，具有液晶显示、三维动态图形显示、人机对话、联网和监控功能，除此之外，还具有专用高级编程软件，可以进行空间曲面加工和复合加工，联动轴数可以达到5轴，分辨率可达0.1μm，快速移动达40m/min以上，转速达10 000r/min以上，主要用于高档数控铣床、加工中心、复合机床等。

数控系统功能水平随着信息技术、计算机技术、自动控制技术等现代科学技术的发展而提高，今天的普及型数控机床可能是明天的经济型机床，今天的高档机床也可能是明天的普及型机床。未来高档数控机床应该具有以下特征：

（1）控制精度达到纳米数量级，并继续向更高精度方向发展，电动机、机床的动态、非线性行为规律的研究对完成控制精度起到决定性作用。

（2）插补周期达到亚毫米数量级，电流环控制周期逼近微秒数量级。

（3）全数字化的数据传输，现场总线数据传输的波特率达100M波特以上。

（4）复合化、智能化：多轴多通道、多坐标联动、误差补偿、自适应控制等智能化功能将不断完善。

（5）开放式体系结构：更加友好的人机交互界面，更加开放的开发环境，统一的产品数据和管理信息交换标准。

5. 按数控系统体系结构分类

目前世界上的数控系统体系结构大致可以分为四种类型。

1）传统封闭式数控系统

早期开发的封闭体系结构数控系统尽管可以由用户开发人机界面，但必须使用专门的开发工具，而功能扩张、改变和维修都必须求助于系统供应商。目前该类系统正逐渐被淘汰。

2）"PC 嵌入 NC"结构的数控系统

"PC 嵌入 NC"结构的数控系统是利用计算机丰富的软件资源进行开发，具有一定的开放性，但 NC 部分的体系结构不开放，用户无法进入数控系统软件的核心，这类数控系统结构复杂，功能强大，价格昂贵，目前广泛使用的 FANUC 16i、FANUC 18i、FANUC 21i 和 SINUMERIK840 D 都是该结构。

3）"NC 嵌入 PC"结构的开放式数控系统

"NC 嵌入 PC"结构的开放式数控系统由开放体系结构的运动控制卡和 PC 机构成。运动控制卡通常选用高速 DSP 作为 CPU，具有很强的运动控制和 PLC 控制能力，它本身就是一个数控系统，可以单独使用，开放的函数库供用户在 Windows 平台上自行开发构造所需的控制系统。因此，这种结构被广泛应用于制造业自动化控制的各个领域。

4）全软件型开放式数控系统

全软件型开放式数控系统是一种最新的开放体系结构的数控系统。它提供给用户最大的选择和灵活性，其 CNC 软件全部装在计算机当中，而硬件部分仅仅是计算机与伺服驱动和外部 I/O 之间的标准化通用接口，就像计算机中可以安装各种品牌的声卡、CD – RAM 和相应的驱动程序一样。用户可以在 Windows、Linux 平台上，利用开放的 CNC 数控功能，开发出所需要的各种功能，构成各种类型的高性能数控系统。

1.4 数控加工的工作流程

图 1 – 10 所示为数控加工的一般工作流程框图。

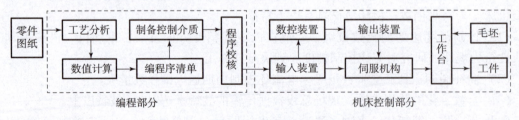

图 1 – 10　数控加工的一般工作流程框图

数控设备是按照事先编制好的数控加工程序对零件进行加工的高效自动化设备，首先需要对零件图样的技术特征、几何形状、尺寸和工艺等加工要求进行系统的分析，确定合理、正确的加工方案和加工路线，然后按照数控机床规定的代码和程序格式，根据加工要求编制出数控加工程序。数控加工程序可以记录在信息载体上，也可以通过某种方式输入数控设备，再由数控设备的数控系统对数控加工程序进行译码和预处理，接着由插补器进行插补计算，逐点计算并确定各线段起、终点之间一系列中间点的坐标及各轴的运动方向、大小和速度，分别向各轴发出运动序列指令，完成零件产品的加工。

练习与思考题

1. 什么是数控技术？什么是数控设备？
2. 数控设备的主要组成部分有哪些？各部分的功能是什么？
3. 开环、闭环和半闭环控制的数控机床有什么区别？
4. 点位、直线和轮廓控制的数控机床有什么区别？
5. 通过互联网，了解数控技术的发展趋势。

第 2 章
数控加工工艺基础

在普通机床上加工零件时,一般是通过工艺规程或工艺卡片来规范每道工序的操作,操作者参照工艺规程和工艺卡片上规定的加工步骤加工零件,操作者的技术水平对产品的加工质量有较大的影响。数控加工是根据数控加工程序自动完成的,因此数控加工程序的质量直接会影响数控加工的质量和效益。数控加工程序必须包含加工的全部工艺过程、工艺参数和位移数据以及相关的辅助动作。因此,在数控加工程序编制之前需要对所加工的零件进行工艺分析,拟定加工方案,选择合适的刀具,确定切削用量;设计和规划加工过程中的对刀点、换刀点、加工路线以及必要的辅助动作等。

2.1 数控加工工艺概述

2.1.1 数控机床加工特点

1. 加工的一致性好、加工质量稳定

数控机床是按数字形式给出的指令进行加工的,一般情况下不需要人工干预,这就消除了操作者人为产生的误差。在设计制造数控机床时,采用了许多措施,使得数控机床的定位精度和重复定位精度都很高,较容易保证一批零件尺寸的一致性,只要工艺设计和程序正确合理,加上精心操作,就可以生产出合格率较高、加工质量稳定的零件。

2. 生产效率高

数控机床加工能在一次装夹中实现多道工序的连续加工;数控机床的主轴转速、进给速度范围大且为无级变速,定位精度高,通过合理选择加工参数,充分发挥刀具的加工性能,减少切削时间,不仅能保证高精度,且加工过程稳定;一般只作首件检验和工序间关键尺寸的抽样检验,不需要在加工过程中进行中间测量,就能连续完成整个加工过程,减少了辅助动作时间和停机时间;数控机床更换被加工零件时几乎不需要重新调整机床,节省了零件安装调整时间。因此,数控机床的生产效率高。

3. 自动化程度高、减轻劳动强度

数控加工过程是按输入的程序自动完成的,操作者除了装卸零件、操作键盘、观察机床的运行状况以外,其他动作都是按照加工程序的要求自动、连续进行切削加工的,不需要进行繁重的重复手工操作,因此减轻了工人的劳动强度。

4. 适合复杂零件的加工

数控机床能加工各种复杂的轮廓。在普通机床上难以加工复杂轮廓的零件,尤其是三次及以上的曲线或曲面加工,如螺旋桨、汽轮机叶片之类的空间曲面,而数控机床的各种插补功能,可以实现几乎任何轨迹的运动和加工任何形状的空间曲面,适合于复杂异形零件的加工,能大大缩短加工周期和降低加工成本,适用范围很广。在数控技术应用的早期,大多数的数控机床都是为加工复杂轮廓而产生的。

5. 柔性好

所谓柔性即适应性,是指数控机床随生产对象变化而变化的适应能力。在数控机床上改变加工零件时,只需要重新编制程序,输入新程序后就可以实现对新零件的加工,不需要改变机械部分和控制部分的硬件,且生产过程是自动完成的。这就为复杂零件的单件加工、小批生产以及试制新产品提供了极大的方便;一旦零件程序编写完成并验证无误,就可以为今后再次使用做好准备,即使零件在设计上做了局部修改,也只需对程序做相应的修改就可以。

6. 单位工时加工成本高

数控机床价格昂贵,加工时分摊到每个零件上的设备折旧费较高;养护维修费用较高;数控机床运行费用较高;同时因为数控设备操作人员和管理人员要有较高的素质,因此人力资源成本较高,所以数控加工单位工时的加工成本高。

7. 维护维修难度大

数控机床是技术密集型机电一体化的典型产品,控制系统比较复杂、技术含量较高,一些元器件、部件精密度较高。数控机床维修难度大,需要维修人员既懂机械,又懂微电子维修方面的知识,同时还要配备较好的维修装备。为获得良好的经济效益,数控机床通常采用高转速、大进给连续加工;为保证机床正常运行和获得高精度的零件产品,需要操作人员精心维护数控机床。

2.1.2 数控加工工艺特点

数控机床加工工艺与普通机床加工工艺在原则上基本相同,但数控加工是利用程序进行加工的,整个过程自动完成,因此,数控加工工艺就必须有利于数控加工程序的编写并体现数控加工的特点。与普通机床加工相比,一般数控加工工艺具有以下特点。

1. 数控加工工艺复杂

数控加工工艺要考虑加工零件的工艺性、加工零件的定位基准和装夹方式,还要选择刀

具,并制定工艺路线、切削方法及工艺参数等,而这些在常规工艺中均可以简化处理。因此,数控加工工艺比普通加工工艺要复杂得多,影响因素也多,有必要对数控编程的全过程进行综合分析、合理安排,然后整体完善。相同的数控加工任务,可以有多个数控加工工艺方案,既可以选择以加工部位作为主线安排工艺,也可以选择以加工刀具作为主线安排工艺。数控加工工艺的多样化是数控加工工艺的一个特色,是与传统加工工艺的显著区别。

2. 数控加工工艺设计更加严密,有条理性

由于数控加工自动化程度较高,相对而言,数控加工过程的自适应能力较差,而且数控加工影响因素较多,比较复杂,需要对数控加工的全过程深思熟虑,即数控加工工艺设计必须具有良好的条理性。数控加工工艺的设计过程必须周密、严谨,包括工步更详细、参数更明确、加工路线更严密等,绝不允许出错。

3. 数控加工工艺的继承性较好

凡是经过调试、校验和试切削过程验证,并在数控加工实践中证明是好的数控加工工艺,都可以作为模板,供后续加工相似零件时调用和参考,这样不仅节约时间,而且可以保证质量。作为模板本身,在调用中也是一个不断修改完善的过程,可以达到逐步标准化、系列化的效果。因此,数控加工工艺具有非常好的继承性。

4. 数控加工工艺具有复合性

采用数控加工后,工件在一次装夹下能完成镗、铣、钻、铰、攻螺纹等多种加工,而这些加工在普通加工中需要分多道工序才能完成。因此,数控加工工艺具有复合性的特点,传统加工工艺下的一道工序在数控加工工艺中已经转变为一个或几个工步,也可以说数控加工工艺的工序把传统工艺的工序"集成"了,这使零件加工所需要的专用夹具数量大为减少,零件装夹次数及周转时间也大大减少,从而使零件的加工精度和生产效率有了较大提高。

5. 需计量的尺寸和精度要求增多

在传统加工工艺下,工件的许多位置尺寸、精度是靠专用夹具、钻模等保证的,而夹具和钻模是通过定期检测来反复确认它们是否能满足工艺要求的。因此,在加工过程中,工件的这些位置尺寸和精度是不需要计量检测的。但在数控加工工艺中,绝大多数位置尺寸和精度要求都是靠机床的功能和定位精度来保证的,需要通过检测计量来确认,以决定加工程序乃至工艺方案的修改。所以,在数控加工工艺规程中增加了许多需计算、检测的尺寸和形位公差。

6. 采用多坐标联动自动控制加工复杂表面

对于一般简单表面的加工方法,数控加工与普通加工无太大的区别。但是对于一些复杂表面、特殊表面或有特殊要求的表面,数控加工与普通加工有根本不同的加工方法。如对于曲线和曲面的加工,普通加工是用划线、样板、靠模、钳工、成型加工等方法进行,不仅生产效率低,而且还难以保证加工质量,而数控加工则采用多坐标自动控制加工,其加工质量和生产效率是普通加工方法无法比拟的。

7. 数控加工工艺必须经过实践验证才能指导生产

由于数控加工的自动化程度高,故其安全和质量是至关重要的。数控加工工艺必须经过验证后才能指导生产。在普通加工工艺中,工艺员编写的文件可以直接下到生产线用于指导

生产，一般不需要上述复杂的过程。

2.2　数控加工工艺设计的基本内容

数控加工工艺设计是一个比较复杂的过程，涉及知识面较广，还跟设计者的经验有关。数控加工工艺设计的基本内容主要包括：

(1) 选择适合数控加工的零件。
(2) 确定零件数控加工内容。
(3) 数控加工的工艺性分析。
(4) 数控加工加工阶段及加工工序的划分。
(5) 加工余量的确定。
(6) 加工方法的选择及加工路线的确定。
(7) 工件的定位、装夹与夹具的选择。
(8) 刀具的选择。
(9) 对刀点和换刀点的确定。
(10) 切削用量的选择。
(11) 加工程序的编制、校验和首件试切。
(12) 工艺文件的填写和归档。

2.2.1　选择适合数控加工的零件

随着中国作为世界制造中心地位的日益显现，数控机床在制造业的普及率不断提高，但不是所有的零件都适合在数控机床上加工，要根据数控加工的特点和实际情况选择。

最适合进行数控加工的零件是那些具有复杂曲线或曲面轮廓，加工精度要求高，通用机床无法加工或很难保证加工质量，具有难测量、难控制进给、难控制尺寸的型腔的壳体或盒形零件，以及必须在一次装夹中完成铣、镗、锪、铰或攻螺纹等多道工序的零件。

那些需要多次更改设计后才能定型，在通用机床上加工需要做长时间调整或者必须制造复杂专用工装，或者在通用机床上加工时容易受人为因素干扰而影响加工质量，从而造成较大经济损失的高价值零件，在分析其可加工性的基础上，还要综合考虑生产效率和经济效率，一般情况下可作为数控加工的主要选择对象。

一般来说以下几类零件不适合选择数控机床加工：大批量、装夹困难或完全靠找正来保证加工精度、加工余量以及必须用特定工艺装备协调加工的零件。

另外，数控加工零件的选择还应该结合本单位拥有的数控机床的具体情况来考虑。

2.2.2 确定零件数控加工的内容

在选择并决定对某个零件进行数控加工后,并不是说零件的所有内容都采用数控加工,数控加工可能只是零件加工工序的一部分。因此有必要对零件图样进行仔细分析,选择那些最适合、最需要进行数控加工的内容和工序。一般可以按照下列原则选择数控加工内容。

(1) 普通机床无法加工的内容应作为数控加工优先选择的内容。

(2) 普通机床难加工、质量也难以保证的内容应作为数控加工重点选择的内容。

(3) 普通机床加工效率低,工人手工操作劳动强度大的内容,可在数控机床尚存在富余能力的基础上进行选择。

通常情况下,上述加工内容采用数控加工后,产品的质量、生产率和综合经济效率等指标都会得到明显的提高。相比之下,下列一些加工内容则不宜选择数控加工:

(1) 占机调整时间长。如:以毛坯的粗基准定位加工第一个精基准,需用专用工装协调。

(2) 加工部位分散,需要多次装夹、设置原点。不能在一次装夹中加工完成的其他部位的加工,采用数控加工很麻烦,效果不明显。

(3) 按某些特定的制造依据加工的型面轮廓。其获取数据困难,与检验依据易发生矛盾,增加了程序编制的难度。

(4) 必须按专用工装协调的孔及其他加工内容。因其采集编程用的数据较为困难,协调效果不一定理想。

此外,在选择数控加工内容时,还要考虑生产批量、生产周期、工序间周转情况等因素,要尽量合理使用数控机床,达到产品质量、生产率及综合经济效益等指标都明显提高的目的,要防止将数控机床降格为普通机床使用。

2.2.3 数控加工的工艺性分析

1. 零件的结构工艺性分析

零件的结构工艺性是指所设计的零件在满足使用要求的前提下制造的可行性和经济性。良好的结构工艺性,可以使零件加工容易,节省工时和材料。而较差的零件结构工艺性,会使加工困难,浪费工时和材料,有时甚至无法加工。在进行零件结构分析时,发现零件结构不合理等应向设计人员或相关部门提出修改意见。

零件各加工部位的结构工艺性应符合数控加工特点。

(1) 零件的内腔与外形最好采用统一的几何类型和尺寸,这样可以减少刀具规格和换刀次数,使编程方便,提高加工效率。

(2) 内槽圆角的大小决定刀具直径的大小,所以内槽圆角半径不宜太小。如图 2-1 所示,图 2-1 (a) 和图 2-1 (b) 相比,图 2-1 (b) 所示的内槽圆角较大,可以采用较大直径的刀具加工,刀具刚性提高了,而且加工底面的进刀次数减少,加工效率也相应提高,所以工艺性较好。

第2章 数控加工工艺基础

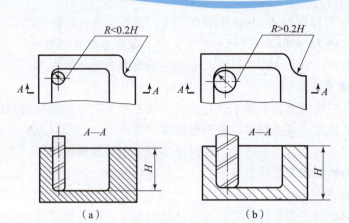

图 2-1 零件内槽圆角的工艺性影响

（3）铣槽底平面时，槽底圆角半径 r 不宜太大。如图 2-2 所示，铣刀端面刃与铣削平面的最大接触直径 $d = D - 2r$（D 为铣刀直径），当 D 一定时，r 越大，铣刀端面刃铣削平面的面积越小，加工平面的能力就越差，效率就越低，工艺性越差，当 r 达到一定程度时，甚至必须用球头刀加工，这是应该尽量避免的。有时，当铣削的底面积越大，槽底圆角半径 r 也越大时，不得不使用两把不同半径的立铣刀（其中一把 r 小些，用于粗加工；另一把 r 与被加工圆角相同，用于精加工）进行分布铣削。

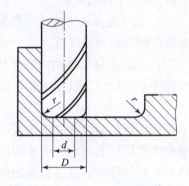

图 2-2 零件槽底圆角的影响

（4）应采用统一的基准定位。在数控加工中若没有统一的定位基准，则会因工件的二次装夹而造成加工后两个面的轮廓位置和尺寸不协调的现象。

另外，零件上最好有合适的孔作为定位基准孔。若没有，则应设计工艺孔作为定位基准孔。若无法做出工艺孔，最起码也要用精加工表面作为统一基准，以减少二次装夹产生的误差。

2. 零件轮廓几何要素分析

零件轮廓是数控加工的最终轨迹，也是数控编程的依据。手工或者自动编程时要对构成零件轮廓的所有几何元素进行定义，零件图样所表达的零件各几何要素要求形状、位置确定，即形位尺寸标注清楚、齐全，这样才能准确编制零件轮廓的数控加工程序。由于设计等多方面的原因，可能在图样上出现构成零件加工轮廓的条件不充分、尺寸模糊不清或加工缺陷，增加了编程工作的难度，有的甚至无法编程。

例如，在手柄零件轮廓图 2-3 中，$R8$ mm 的球面和 $R60$ mm 的弧面相切，要确定切点，必须通过计算求出切点的位置（如图 2-3 中的 $\phi14.77$ mm 和 4.923 mm），否则不能编程。同理 $R60$ mm 的弧面与 $R40$ mm 的弧面相切，也必须通过计算求出切点的位置（如图 2-3 中的 $\phi21.2$ mm 和

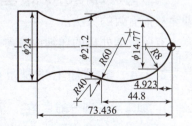

图 2-3 轮廓几何要素分析

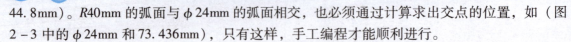

44.8mm）。$R40$mm 的弧面与 $\phi 24$mm 的弧面相交，也必须通过计算求出交点的位置，如（图 2-3 中的 $\phi 24$mm 和 73.436mm），只有这样，手工编程才能顺利进行。

分析轮廓要素时，以在 AUTOCAD 上准确绘制轮廓为充分条件。

3. 精度及技术要求分析

对被加工零件的精度及技术要求进行分析，是零件工艺分析的重要内容。只有在分析零件尺寸精度、形状精度、位置精度、表面粗糙度的基础上，才能对加工方法、装夹方法和刀具及切削用量进行正确而合理的选择。在保证零件使用性能的前提下，应经济、合理地安排加工工艺。过高的精度和表面质量要求会使工艺过程复杂，加工困难，成本增加。

4. 零件图的数学处理

零件图的数学处理主要是计算零件加工轨迹的尺寸，即计算零件加工轮廓的基点和节点的坐标，或刀具中心轮廓的基点和节点的坐标，以便编制加工程序。

1）基点坐标的计算

（1）基点的含义。构成零件轮廓的不同几何要素的交点或切点称为基点。基点可以作为刀具切削的起点或终点。

（2）基点坐标计算的内容主要包括在指定的工作坐标系中，每一段切削运动的起点坐标值和终点坐标值，以及圆弧切削的圆心坐标值等。

基点坐标值的计算方法比较简单，一般可以根据零件图样所给的已知条件由人工完成，即根据零件图样上给定的尺寸运用代数、三角、几何或解析几何的相关知识直接计算数值。在计算时要注意小数点后位数的保留，以保证在数控加工后有足够的精度。

2）节点坐标的计算

对于一些平面轮廓若是由非圆曲线方程组成，如渐开线、阿基米德螺旋线等，则只能用能够加工的微小直线段或圆弧段去逼近它们，这时数值计算的任务就是计算节点的坐标。

（1）节点的含义。当采用不具备非圆曲线插补功能的数控机床来加工非圆曲线轮廓的零件时，在加工程序的编制过程中，常采用微小直线段和圆弧段近似代替非圆曲线，这称为拟合处理，

这些微小直线段和圆弧段称为拟合线段，拟合线段的交点或切点称为节点。

（2）节点坐标的计算。节点坐标的计算难度和工作量都很大，通常用计算机完成，必要时也可以人工完成。常用的有直线逼近法（等间距法、等步长法和等误差法）和圆弧逼近法。

当然也可以用 AUTOCAD 绘图，然后捕获节点的坐标值，在精度允许的范围内，这是一种简易而有效的方法。

有关数学处理的详细内容参见后续章节。

2.2.4 数控加工阶段及工序的划分

1. 加工阶段划分的目的

（1）保证加工质量。工件在粗加工时切除的金属层较厚，切削力和夹紧力都较大，切削温度较高，将会引起较大的变形，如果不划分加工阶段，粗、精加工混在一起，将无法避

免上述原因引起的加工误差。按加工阶段进行加工，在粗加工阶段引起的加工误差可以通过半精加工和精加工进行纠正，从而保证零件的加工质量。

（2）合理使用设备。粗加工余量大，切削用量大，可以采用功率大、刚度好、效率高而精度较低的设备。精加工切削力小，对机床的破坏小，可以采用高精度机床。这样发挥了设备各自的特点，既能提高生产效率，又能最大限度地延长精密设备的使用寿命。

（3）便于及时发现毛坯存在的缺陷。对毛坯存在的各种缺陷，如铸件的气孔、夹砂和余量不足等，粗加工后可以及时发现，便于及时修补或决定报废，以免继续加工造成浪费。

（4）便于安排热处理工序。如粗加工后，一般要安排去应力的热处理，以消除内应力。精加工之前应安排淬火等最终热处理，其变形可以通过精加工予以消除。

加工阶段的划分也不应该绝对化，应根据零件的质量要求、结构特点和生产量灵活掌握。在加工质量要求不高、工件刚性较好、毛坯精度高、加工余量小、生产量较小时，可以不划分加工阶段。对于刚性好的重型工件，由于装夹和运输很费时，也常在一次装夹中完成全部粗、精加工。对于不划分加工阶段的工件，为减少粗加工中产生的各种加工变形对加工质量的影响，在粗加工后，应松开夹紧机构，停留一段时间，让工件充分变形，然后再用较小的夹紧力重新夹紧进行精加工。

2. 加工阶段的划分方法

当零件的加工质量要求较高时，往往不可能用一道工序来满足其要求，而要用几道工序逐步达到所要求的加工质量。为保证加工质量和合理的使用加工设备、人力，常常按工序性质不同，将零件的加工过程分为粗加工、半精加工、精加工和光整加工四个阶段。

（1）粗加工阶段。其任务是切除毛坯上大部分的加工余量，如何提高生产率是该阶段所考虑的问题。

（2）半精加工阶段。其任务是使主要表面达到一定的精度，留有一定的经加工余量，主要为后面的精加工（如精车、精磨）做好准备，并可以完成一些次要表面的加工，如扩孔、攻螺纹和铣键槽等。

（3）精加工阶段。其任务是保证各主要表面达到图样所规定的精度要求和表面质量要求。

（4）光整加工阶段。对零件上精度和表面质量要求很高（IT6 级以上，表面粗糙度 $Ra0.2\mu m$ 以上）的表面，需要进行光整加工，其主要目的是提高尺寸精度，减小表面粗糙度值，一般不用来提高位置精度。

数控加工工序的划分原则：

（1）保证精度的原则。数控加工要求工序尽可能集中，常常粗、精加工在一次装夹后完成，为了减小热变形和切削力引起的变形对工件形状精度、位置精度、尺寸精度和表面粗糙度的影响，应将粗、精加工分开进行。对于既有内表面（内腔），又有外表面需加工的零件，安排加工工序时，应先安排内、外表面的粗加工，再进行内、外表面的精加工，切不可将零件一个表面（内表面或外表面）加工完成之后，再加工其余表面（内表面或外表面），以保证零件表面加工质量要求。同时，对于一些箱体零件，为保证孔的加工精度，应先加工表面、后加工孔。遵循保证精度的原则，实际上就是以零件的精度为依据来划分数控加工工序。

（2）提高生产效率的原则。在数控加工中，为了减少换刀次数，节省换刀时间，应将需要用同一把刀加工的部位加工完成之后，再换另一把刀具来加工其余部位，同时应尽量减少刀具的空行程。用同一把刀加工工件的多个部位时，应以最短的路线到达各加工部位。遵循提高生产效率的原则，实际上就是以加工效率为依据划分数控加工工序。

实际中，数控加工工序要根据具体零件的结构特点、技术要求等情况综合考虑。

2.2.5 加工余量的确定

1. 加工余量的概念

加工余量一般分为总余量和工序间的加工余量。零件由毛坯加工为成品，在加工面上切除金属层的总厚度称为该表面的加工总余量。每个工序切掉的表面金属层厚度称为该表面的工序间加工余量。工序间加工余量又分为最小余量、最大余量和公称余量。

（1）最小余量，指该工序切除金属层的最小厚度。对外表面而言，相当于上工序为最小尺寸，而本工序是最大尺寸的加工余量。

（2）最大余量，相当于上工序为最大尺寸，而本工序是最小尺寸的加工余量。

（3）公称余量，为该工序的最小余量加上上工序的公差。

图 2-4 所示为外表面加工顺序示意图。

从图 2-4 中可知：

$$Z = Z_{\min} + \delta_1$$
$$Z_{\max} = Z + \delta_2 = Z_{\min} + \delta_1 + \delta_2$$

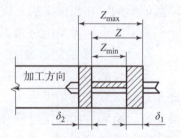

图 2-4 外表面加工顺序示意图

式中 Z——本工序的公称余量；

$Z_{\min}$——本工序的最小余量；

$Z_{\max}$——本工序的最大余量；

δ_1——上工序的工序尺寸公差；

δ_2——本工序的工序尺寸公差。

但要注意，平面的余量是单边的，圆柱面的余量是两边的。余量是垂直于被加工表面来计算的。内表面的加工余量的其余概念与外表面相同。

由工艺人员手册查出来的加工余量和计算切削用量时所用的加工余量，都是指公称余量。但在计算第一道工序的切削用量时应采用最大余量。

总余量不包括最后一道工序的公差。

2. 加工余量的确定

加工余量大小，直接影响零件的加工质量和生产率。加工余量过大，不仅会增加机械加工劳动量，降低生产率，而且会增加材料、工具和电力的消耗，增加成本。但若加工余量过小，又不能消除前工序的各种误差和表面缺陷，甚至产生废品。因此，必须合理地确定加工余量。

加工余量的确定方法有：

（1）经验估算法。经验估算法是根据工艺人员的经验来确定加工余量。为避免产生废品，所确定的加工余量一般偏大，适于单件小批量生产。

（2）查表修正法。根据有关手册，查得加工余量的数值，然后根据实际情况进行适当修正，这是一种广泛使用的方法。

（3）分析计算法。这是对影响加工余量的各种因素进行分析，然后根据一定的计算式来计算加工余量的方法。此法确定的加工余量较合理，但需要全面的试验资料，计算也较复杂，故很少应用。

确定加工余量时应该注意下面几个问题：

（1）采用最小加工余量原则在保证加工精度和加工质量的前提下，余量越小越好，余量小可以缩短加工时间，减少材料消耗，降低加工成本。

（2）余量要充分，防止因余量不足造成废品。

（3）余量中应包含热处理引起的变形。

（4）大零件取大余量。

（5）加工总余量（毛坯余量）和工序间加工余量要分开确定，加工总余量的大小与选择的毛坯制造精度有关。粗加工工序的加工余量不能用查表法确定，其应等于加工总余量减去其他各工序间加工余量之和。

2.2.6　加工方法的选择和加工路线的确定

1. 加工方法的选择

在数控机床上加工零件，一般有以下两种情况，一种是有零件图样和毛坯，要选择适合该零件加工的数控机床；另一种是已经有了数控机床，要选择适合该机床加工的零件。无论哪种情况，都应该根据零件的种类与加工内容选择合适的数控机床和加工方法。

1）机床选择

应该根据不同的零件选择最适合的机床进行加工。数控车床适合加工形状比较复杂的轴类零件或由复杂曲线回转形成的内型腔；立式数控铣床和加工中心适合加工平面凸轮、样板、形状复杂的平面和立体轮廓，以及模具内外型腔等；卧式数控铣床适合加工箱体、泵体、壳体类零件；多坐标中联动的加工中心适合加工各种复杂的曲线、曲面、叶轮和模具等。

2）加工方法的选择

加工方法的选择应以满足加工精度和表面粗糙度的要求为原则。由于获得同一级加工精度及表面粗糙度的加工方法一般有很多，故在实际选择时，要结合零件的形状、尺寸和热处理要求等全面考虑。

例如，加工IT7级精度的孔，采用镗削、铰削、磨削等加工方法均可达到精度要求。如果加工箱体类零件的孔，一般采用镗削或铰削，而不宜采用磨削加工。一般小尺寸箱体孔选择铰孔，当孔径较大时则应选择镗孔。此外还应考虑生产率和经济性的要求，以及生产设备的实际情况。

对于直径大于30mm且已经铸造出或者锻造出毛坯孔的孔加工，一般采用粗镗→半精镗→孔口倒角→精镗的加工方案。

大直径孔可以采用粗铣→精铣的加工方案。

对于直径小于30mm且无毛坯孔的孔加工，通常采用锪平端面→打中心孔→钻孔→扩孔→孔口倒角→铰孔的加工方案。

有同轴度要求的小孔，一般采用锪平端面→打中心孔→钻孔→半精镗→孔口倒角→精镗（或铰孔）的加工方案。为了提高孔的位置精度，在钻孔工步前推荐安排锪平端面和打中心孔的工步，孔口倒角安排在半精加工之后、精加工之前是为了防止孔内产生毛刺。

对于内螺纹的加工一般根据孔径大小而定。直径在 M5～M20 的内螺纹通常采用攻螺纹的加工方法，直径小于 M6 的内螺纹，一般在加工中心上钻完底孔后，再采用其他手工方法攻螺纹，防止小丝锥断裂；直径大于 M25 的内螺纹，一般采用镗刀片镗削加工。

图 2-5 所示为平面加工方法与加工精度的关系。

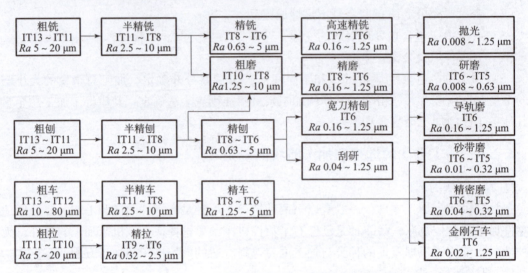

图 2-5　平面加工方法与加工精度的关系

图 2-6 所示为孔加工方法与加工精度之间的相互关系。

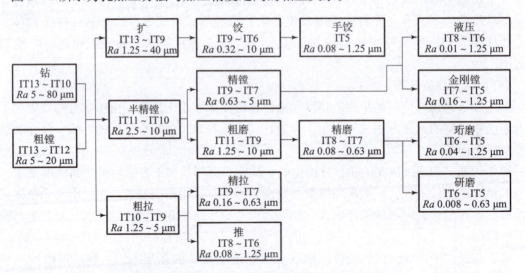

图 2-6　孔加工方法与孔加工精度之间的相互关系

图 2-7 所示为外圆表面加工方法与加工精度的关系。

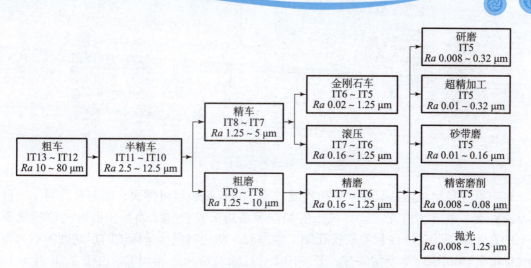

图 2-7 外圆表面加工方法与加工精度的关系

有关的详细内容可查阅相关工艺手册。

2. 加工路线的确定

1）加工路线的定义

加工路线是指数控机床在加工过程中刀具的刀位点相对于被加工零件的运动轨迹与方向，即确定加工路线就是确定刀具的运动轨迹和方向。妥善地安排加工路线，对于提高加工质量和保证零件的技术要求是非常重要的。加工路线不仅包括加工时的进给路线，还包括刀具定位、对刀、退刀和换刀等一系列过程的刀具运动路线。

2）加工路线的确定原则

加工路线是刀具在整个加工过程中相对于工件的运动轨迹，包括工序的内容，反映工序的顺序，是编写程序的依据之一。在确定加工路线时，主要遵循以下原则：

（1）保证零件的加工精度和表面粗糙度。

在铣削加工零件轮廓时，因刀具的运动轨迹和方向不同，可分为顺铣或逆铣，其不同的加工路线所得到的零件表面的质量不同。究竟采用哪种铣削方式，应视零件的加工要求、工件材料的特点以及机床刀具等具体条件综合考虑。数控机床一般采用滚珠丝杠传动，其运动间隙很小，顺铣优于逆铣，所以在精铣内、外轮廓时，为了改善表面粗糙度，应采用顺铣走刀路线的加工方案。

对于铝镁合金、钛合金和耐热合金等材料，建议采用顺铣加工，这对于降低表面粗糙度值和提高刀具耐用度都有利。但如果零件毛坯为黑色金属锻件或铸件，表皮硬而且余量较大，这时粗加工采用逆铣较为有利。

（2）寻求最短加工路线，减少刀具空行程，提高加工效率。

以加工如图 2-8（a）所示零件上的孔的加工路线为例。按照一般习惯，总是先加工均布于同一圆周上的一圈孔后，再加工另外一圈孔，如图 2-8（b）所示的走刀路线，这种走刀路线不是最好的。若改用图 2-8（c）所示的走刀路线，则可减少空刀时间，节省定位时间，提高加工效率。因此，从寻求最短加工路线、减少刀具空行程、提高加工效率考虑，图 2-8（c）所示加工方案是最佳的。

  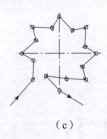

图 2-8 最短走刀路线的设计

对于点位控制机床，只要求定位精度较高、定位过程尽可能快，而刀具相对于工件的运动路线无关紧要。因此，这类机床应按空程最短来安排加工路线。但对孔位精度要求较高的孔系加工，还应注意在安排孔加工顺序时，防止将机床坐标轴的反向间隙引入而影响孔位精度。如图 2-9 所示零件，若按图 2-9 (b) 所示路线加工，由于 3、4 孔与 1、2 孔定位方向相反，Y 方向反向间隙会使定位误差增加，影响 3、4 孔与其他孔的位置精度。按图 2-9 (c) 所示路线，加工完 2 孔后往上多移动一段距离到 P 点，然后再折回来加工 4、3 孔，使方向一致，可避免引入反向间隙。

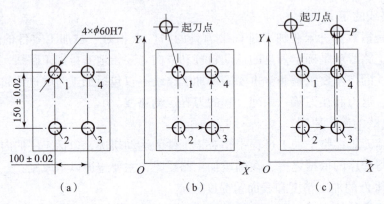

图 2-9 点位加工路线

上述点位控制的数控机床，还应该计算刀具加工时的轴向运动尺寸，即轴向加工路线的长度。这个长度由被加工零件轴向尺寸加工要求来确定，并需要考虑一些辅助尺寸。如图 2-10 所示的情况，图中的 Z_d 是孔的深度，ΔZ 为引入的距离（一般光滑表面取 2mm，粗糙表面取 5mm），Z_p 为钻尖锥尖长，Z_f 为轴向加工路线的长度。

$$Z_p = \frac{d}{2}\cot\theta$$

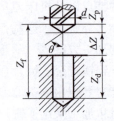

图 2-10 轴向加工尺寸的确定

式中　　d——钻头直径；
　　　　θ——钻头半锥角。

所以，$Z_f = Z_d + \Delta Z + Z_p$，$Z_f$ 就是程序中 Z 向的坐标尺寸。

（3）最终轮廓一次连续走刀完成。

为保证工件轮廓表面加工后的表面粗糙度要求,最终轮廓应安排在最后一次走刀中连续加工出来。比如型腔的切削通常分两步完成,第一步粗加工切内腔,第二步精加工切轮廓。粗加工尽量采用大直径的刀具,以获得较高的加工效率,但对于形状复杂的二维型腔,若采用大直径的刀具将产生大量的欠切削区域,不便后续加工,而采用小直径的刀具又会降低加工效率。因此,采用大直径刀具还是小直径刀具视具体情况而定。精加工的刀具则主要取决于内轮廓的最小曲率半径。图2-11(a)所示为用行切方式加工内腔的走刀路线,这种走刀能切除内腔中的全部余量,不留死角,不伤轮廓。但行切法将在两次走刀的起点和终点间留下残留高度,而达不到要求的表面粗糙度。所以采用图2-11(b)所示的走刀路线,先用行切法加工,最后再沿轮廓切削一周,使轮廓表面光整。图2-11(c)所示为采用环切法加工,表面粗糙度较小,走刀路线也较行切法长。三种方案中,图2-11(a)所示方案最差,图2-11(b)所示方案最佳。

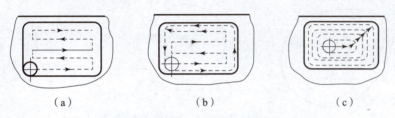

图2-11 铣削内腔的三种走刀路线

对于带岛屿的槽形铣削,如图2-12所示,若封闭凹槽内还有形状凸起的岛屿,则以保证每次走刀路线与轮廓的交点数不超过两个为原则,按图2-12(a)所示方式将岛屿两侧视为两个内槽分别进行切削,最后用环切方式对整个槽形内外轮廓精切一刀。若按图2-12(b)所示方式,来回地从一侧顺次铣切到另一侧,必然会因频繁地抬刀和下刀而增加工时。如图2-12(c)所示,若岛屿间形成的槽缝小于刀具直径,则必然将槽分隔成几个区域,若以最短工时考虑,则可将各区视为一个独立的槽,先后完成粗、精加工后再去加工另一个槽区。若以预防加工变形考虑,则应在所有的区域完成粗铣后,再统一对所有的区域先后进行精铣。

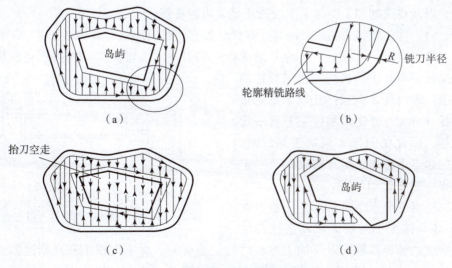

图2-12 带岛屿的槽形铣削

(4)选择切入、切出方式

确定加工路线时首先应考虑切入、切出点的位置和切入、切出工件的方式。

切入、切出点应尽量选在不太重要的位置或表面质量要求不高的位置,因为在切入、切出点,由于切削力的变化会影响该点的加工质量。

切入、切出工件的方式有法向切入、切出,切向切入、切出,以及任意切入、切出三种方式。因法向切入、切出在切入、切出点会留下刀痕,故一般不用该法,而是推荐采用切向切入、切出和任意切入、切出的方法。对于二维轮廓的铣削,无论是内轮廓还是外轮廓,都要求刀具从切向切入、切出;对外轮廓,一般是直线切向切入、切出;而对内轮廓,一般是圆弧切向切入、切出。如图 2-13 所示。

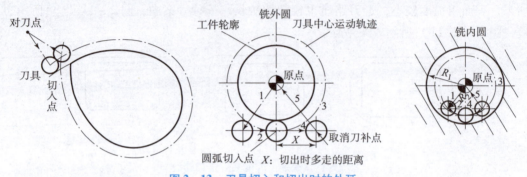

图 2-13 刀具切入和切出时的外延

1—建立刀具半径补偿;2—圆弧切入;3—铣削整圆轮廓;4—圆弧切出;5—撤销刀具半径补偿

另外应避免在工件轮廓面上垂直上、下刀而划伤工件表面;尽量减少在轮廓加工切削过程中的暂停(切削力突然变化造成弹性变形),以免留下刀痕。

(5)选择使工件在加工后变形小的加工路线。

对横截面积小的细长零件或薄板零件应采用分几次走刀加工到最后尺寸或对称去除余量法安排走刀路线。安排工步时,应先安排对工件刚性破坏较小的工步。此外,确定加工路线时,还要考虑工件的加工余量和机床、刀具的刚度等情况,确定是一次走刀还是多次走刀来完成加工,以及在铣削加工中是采用顺铣还是采用逆铣等。

此外,对一些比较特殊的加工内容,在设计加工路线时要结合具体特征进行。比如在数控车床上车削螺纹时,沿螺距方向的 Z 向进给应和工件(主轴)转动保持严格的传动比关系,因此应该避免在进给机构加速或减速的过程中切削。考虑到 Z 向从停止状态到达指令的进给量(mm/r),驱动系统总要有一定的过渡过程,因此在安排 Z 向加工路线时,应使车刀的起点距待加工面(螺纹)有一定的引入距离。如图 2-14 所示。

螺纹切削时的引入距离 δ_1,δ_1 一般可在 2~5mm,其具体大小与机床拖动系统的动

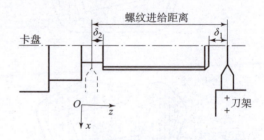

图 2-14 螺纹切削时的引入、引出距离

态特性、螺纹的螺距和精度以及加工螺纹时的转速有关。对于大螺距和高精度的螺纹,其 δ_1 值最好取得大一些,以保证螺纹切削时在加速完成后才使刀具接触工件。同时还应增加

刀具超越距离 δ_2（1~2mm），并在刀具离开后才开始减速。

2.2.7 工件的定位、装夹和夹具选择

1. 工件定位、装夹的基本原则

（1）力求设计基准、工艺基准与编程原点统一，以减少基准不重合误差和数控编程中的计算工作量。

（2）设法减少装夹次数，尽可能做到在一次定位装夹中，能加工出工件上全部或大部分待加工表面，以减少装夹误差，提高加工表面之间的相互位置精度，充分发挥数控机床的效率。

（3）避免采用占机人工调整方案，以免占机时间太长，影响加工效率。

2. 夹具的选择

在数控加工中采用夹具的作用主要是保证加工精度、提高生产率、降低成本、扩大机床的工艺范围、减轻工人的劳动强度。数控加工对夹具提出了两个基本要求：一是要保证夹具的坐标方向与机床的坐标方向相对固定；二是要能协调零件与机床坐标系的尺寸。

具体选择夹具时应考虑的其他几点：

（1）单件小批量生产时，优先选用组合夹具、可调夹具和其他通用夹具，以缩短生产准备时间和节省生产费用；

（2）在成批生产时，才考虑采用专用夹具，并力求结构简单；

（3）零件的装卸要快速、方便、可靠，以缩短机床的停顿时间，减少辅助时间；

（4）为满足数控加工精度，要求夹具定位、夹紧精度高；

（5）夹具上各零部件应不妨碍机床对零件各表面的加工，即夹具要敞开，其定位、夹紧元件不能影响加工中的走刀（如产生碰撞等）；

（6）为提高数控加工的效率，批量较大的零件加工可采用气动或液压夹具、多工位夹具。

3. 常用的数控夹具

1）数控车床夹具

数控车床夹具除了常用三爪自定心卡盘、四爪单动卡盘、花盘以及大批量加工中使用的便于自动控制的液压、电动和气动夹具外，还有许多其他夹具，它们主要分为两类，即用于轴类工件的夹具和用于盘类工件的夹具。

（1）用于轴类工件的夹具。数控车床轴类零件加工时，坯料工件装在主轴顶尖和尾座顶尖上，工件由主轴上的拨盘或拨齿顶尖带动旋转。这类夹具在粗车时能够传递足够大的转矩，以适应主轴高速旋转车削。

（2）车削空心轴时常采用圆柱心轴、圆锥心轴、花键心轴或者各种锥套轴和堵头等作为定位装置。

（3）用于盘类工件的夹具。这类夹具使用在无尾座的卡盘式数控车床上，用于盘类工件的夹具主要有可调卡爪式卡盘和快速可调万能卡盘等。

2）数控铣床夹具

数控铣床夹具一般安装在工作台上，其形式根据被加工零件的特点有多种多样，如通用

台虎钳、数控回转工作台等。

2.2.8 数控刀具的选择

数控加工刀具一般优先选用标准刀具，必要时也可考虑采用各种高效复合刀具或专用刀具。此外，应结合生产具体情况，尽可能选用各种先进的刀具，如可转为刀具、整体式硬质合金刀具和陶瓷刀具等。刀具的类型、规格、精度等级应符合加工要求，刀具材料应与工件材料相适应。

在刀具性能上，数控加工刀具应该优于普通加工使用的刀具。因此，选择数控机床刀具时，还应该考虑以下因素：

（1）加工性能好。

为了适应刀具在粗加工或对难加工材料加工时，能进行大吃刀和快进给，要求刀具必须具有足够的强度，以及能够承受高速切削和强力切削工作条件的性能；对于刀杆细长的刀具（如深孔车削），还必须具有较好的抗振性能。

（2）精度高。

为了适应数控加工高精度和自动换刀等要求，刀具及刀夹必须具有较高的精度。如有的整体式立铣刀的径向尺寸精度高达 0.005mm 等。

（3）可靠性好。

为保证数控加工过程中不会因发生刀具意外损坏及潜在缺陷而影响到加工的顺利进行，要求刀具及与之组合的附件必须具有良好的可靠性和较强的适应性。

（4）使用寿命长。

刀具在使用过程中的不断磨损，会使得刀刃变钝、切削阻力增大、工件表面质量下降，还会造成零件加工尺寸的变化，导致零件报废。因此，数控加工中的刀具，不论是在粗加工、精加工还是特殊加工中，都应具有比普通加工刀具更高的使用寿命，以尽量减少更换或者修磨刀具及对刀次数，从而保证零件的加工质量，提高生产效率。

（5）断屑及排屑性好。

数控加工中的断屑和排屑不像普通加工中能及时由操作人员进行清除，切屑缠绕在刀具或工件上，会造成刀具损坏或工件已加工表面的划伤，甚至会发生伤人或设备事故，影响加工质量和机床的安全运行，所以要求数控加工刀具应具有良好的断屑及排屑性能。

（6）结构合理。

数控刀具的结构应尽可能能实现刀具的预调。

1. 数控加工刀具材料的选用原则

目前广泛应用的数控刀具材料主要有金刚石刀具、立方氮化硼刀具、陶瓷刀具、涂层刀具、硬质合金刀具和高速钢刀具等。刀具材料总牌号多，其性能相差很大。表 2－1 所示为各种刀具材料的主要性能指标。

第2章 数控加工工艺基础

表2-1 各种刀具材料的主要性能指标

种类		密度/$(g \cdot cm^{-1})$	耐热性/℃	硬度（不小于）	抗弯强度（不小于）/MPa	热导率/$[W \cdot (m \cdot K^{-1})]$	热膨胀系数 $\times 10^{-6}$/℃
聚晶金刚石		3.47～3.56	700～800	>9 000HV	600～1 100	210	3.1
聚晶立方氮化硼		3.44～3.49	1 300～1 500	4 500HV	500～800	130	4.7
陶瓷刀具		3.1～5.0	>1 200	91～95HRA	700～1 500	15.0～38.0	7.0～9.0
常用硬质合金	P类	9.0～14.0	900	89.5～92.3HRA	700～1 750	20.9～62.8	3～7.5
	K类	14.0～15.5	800	88.5～92.3HRA	1 350～1 800	74.5～87.9	
	M类	12.0～14.0	1 000～1 100	88.9～92.3HRA	1 200～1 800	—	
高速钢		8.0～8.8	600～700	62～70HRC	2 000～4 500	15.0～30.0	8～12

数控加工用刀具材料必须根据所加工的工件和加工性质来选择。刀具材料的选用应与加工对象合理匹配，切削刀具材料与加工对象的匹配主要是指二者的力学性能、物理性能和化学性能相匹配，以获得最长的刀具寿命和最大的切削加工生产率。

1) 切削刀具材料与加工对象的力学性能匹配

切削刀具材料与加工对象的力学性能匹配问题主要是指刀具与工件材料的强度、韧性和硬度等力学性能参数要相匹配。具有不同力学性能的刀具所适合加工的工件有所不同。

(1) 刀具材料硬度顺序为：金刚石＞立方氮化硼＞陶瓷＞硬质合金＞高速钢。

(2) 刀具材料抗弯强度顺序为：高速钢＞硬质合金＞陶瓷＞金刚石和立方氮化硼。

(3) 刀具材料韧度大小顺序为：高速钢＞硬质合金＞立方氮化硼、金刚石和陶瓷。

高硬度的工件材料，必须用更高硬度的刀具来加工，刀具材料的硬度必须高于工件材料的硬度，一般要求在60HRC以上。刀具材料的硬度越高，其耐磨性就越好。如，硬质合金中含钴量增多时，其强度和韧性增加，硬度降低，适合于粗加工；含钴量减少时，其硬度及耐磨性增加，适合于精加工。

具有优良高温力学性能的刀具尤其适合于高速切削加工。陶瓷刀具优良的高温性能使其能够以高的速度进行切削，允许的切削速度可比硬质合金提高2～10倍。

2) 切削刀具材料与加工对象的物理性能匹配

具有不同物理性能的刀具，如，高导热和低熔点的高速钢刀具、高熔点和低热胀的陶瓷刀具、高导热和低热胀的金刚石刀具等，所适合加工的工件材料有所不同。加工导热性差的工件时，应采用导热较好的刀具，以使切削热得以迅速传出而降低切削温度。金刚石由于导热系数及热扩散率高，切削热容易散出，不会产生很大的热变形，这对尺寸精度要求很高的精密加工刀具来说尤为重要。

(1) 各种刀具材料的耐热温度：金刚石为700℃～800℃、PCBN为1 300℃～1 500℃、陶瓷刀具为1 100℃～1 200℃、TiC(N)基硬质合金为900℃～1 100℃、WC基超细晶粒硬质合金为800℃～900℃、HSS为600℃～700℃。

(2) 各种刀具材料的导热系数顺序：PCD＞PCBN＞WC基硬质合金＞TiC(N)基硬质合金＞HSS＞Si_3N_4基陶瓷＞Al_2O_3基陶瓷。

(3) 各种刀具材料的热胀系数大小顺序为：HSS > WC 基硬质合金 > TiC(N) > Al2O3 基陶瓷 > PCBN > Si_3N_4 基陶瓷 > PCD。

(4) 各种刀具材料的抗热振性大小顺序为：HSS > WC 基硬质合金 > Si_3N_4 基陶瓷 > PCBN > PCD > TiC(N) 基硬质合金 > Al2O3 基陶瓷。

3) 切削刀具材料与加工对象的化学性能匹配

切削刀具材料与加工对象的化学性能匹配问题主要是指刀具材料与工件材料化学亲和性、化学反应、扩散和溶解等化学性能参数要相匹配。材料不同的刀具所适合加工的工件材料有所不同。

(1) 各种刀具材料抗黏结温度高低（与钢）为：PCBN > 陶瓷 > 硬质合金 > HSS。

(2) 各种刀具材料抗氧化温度高低为：陶瓷 > PCBN > 硬质合金 > 金刚石 > HSS。

(3) 各种刀具材料的扩散强度大小（对钢铁）为：金刚石 > Si_3N_4 基陶瓷 > PCBN > Al_2O_3 基陶瓷。扩散强度大小（对钛）为：Al_2O_3 基陶瓷 > PCBN > SiC > Si_3N_4 > 金刚石。

一般而言，PCBN、陶瓷刀具、涂层硬质合金及 Ti(CN) 基硬质合金刀具适合钢铁等黑色金属的数控加工；而 PCD 刀具适合 Al、Mg、Cu 等有色金属材料及其合金和非金属材料的加工。

表 2-2 列出了常用数控刀具材料所适合加工的一些工件材料。

表 2-2 数控加工刀具材料所适合加工的工件材料

刀具	高硬钢	耐热合金	钛合金	镍基高温合金	铸铁	纯钢	高硅铝合金	FRP 复材料
PCD	不适合	不合适	优	不合适	不合适	不合适	优	优
PCBN	优	优	良	优	优		可用	可用
陶瓷刀具	优	优	不合适	优	优	可用	不合适	不合适
涂层硬质合金	良	优	优	可用	优	优	可用	可用
TiC(N)基硬质合金	可用	不合适	不合适	不合适	优	可用	不合适	不合适

表 2-3 列出了硬质合金类刀具选用与切削用量的关系。

表 2-3 数控加工硬质合金刀具与切削用量的关系

P 类	P01	P10	P20	P30	P40
K 类	K01	K10	K20	K30	K40
M 类	M01	M10	M20	M30	M40
进给量	→→→→→→→→→→→→→→→→→→→→→→→→				
背吃刀量	→→→→→→→→→→→→→→→→→→→→→→→→				
切削速度	←←←←←←←←←←←←←←←←←←←←←←←←				

2.2.9 对刀点与换刀点的确定

1. 刀位点

在进行数控加工编程时,往往将整个刀具浓缩为一个点,这就是"刀位点",它是在加工时用于表现刀具加工位置的参照点,即"刀位点"就是刀具的定位基准点。镗刀、车刀的刀位点为刀尖或刀尖圆弧中心;平底立铣刀或端铣刀是刀具轴线与刀具底面的交点;球头铣刀的刀位点是球头的球心;钻头的刀位点是钻尖等。

2. 对刀点

刀具究竟从什么位置开始移动到指定的位置呢?所以在程序执行的一开始,必须确定刀具在工件坐标系下开始运动的位置,这一位置即为程序执行时刀具相对于工件运动的起点,称为程序起始点或起刀点。此起始点一般通过对刀来确定,所以该点又称为对刀点。在编制程序时,要正确选择对刀点的位置。对刀点设置原则如下:

(1)便于数值处理和简化程序编制,对于建立了绝对坐标系的工件,对刀点最好选在工件坐标系坐标原点或已知坐标值的点上。

(2)便于操作,易于找正并在操作过程中便于观察和检查。

(3)引起的加工误差小。为了提高零件的加工精度,对刀点应尽量设置在零件的设计基准或工艺基准上。实际操作机床时,可通过手工对刀操作把刀具的刀位点放到对刀点上,即"刀位点"与"对刀点"重合;对刀点也可以设置在夹具或机床上,这时必须保证对刀点与工件定位基准有明确的尺寸联系,从而保证工件坐标系与机床坐标系的关系。

对刀点不仅是程序起点,往往也是程序的终点。因此,在批量生产中要考虑对刀点的重复定位精度。刀具加工一段时间后或每次机床启动时,都要进行刀具回机床原点或参考点的操作,以减小对刀点的累积误差。

对于数控机床来说,在加工开始时,确定刀具与工件的相对位置是很重要的,它是通过对刀来实现的。用手动对刀操作,对刀精度较低,且效率低。而有些工厂采用光学对刀镜、对刀仪、自动对刀装置等,以减少对刀时间,提高对刀精度。

3. 换刀点

换刀点是指数控加工过程中需要换刀时刀具与工件的相对位置点。换刀点常常设在工件的外部,离工件有一定的安全换刀距离,以便顺利换刀,不碰到工件或其他部件。

在数控铣床上,常用机床参考零点为换刀点;在加工中心上,常以换刀机械手的固定位置点为换刀点;在数控车床上,刀架远离工件,以换刀时不碰工件及其他部件为准。

2.2.10 切削用量的选择

数控编程时,编程人员必须确定每道工序的切削用量,包括主轴转速、背吃刀量、进给速度等,并以数控系统规定的格式输入程序中。切削用量对于不同的加工方法,需选用不同的切削用量。合理的选择切削用量[所谓"合理的"切削用量是指充分利用刀具切削性能和机床动力性能(功率、扭矩),在保证质量的前提下,获得高的生产率和低的加工成本的切削用量],对零件的表面质量、精度、加工效率影响很大。这在实际中也很难掌握,要有丰富的实践经验才能够确定合适的切削用量。在数控编程时只能凭借编程者的经验和刀具的切削用量推荐值初步确定，而最终的切削用量将根据零件数控程序的调试结果和实际加工情况来确定。

切削用量的选择原则是：粗加工时以提高生产率为主，同时兼顾经济性和加工成本的考虑；半精加工和精加工时，应在同时兼顾切削效率和加工成本的前提下，保证零件的加工质量。值得注意的是，切削用量（主轴转速、切削深度及进给量）是一个有机的整体，只有三者相互适应，达到最合理的匹配值，才能获得最佳的切削用量。

确定切削用量时应根据加工性质、加工要求，工件材料及刀具的尺寸和材料性能等方面的具体要求，通过查阅切削手册并结合经验加以确定。确定切削用量时除了遵循一般的原则和方法外，还应考虑以下因素的影响：

刀具差异的影响——不同的刀具厂家生产的刀具质量差异很大，所以切削用量需根据实际所用刀具和现场经验加以修正。

机床特性的影响——切削性能受数控机床的功率和机床的刚性限制，必须在机床说明书规定的范围内选择，应避免因机床功率不够发生闷车现象，或刚性不足产生大的机床振动现象，影响零件的加工质量、精度和表面粗糙度。

数控机床生产率的影响——数控机床的工时费用较高，相对而言，刀具的损耗成本所占的比重较低，应尽量采用高的切削用量，通过适当降低刀具寿命来提高数控机床的生产率。

1. 背吃刀量的确定

切深是根据工件的余量、形状、机床功率、刚度及刀具刚度确定的。切深变化对刀具寿命影响很大。

（1）切深过大，切削力超过刀刃的承受力，从而产生崩刃，导致刀尖报废。

（2）切深过小，微切深时，刀具并没有进行正常切削，只是在工件表面刮擦，导致切削加工时产生硬化层，使刀具耐用度降低，而且工件的表面粗糙度差。

（3）切削铸铁表面和黑皮表面层时，应该在机床功率允许的条件下，尽量增大切深，否则切削刃尖端会因切削工件表面硬化层，而使切削刃崩刃，发生异常磨损。

（4）不同材质的工件或同一材质但热处理硬度不同的工件，加工时的切深会有所不同，要根据实际情况决定。

（5）经验有效切削刃长度：

C 型刀片：$\frac{2}{3} \times$ 刃长 l

W 型刀片：$\frac{1}{4} \times$ 刃长 l

V 型刀片：$\frac{1}{4} \times$ 刃长 l

T 型刀片：$\frac{1}{2} \times$ 刃长 l

D 型刀片：$\frac{1}{2} \times$ 刃长 l

在工件表面粗糙度值 Ra 要求为 12.5~25μm 时，如果数控加工的加工余量小于 5~6mm，粗加工一次进给就可以达到要求，但在余量较大、工艺系统刚度较差或者机床动力不足时，可以分为几次进给完成。

在工件表面粗糙度值 Ra 要求为 3.2~12.5μm 时，可分为粗加工和半精加工，粗加工背吃刀量选取同上述，粗加工后留 0.5~1mm 的余量，半精加工时再切除。

在工件表面粗糙度值 Ra 要求为 0.8~3.2μm 时，可分为粗加工、半精加工和精加工，半精加工背吃刀量选取 1.5~2mm，精加工背吃刀量选取 0.3~0.5mm。

2. 进给量的确定

进给量与加工表面粗糙度有很大的关系，通常按表面粗糙度要求确定进给量。

（1）进给量应大于倒棱宽度，否则无法断屑，一般取倒棱宽度的两倍左右。

（2）进给量大，切屑层厚度增加，切削力增大，加工效率高，相应需要较大的切削功率。

（3）进给量大，切削温度升高，后刀面磨损增大，但它对刀具耐用度的影响比切削速度小。

（4）进给量小，后面磨损大，刀具耐用度很快降低，进给量为 0.1~0.4mm，对后刀面的影响较小，视具体情况而定。

经验公式：

$$f_{粗} = 0.5 \times 刀尖圆弧半径$$

具体选择进给量时，一般根据零件加工精度和表面粗糙度以及刀具和零件材料选取。最大进给速度受机床和工艺系统刚度性能的限制。

在保证零件加工质量的情况下，为了提高加工效率，可以选取较大的进给速度。一般数控加工中的进给速度为 100~200mm/min。

在切断、加工深孔和用高速钢刀具时，一般取较小的进给速度，为 20~50mm/min。

当精加工，表面质量要求较高时，一般取较小的进给速度，为 20~50mm/min。

当非切削或回零过程中，可以选择机床数控系统设定的最大进给速度。

3. 切削速度的确定

（1）切削速度对刀具耐用度的影响很大，提高切削速度可缩短加工时间、提高加工效率。但线速度过高，切削温度会上升，刀具耐用度也将大大缩短。每家公司的刀具使用寿命都有一个具体时间，一般按该公司样本规定的线速度加工时，每刃连续加工 15~20min 即到寿命。如果线速度高于样本规定线速度的 20%，刀具寿命将降低为原来的 1/2；如果提高到 50%，刀具寿命将只有原来的 1/5。

（2）低切削速度（切削速度为 20~40m/min）时，工件易振动，刀具耐用度也低。

（3）同种材料，硬度高，切削速度应下降；硬度低，切削速度应上升。

（4）切削速度提高，表面粗糙度好；切削速度下降，表面粗糙度差。

主轴转速应根据允许的切削速度和工件（或刀具）直径来选择。其计算公式为

$$n = 1000v/\pi D$$

式中　v——切削速度，由刀具的耐用度决定，单位为 m/min；

　　　n——主轴转速，单位为 r/min；

D——工件直径或刀具直径，单位为 mm。

计算的主轴转速 n 最后要根据机床说明书选取机床有的或较接近的转速。

4. 数控机床切削用量选择应注意的特殊因素

1）拐角处的超程问题

在轮廓加工中，特别是在拐角较大、进给速度较高时，应在接近拐角处适当降低进给速度，在经过拐角后逐渐升速，以保证加工精度。

2）拐角处可能产生"欠程"

加工过程中，由于切削力的作用，机床、工件、刀具系统产生变形，可能会使刀具运动滞后，从而在拐角处可能产生"欠程"。

3）自然断屑问题

充分考虑切削的自然断屑问题，通过选择刀具几何形状和对切削用量的调整，使排屑处于最顺畅状态。

4）刀具耐用度问题

自动换刀数控机床主轴或装刀所费时间较多，所以选择切削用量时要保证刀具加工完一个零件，或保证刀具耐用度不低于一个工作班，最少不低于半个工作班。

总之，切削用量的具体数值应根据机床性能、相关的手册并结合实际经验用类比方法确定。同时，使主轴转速、切削深度及进给速度三者能相互适应，以形成最佳的切削用量。

另外，在确定精加工和半精加工的进给速度时，要注意避开积屑瘤和鳞刺的产生区域；在易发生振动的情况下，进给速度的选取要避开自激振动的临界速度；在加工带硬皮的铸、锻件，加工大件、细长件盒薄壁件，以及断续切削时，要注意采用较低的进给速度。

提高切削用量的途径：

(1) 采用切削性能更好的新型刀具材料；

(2) 在保证工件机械性能的前提下，改善工件材料的加工性能；

(3) 改善冷却润滑条件；

(4) 改进刀具结构，提高刀具制造质量。

2.2.11 加工程序的编制、校验和首件试切

1. 数控加工程序的编制方法

数控加工程序的编制就是将零件的工艺过程、工艺参数、刀具位移量与方向以及其他辅助功能（换刀、冷却、夹紧等），按运动顺序和所用数控机床规定的指令代码及程序格式编成加工程序单，再将程序单中的全部内容记录在控制介质上，然后输送给数控装置，从而指挥数控机床加工。这种从零件图纸到控制介质的过程称为数控加工的程序编制。

一般数控加工程序的编制有两种。

(1) 手工编程：手工编制程序就是从零件图样分析、工艺处理、数值计算、程序单编制、程序输入和校验全过程，全部或主要由人工进行。其主要用于几何形状不太复杂的简单零件，所需的加工程序不多，坐标计算也较简单，出错的概率小。这时用手工编程就显得经济而且及时。因此，手工编程至今仍广泛地应用于简单的点位加工及直线与圆弧组成的轮廓

加工中。

(2) 自动编程：利用计算机专用软件编制数控加工程序的过程。指由计算机来完成数控编程的大部分或全部工作，如数学处理、加工仿真、数控加工程序生成等。自动编程方法减轻了编程人员的劳动强度，缩短了编程时间，提高了编程质量，同时解决了手工编程无法解决的复杂零件的编程难题，也利于与 CAD 的集成。主要用于一些复杂零件，特别是具有非圆曲线、曲面的表面（如叶片、复杂模具）；或者零件的几何元素并不复杂，单程序量很大的零件（如复杂的箱体或一个零件上有千百个矩阵钻孔）；或者是需要进行复杂的工步与工艺处理的零件（如数控车削和加工中心机床的多工序集中加工）。

自动编程方法种类很多，发展也很迅速。根据信息输入方式及处理方式的不同，主要分为语言编程、图形交互式编程、语音编程等方法。语言编程以数控语言为基础，需要编写包含几何定义语句、刀具运动语句、后置处理语句的"零件源程序"，经编译处理后生成数控加工程序。这是数控机床出现早期普遍采用的编程方法。图形交互式编程是基于某一 CAD/CAM 软件或 CAM 软件，人机交互完成加工图形的定义、工艺参数的设定后，经软件自动处理生成刀具轨迹和数控加工程序。图形交互式编程是目前最常用的方法。语音编程是通过语音把零件加工过程输入计算机，经软件处理后生成数控加工程序。由于技术难度较大，故尚不通用。

一般图形交互自动编程的基本步骤如下：

(1) 分析零件图样，确定加工工艺：在图形交互自动编程中，同一个曲面，往往可以有几种不同的生成方法，不同的生成方法导致加工方法的不同。所以本步骤主要是确定合适的加工方法。

(2) 几何造型：把被加工零件的加工要求用几何图形描述出来，作为原始信息输入计算机，作为图形自动编程的依据，即原始条件。

(3) 对几何图形进行定义：面对一个几何图形，编程系统并不是立即明白如何处理。需要编程员对几何图形进行定义，定义的过程就是告诉编程系统处理该几何图形的方法。不同的定义方法导致不同的处理方法，最终采用不同的加工方法。

(4) 输入必需的工艺参数：把确定的工艺参数，通过"对话"的方式告诉编程系统，以便编程系统在确定刀具运动轨迹时使用。

(5) 产生刀具运动轨迹：计算机自动计算被加工曲面、补偿曲面和刀具运动轨迹，自动产生刀具轨迹文件，储存起来，供随时调用。

(6) 自动产生数控程序：自动产生数控程序是由自动编程系统的后置处理程序模块来完成的。不同的数控系统，数控程序指令形式不完全相同，只需修改、设定一个后置程序，就能产生与数控系统一致的数控程序来。

(7) 程序输出：由于自动编程系统在计算机上运行，所以其具备计算机所具有的一切输出手段。值得一提的是利用计算机和数控系统都具有的通信接口，只要自动编程系统具有通信模块即可完成计算机与数控系统的直接通信，把数控程序直接输送给数控系统，控制数控机床进行加工。

2. 数控加工程序的校验和首件试切

程序单和所制备的控制介质必须经过校验和试切削才能正式使用。一般的方法是将控制介质上的内容直接输入 CNC 装置进行机床的空运转检查，即在机床上用笔代替刀具、坐标纸代替工件进行空运转画图，检查机床轨迹的正确性。

在具有 CRT 屏幕图形显示的数控机床上，用图形模拟刀具相对工件的运动，则更为方便。但这些方法只能检查运动是否正确，不能查出由于刀具调整不当或编程计算不准而造成工件误差的大小。

因此必须用首件试切的方法进行实际切削检查。它不仅可以查出程序单和控制介质的错误，还可检查加工精度是否符合要求。当发现尺寸有误差时，应分析错误的原因，或者修改程序单，或者进行适当补偿。

2.2.12　数控加工工艺文件的归档

数控加工工艺文件既是操作者要遵守和执行的规程，同时还是以后产品零件加工生产在技术上的工艺资料的积累和储备。它是编程员在编制数控加工程序单时做出的相关技术文件。不同的数控机床和加工要求，工艺文件的内容和格式有所不同，因目前尚无统一的国家标准，故各企业可根据自身特点制定出相应的工艺文件。下面介绍企业中常用的几种主要工艺文件。

1）数控加工工序卡片

这种卡片是编制数控加工程序的主要依据和操作人员配合数控程序进行数控加工的主要指导性文件，主要包括工步顺序、工步内容、各工步所用刀具及切削用量等。当工序加工十分复杂时，也可以把工序简图画在工序卡片上。它不仅是编程人员编制程序时必须遵循的基本工艺文件，同时也是指导操作人员进行数控机床操作和加工的主要资料。不同的数控机床，数控加工工序卡可采用不同的格式和内容。参考格式如表 2-4 所示。

表 2-4　数控加工工序卡片

零件图号		零件名称				编制日期	
程序号				编制			
工步号	工步内容	刀具			切削用量		备注
		刀具号	长度补偿	半径补偿	切削速度/$(r \cdot min^{-1})$	进给量/$(mm \cdot r^{-1})$	切深/mm

2）数控加工刀具卡片

数控加工刀具卡片是组装和调整刀具的依据，内容包括刀具序号、刀具名称、刀具规格、刀具编号和数量等。它是机床操作人员准备刀具、调整机床以及参数设定的依据。参考格式如表 2-5 所示。

表 2-5 数控加工刀具卡片

零件图号		零件名称		编制日期	
刀具清单				编制	
序号	名称		规格	刀具编号	数量

3)数控加工量具卡

数控加工中的量具卡主要反映数控加工过程中为了检查加工质量而使用的各种量具的名称、规格、精度以及数量等信息,它是机床操作人员准备量具、进行加工过程、及时发现加工问题、保证加工质量的必要工具。表 2-6 所示为数控加工量具卡的参考格式。

表 2-6 数控加工量具卡片

零件图号		零件名称		编制日期	
量具清单				编制	
序号	名称	规格	精度		数量

4)数控加工进给路线图

数控加工进给路线图主要反映加工过程中刀具的运动轨迹,其作用一方面是便于编程;另一方面是帮助操作者了解刀具的进给路线图(如:从哪里下刀、在哪里抬刀、在哪里斜下刀等),以便确定装夹方案和夹紧元件,以避免发生碰撞事故。数控加工进给路线图还包括部分关键点的坐标值等信息。

数控加工进给路线图一般可用统一约定的符号来表示(如用虚线表示快速进给、实线表示切削进给等),不同的机床可以采用不同的图例与格式。表 2-7 所示为数控车削加工进给路线图。

表 2-7 数控车削加工进给路线

数控加工进给路线图		零件图号		工序号		工步号		程序号	
机床型号		程序段号		加工内容				共 页	第 页
								编程	
								校对	
								审批	
符号	⊗	◐	⊙	--→	→				
含义	下刀点	编程原点	抬刀点	快速走刀方向	进给走刀方向				

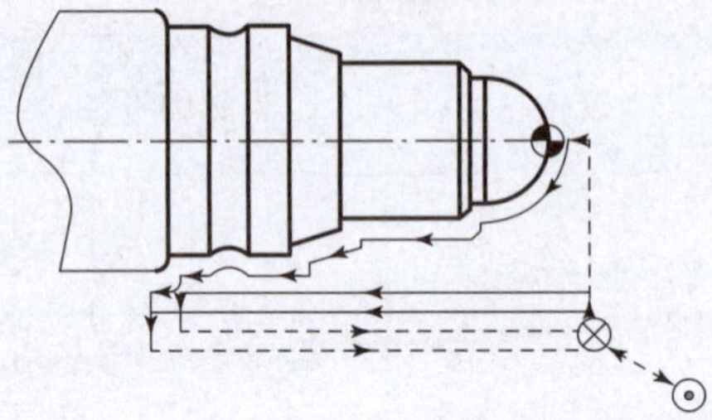

5) 数控加工程序单

数控加工程序单是编程人员依据数控加工工艺分析的情况, 经过数值计算, 按照数控机床的程序格式和指令代码编制的。它是记录数控加工工艺过程、工艺参数、位移数据的清单, 以及手动输入数据、实现数控加工的主要依据, 同时可以帮助操作人员正确理解加工程序的内容。不同的数控机床和数控系统, 数控加工程序单的格式可能不一样。

表 2-8 所示为加工程序单的一种参考格式。

表 2-8 数控加工程序单

零件号		零件名称		编制日期	
程序号				编制	
程序段号	程序内容			程序说明	

2. 工艺文件的归档

工艺文件归档要确保文件满足以下要求。

1) 正确性
(1) 正确执行有关法律法规。
(2) 正确贯彻有关标准（包括国际标准、国内标准和企业内部标准）。
(3) 遵循标准化基本原则方法和要求。
2) 完整性
(1) 完整的叙述其内容。
(2) 图样与技术文件成套性。
3) 统一性
(1) 图样之间、技术文件之间有关内容中的定义、术语、符号、代号和计量单位等的一致性。
(2) 图样和技术文件之间也要达到上述要求。
4) 协调性
图样与技术文件中所提到的技术性能和技术指标要协调一致。
5) 清晰性
(1) 表达清楚（简明扼要、通俗易懂）。
(2) 书写规范（文字、符号正确、工整）。
(3) 编写有序（格式符合有关规定）。

工艺文件编写的基本要求：

(1) 工艺文件应采用先进的技术，选择科学、可行和经济效果最佳的工艺方案；在保证产品质量的前提下，尽量提高生产效率并降低消耗；工艺文件应做到完整、正确、统一、协调配套和清晰。

(2) 各类工艺文件应依据产品设计文件、生产条件、工艺手段编制，并满足相关标准（明确给出标准名称和代号）的要求；应尽可能采用通用工艺、标准工艺、典型工艺；不允许使用已经废除的标准，也不允许使用禁用的工艺。

(3) 工艺文件应规定工件的加工条件、方法和步骤，以及生产过程中所用的工艺设备、工装、主要材料和辅助材料，并明确产品检验和验证的要求。必要时工艺文件中应规定刀具、量具、工具的名称和规格。

(4) 对工艺状态和设计图样有不同要求的工序，要特别注明工艺技术状态要求的参数；临时工艺应注明编制依据（如技术单号、更改单号），并规定有效范围（如批次、数量和日期等）。

(5) 工艺规程一般应以产品单个零部件进行编制，结构特征和工艺特征相近的产品零部件应该编制通用工艺规程。

(6) 工艺附图应标注完成工艺过程所需要的数据（如尺寸、极限偏差和表面粗糙度等），图形应直观、清晰。工艺附图的绘制比例应该协调，局部缩放视图应按照实际比例进行标注。

(7) 为了避免工艺路线更改时漏改及与生产作业不一致，应明确规定各专业工艺规程编制的终检验收程序。

1. 数控加工工艺处理的内容有哪些？
2. 哪些内容适合在数控机床上加工？
3. 与传统机械加工工艺相比，数控加工工艺有哪些特点？
4. 数控加工的工序划分有哪几种方法？
5. 对刀点、换刀点指的是什么？一般应如何设置？常用刀具的刀位点是怎么规定的？
6. 加工路线的确定应遵循哪些主要原则？
7. 粗、精加工时选用切削用量的原则有什么不同？
8. 数控加工刀具选择应考虑哪些因素？
9. 选择数控加工机床应考虑哪些因素？
10. 数控加工有哪些优缺点？

第 3 章 数控加工程序编制基础

3.1 数控机床的坐标系统

数控加工中,对零件上某一个位置的描述是通过坐标来完成的,任何一个位置都可以参照某一个基准点,准确地用坐标描述,这个基准点常被称为坐标系原点。数控加工之前,必须建立适当的坐标系,而且数控机床用户、数控机床制造厂及数控系统生产厂也需要有一个统一的坐标系标准。

国际标准化组织(ISO)对数控机床的坐标和方向制定了统一的标准(ISO 841:1974),我国也同样采用了这个标准。

标准规定标准坐标系为笛卡儿右手直角坐标系,规定基本的直线运动坐标轴用 X、Y、Z 表示,围绕 X、Y、Z 轴旋转的圆周进给坐标轴分别用 A、B、C 表示,如图 3-1 所示。

标准规定直角坐标系直线轴 X、Y、Z 三者的关系及其方向由右手定则判断,即拇指、食指、中指分别表示 X、Y、Z 轴及其方向;A、B、C 的正方向用右手螺旋法则判定,即分别用右手握着直线轴 X、Y、Z,其中拇指指向 X、Y、Z 的正方向,则其余四指握拳方向分别代表回转轴 A、B、C 的正方向。

标准规定上面的法则适用于工件固定、刀具移动时;如果工件移动、刀具固定,则正方向反向,并加"′"表示。

这样规定之后,编程员在编程时不必考虑具体的机床上是工件固定还是工件移动进行的加工,而是永远假设工件固定不动、刀具移动来决定机床坐标的正方向。

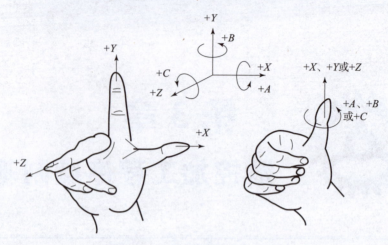

图 3-1 笛卡儿右手直角坐标系

3.1.1 标准坐标轴及其运动方向

标准规定：机床某部件运动的正方向，是增大工件与刀具之间距离的方向，坐标轴确定顺序为：先确定 Z 轴，再确定 X 轴，最后确定 Y 轴。

1. Z 坐标轴

Z 坐标轴是由传递主切削动力的主轴所决定的，一般平行于数控机床主轴轴线的坐标轴即为 Z 坐标轴，Z 坐标轴的正向为刀具离开工件的方向。

如果机床上有几个主轴，则选一个垂直于工件装夹平面的主轴方向为 Z 坐标轴方向；如果主轴能够摆动，则选垂直于工件装夹平面的方向为 Z 坐标轴方向；如果机床无主轴，则选垂直于工件装夹平面的方向为 Z 坐标轴方向。图 3-2 所示为卧式数控车床的坐标系。

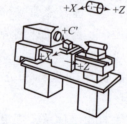

图 3-2 卧式数控车床的坐标系

2. X 坐标轴

X 坐标轴通常平行于工件的装夹平面，一般在水平面内。确定 X 轴的方向时，要考虑两种情况：

（1）如果工件做旋转运动，则刀具离开工件的方向为 X 坐标轴的正方向。

（2）如果刀具做旋转运动，则分为两种情况：当 Z 坐标轴垂直时，观察者面对刀具主轴向立柱看，$+X$ 运动方向指向右方，如图 3-3 所示；当 Z 坐标轴水平时，观察者沿刀具主轴向工件看，$+X$ 运动方向指向右方，如图 3-4 所示。

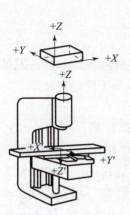 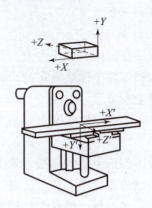

图 3-3　立式升降台数控铣床坐标系　　　　图 3-4　卧式升降台数控铣床坐标系

3. Y 坐标轴

在确定 X、Z 坐标轴的正方向后，可以用根据 X 和 Z 坐标轴的方向，按照右手直角坐标系来确定 Y 坐标轴的方向。

4. 附加坐标系

此外，如果在基本的直角坐标轴 X、Y、Z 之外，还有其他轴线平行于 X、Y、Z，则附加的直角坐标系指定为 U、V、W 和 P、Q、R，图 3-5 所示为卧式数控铣床的附加坐标系。

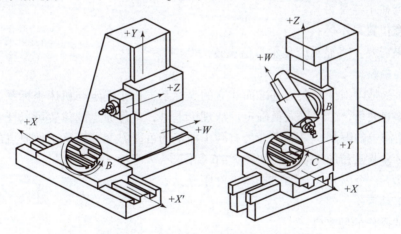

图 3-5　卧式数控铣床的附加坐标系

3.1.2　数控加工常用坐标系

用户购买 CNC 机床时，不可避免地会碰到这些问题。一个特定的工件，必须由一个厂家生产的机床来加工，而机床又使用了不同厂家的控制系统、刀具和刀架，这种组合就像是从来没有一起演出过的一流音乐家的四重奏，这种情形就需要协调。数控机床加工零件的过程是通过机床、刀具和工件三者的协调运动完成的，坐标系正是起这种协调作用的。它能保证各部分按照一定的顺序运动而不至于互相干涉。数控加工中常用到两个坐标系和一个参考点，即：

（1）机床坐标系；

（2）工件坐标系；

（3）刀具参考点。

工件安装在机床的工作台上，其相对位置是通过机床坐标系确定的，而刀具相对于工件的运动是通过工件坐标系确定的，刀具参考点则代表了刀具与工件的接触点。

1. 机床坐标系

机床坐标系是以机床原点（或零点）为基准而建立的坐标系，机床原点的位置随机床生产厂家的不同而不同，是机床设计和调整的基准点。CNC 机床原点一般位于每根直线移动轴行程范围的正半轴的末端，如图 3-6 和图 3-7 所示。笼统地说，CNC 机床有两根、三根或者更多根的直线移动轴，这由机床的类型来决定。厂家为每一根直线移动轴设定了一个最大的行程范围，每一根直线移动轴的行程范围都不一样。如果 CNC 操作人员使任一根直线移动轴超过范围，就会发生超程错误。在机床的调整过程中，尤其是在电源打开以后，所有轴预先设置位置应该始终一致，不随日期和工件的改变而改变。这一步骤在现代机床上可以通过返回机床参考点操作来实现。手动机床返回参考点操作包括以下几个步骤：

（1）打开电源；

（2）选择机床回参考点的模式；

（3）选择第一根轴（车床是 X 轴、铣床是 Z 轴）回参考点；

（4）对其他轴回参考点；

（5）检查显示器是否亮；

（6）检查位置显示屏；

（7）如果需要，将显示屏显示数值设置为 0。

2. 工件坐标系

工件坐标系是以工件原点为基准而建立的坐标系，用于确定与机床坐标系、刀具参考点以及图纸尺寸的关系，由编程人员确定。从理论上讲，工件原点的位置可以任意确定，但由于实际机床操作中的限制，只能考虑最有利于加工的可能方案，而且工件原点的位置会直接影响工件的安装调试和加工效率，如图 3-6 和图 3-7 所示。

通常由以下三个因素决定如何选择工件原点：

（1）加工精度；

（2）调试操作的便利性；

（3）工作状况的安全性。

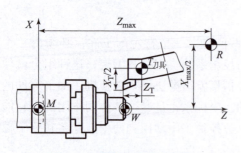

图 3-6 数控车床的坐标系

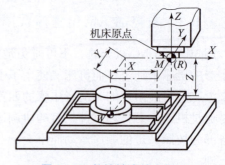

图 3-7 数控铣床的坐标系

3.2 数控编程的步骤

3.2.1 数控编程的种类

1. 手工编程

手工编程是指编程的各个阶段均由人工完成,即利用一般的计算工具,通过各种数学方法,人工进行刀具轨迹的运算,并进行指令编制,如图3-8所示。这种方式比较简单,很容易掌握,适应性较强,但对于具有空间自由曲面、复杂型腔的零件,刀具轨迹数据计算相当烦琐,工作量大,极易出错,且很难校对,有些甚至根本无法完成,适用于中等复杂程度程序及计算量不大的零件编程,对机床操作人员来讲必须掌握。其主要用于点位加工(如钻、铰孔)或几何形状简单(如平面、方形槽)零件的加工,及计算量小、程序段数有限、编程直观、易于实现的情况等。

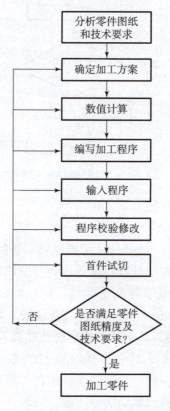

图3-8 手工编程流程图

2. 自动编程（图形交互式）

对于几何形状复杂的零件，需借助计算机使用规定的数控语言编写零件源程序，经过处理后生成加工程序，称为自动编程，如图3-9所示。随着数控技术的发展，先进的数控系统不仅向用户编程提供了一般的准备功能和辅助功能，而且为编程提供了扩展数控功能的手段。FANUC 6M数控系统的参数编程，应用灵活，形式自由，具备计算机高级语言的表达式、逻辑运算及类似的程序流程，使加工程序简练易懂，以实现普通编程难以实现的功能。

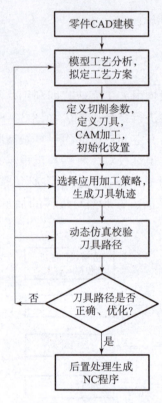

图3-9 自动编程流程图

3. 常用自动编程软件

1）UG

Unigraphics是美国Unigraphics Solution公司开发的一套集CAD、CAM、CAE功能于一体的三维参数化软件，是当今最先进的计算机辅助设计、分析和制造的高端软件，用于航空、航天、汽车、轮船、通用机械和电子等工业领域。UG软件在CAM领域处于领先的地位，产生于美国麦道飞机公司，是飞机零件数控加工首选编程工具。

UG优点：提供可靠、精确的刀具路径；能直接在曲面及实体上加工；具有良好的使用者界面，客户也可自行化设计界面；具有多样的加工方式，便于设计组合高效率的刀具路径；有完整的刀具库；具有加工参数库管理功能；包含二轴到五轴铣削、车床铣削、线切割功能；具有大型刀具库管理、实体模拟切削等功能。

2）CATIA

CATIA是法国达索（Dassault）公司推出的产品，法制幻影系列战斗机、波音737、777

的开发设计均采用 CATIA。CATIA 具有强大的曲面造型功能,在所有的 CAD 三维软件中位居前列,广泛应用于国内的航空航天企业、研究所,已逐步取代 UG 成为复杂型面设计的首选。CATIA 具有较强的编程能力,可满足复杂零件的数控加工要求。目前一些领域采取 CATIA 设计建模、UG 编程加工,二者结合、搭配使用。

3) Pro/E

Pro/E 是美国 PTC(参数技术有限公司)开发的软件,是全世界最普及的三维 CAD/CAM(计算机辅助设计与制造)系统,广泛用于电子、机械、模具、工业设计和玩具等民用行业,具有零件设计、产品装配、模具开发、数控加工和造型设计等多种功能。Pro/E 在我国南方地区企业中被大量使用,设计建模采用 Pro/E、编程加工采用 MASTERCAM 和 CIMATRON 是目前通行的做法。

4) Cimatron 公司的 CAD/CAM 系统

以色列 Cimatron 公司的 CAD/CAM/PDM 产品,是较早在微机平台上实现三维 CAD/CAM 全功能的系统。该系统提供了比较灵活的用户界面、优良的三维造型、工程绘图功能,全面的数控加工,各种通用、专用数据接口以及集成化的产品数据管理。Cimatron 公司的 CAD/CAM 系统在国际上的模具制造业备受欢迎,国内模具制造行业也在广泛使用。

5) MasterCAM

Mastercam 是美国 CNC 公司开发的基于 PC 平台的 CAD/CAM 软件,它具有方便直观的几何造型。MasterCAM 提供了设计零件外形所需的理想环境,其强大稳定的造型功能可设计出复杂的曲线和曲面零件。MasterCAM 具有较强的曲面粗加工及曲面精加工功能,且曲面精加工有多种选择方式,可以满足复杂零件的曲面加工要求,同时具备多轴加工功能。由于价格低廉、性能优越,已成为国内民用行业数控编程软件的首选。

6) FeatureCAM

FeatureCAM 是美国 DELCAM 公司开发的基于特征的全功能 CAM 软件,具有全新的特征概念、超强的特征识别,以及基于工艺知识库的材料库、刀具库、图标导航和基于工艺卡片的编程模式。全模块的软件,从二轴至五轴铣削,到车铣复合加工,从曲面加工到线切割加工,为车间编程提供了全面的解决方案。DELCAM 软件后编辑功能相对来说是比较好的。近年来国内一些制造企业正在逐步引进,以满足行业发展的需求,属于新兴产品。

7) CAXA 制造工程师

CAXA 制造工程师是北京北航海尔软件有限公司推出的一款全国产化的 CAM 产品,为国产 CAM 软件在国内 CAM 市场中占据了一席之地。作为我国制造业信息化领域自主知识产权软件的优秀代表和知名品牌,CAXA 已经成为我国 CAD/CAM/PLM 业界的领导者和主要供应商。CAXA 制造工程师是一款面向二轴至五轴数控铣床与加工中心、具有良好工艺性能的铣削/钻削数控加工编程软件。该软件性能优越,价格适中,在国内市场颇受欢迎。

8) EdgeCAM

英国 Pathtrace 公司出品的具有智能化的专业数控编程软件,可应用于车、铣、线切割等数控机床的编程。针对当前复杂三维曲面的加工特点,EdgeCAM 设计出了更加便捷可靠的加工方法,目前流行于欧美制造业。英国 Pathtrace 公司正在进行中国市场的开发和运作,为我国制造业的客户提供了更多的选择。

9) VERICUT

VERICUT 是美国 CGTECH 公司出品的一种先进的专用数控加工仿真软件。VERICUT 采用了先进的三维显示及虚拟现实技术，对数控加工过程的模拟达到了极其逼真的程度。不仅能用彩色的三维图像显示出刀具切削毛坯形成零件的全过程，还能显示出刀柄、夹具，甚至机床的运行过程及虚拟的工厂环境也能被模拟出来，其效果就如同在屏幕上观看数控机床加工零件时的录像。编程人员将各种编程软件生成的数控加工程序导入 VERICUT 中，由该软件进行校验，可检测原软件编程中产生的计算错误，降低加工中由于程序错误导致的加工事故率。目前国内许多实力较强的企业，已开始引进该软件来充实现有的数控编程系统，并取得了良好的效果。

随着制造业技术的飞速发展，数控编程软件的开发和使用也进入了一个高速发展的新阶段，新产品层出不穷，功能模块越来越细化，工艺人员可在微机上轻松地设计出科学合理并富有个性化的数控加工工艺，使数控加工编程变得更加容易、便捷。

3.2.2 手工编程的步骤

正确的加工程序不仅应保证加工出符合图纸要求的合格工件，同时应能使数控机床的功能得到合理的应用与充分的发挥，以使数控机床能安全、可靠、高效地工作。数控加工程序的编制过程是一个比较复杂的工艺决策过程。一般来说，数控编程过程主要包括：分析零件图样、工艺处理（工艺方案、工艺设计等）、数学处理、编写程序单、输入数控程序及程序检验和试切加工等，典型的数控编程过程如图 3-10 所示。

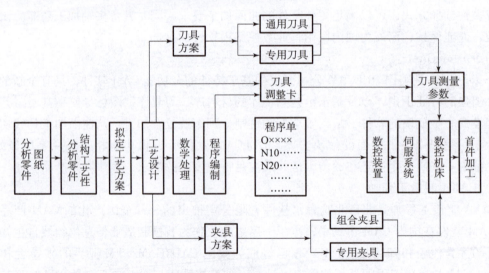

图 3-10 手工编程的基本步骤

1. 加工工艺处理

在数控编程之前，编程员应了解所用数控机床的规格、性能及数控系统所具备的功能和编程指令格式等。根据零件形状尺寸及其技术要求，分析零件的加工工艺，选定合适的机床、刀具与夹具，确定合理的零件加工工艺路线、工步顺序以及切削用量等工艺参数，这些工作与普通机床加工零件时的编制工艺规程基本是相同的。

第 3 章　数控加工程序编制基础

1）确定加工方案

此时应考虑数控机床使用的合理性及经济性，并充分发挥数控机床的功能。

2）工夹具的设计和选择

应特别注意要迅速完成工件的定位和夹紧过程，以减少辅助时间。使用组合夹具，生产准备周期短，夹具零件可以反复使用，经济效果好。此外，所用夹具应便于安装，以便于协调工件和机床坐标系之间的尺寸关系。

3）选择合理的走刀路线

合理地选择走刀路线对于数控加工是很重要的。应考虑以下几个方面：

（1）尽量缩短走刀路线，减少空走刀行程，提高生产效率。

（2）合理选取起刀点、切入点和切入方式，保证切入过程平稳、没有冲击。

（3）保证加工零件的精度和表面粗糙度的要求。

（4）保证加工过程的安全性，避免刀具与非加工面的干涉。

（5）有利于简化数值计算，减少程序段数目和编制程序工作量。

4）选择合理的刀具

根据工件材料的性能、机床的加工能力、加工工序的类型、切削用量以及其他与加工有关的因素来选择刀具，包括刀具的结构类型、材料牌号和几何参数等。

5）确定合理的切削用量

在工艺处理中必须正确确定切削用量。

2. 刀位轨迹计算

在编写 NC 程序时，根据零件形状尺寸、加工工艺路线的要求定义走刀路径，在适当的工件坐标系上计算零件与刀具相对运动的轨迹的坐标值，以获得刀位数据，诸如几何元素的起点和终点、圆弧的圆心、几何元素的交点或切点等坐标值，有时还需要根据这些数据计算刀具中心轨迹的坐标值，并按数控系统最小设定单位（如 0.001mm）将上述坐标值转换成相应的数字量，作为编程的参数。

在计算刀具加工轨迹前，正确选择编程原点和工件坐标系是极其重要的。工件坐标系是指在数控编程时，在工件上确定的基准坐标系，其原点也是数控加工的对刀点。

工件坐标系的选择原则：

（1）所选的工件坐标系应使程序编制简单；

（2）工件坐标系原点应选在容易找正并在加工过程中便于检查的位置；

（3）引起的加工误差小。

3. 编制或生成加工程序清单

根据制定的加工路线、刀具运动轨迹、切削用量、刀具号码、刀具补偿要求及辅助动作，按照机床数控系统使用的指令代码及程序格式要求，编写或生成零件加工程序清单，进行初步的人工检查，并反复修改。

4. 程序输入

在早期的数控机床上都配备光电读带机，作为加工程序输入设备。因此，对于大型的加工程序，可以制作加工程序纸带，作为控制信息介质。近年来，许多数控机床都采用磁盘、计算机通信技术等各种与计算机通用的程序输入方式，实现加工程序的输入。因此，只需要在普通计算机上输入编辑好的加工程序，就可以直接传送到数控机床的数控系统中。当程序较简单时，也可以通过键盘人工直接输入数控系统中。

5. 数控加工程序正确性校验

通常所编制的加工程序必须经过进一步的校验和试切削才能用于正式加工。当发现错误时，应分析错误的性质及其产生的原因，或修改程序单，或调整刀具补偿尺寸，直到符合图纸规定的精度要求为止。

3.3 数控加工程序的结构

3.3.1 字符和代码

字符是一个关于信息交换的术语，它的定义是：用来组织、控制或表示数据的一些符号，如数字、字母、标点符号、数学运算符等。字符也是加工程序的最小组成单位。数控加工程序中常见的字符分四类。

（1）地址字符，由 26 个英文字母组成。

例如，数控加工程序中使用的地址字符：

D：刀具半径补偿；

F：进给速度；

G：准备功能；

X、Y、Z：坐标尺寸；

S：主轴转速。

（2）数字和小数点字符，由 0~9 共 10 个阿拉伯数字及一个小数点组成。

（3）符号字符，由正号（+）和负号（-）组成。

（4）功能字符，由程序开始字符、结束字符、程序段结束字符、跳过程序段字符、机床控制暂停字符等组成。

例如，数控加工程序中使用的功能字符如下：

()：圆括弧，用于程序注释和相关信息描述；

%：百分号，停止代码（程序文件的结束）；

,：逗号，只用于注释中；

[]：中括号，用于 Fanuc 宏中的变量；

;：分号，用于不可编程的程序段结束符号（用于屏幕显示）；

=：等号，用于 Fanuc 宏中的等式；

#：井号，用于 Fanuc 变量定义；

/：斜杠（左斜杠），跳过程序段字符、Fanuc 宏中的除法字符；

*：乘号，用于 Fanuc 宏中的乘法字符。

数控系统与通用计算机一样只接收二进制数字信息，所以必须把每个字符转换成 8 比特（bit）信息组合的字节（byte），每个字符在内存占用一个字节内存单元。字符的编码，国际上广泛采用两种标准，即国际标准化组织（ISO）标准和美国电子工业协会（EIA）标准，它们分别称为 ISO 代码和 EIA 代码。这两种代码的区别不仅仅是每种字符的二进制八位数编码不同，而且功能的符号、含义和数量也有很大区别，在大多数数控机床上，这两种代码都可以使用。

3.3.2 程序字及其功能

程序字的简称是字，是数控机床的专用术语。它的定义是：一套有规定次序的字符，可以作为一个信息单元存储、传递和操作，如 X250 就是"字"。加工程序中常见的字都是由地址字符（或称为地址符）与随后的若干位十进制数字字符组成的。地址字符与后续数字字符间可加正、负号，正号可省略不写，常用的程序字按其功能不同可分为 7 种类型，它们分别称为顺序号字、准备功能字、尺寸字、进给功能字、主轴转速功能字、刀具功能字和辅助功能字。

1. 顺序号字

顺序号字也叫程序段号或程序段序号。顺序号字位于程序段之首，它的地址符是 N，后续数字一般为 2～4 位。

1）顺序号的使用规则

（1）数字部分应为正整数，所以最小顺序号是 N1；

（2）N 与数字间、数字与数字间一般不允许有空格；

（3）顺序号的数字可以不连续使用，如第 1 段用 N1、第 2 段用 N10、第 3 段用 N15；

（4）顺序号的数字不一定要从小到大使用，如第 1 段用 N10、第 2 段用 N2；

（5）顺序号不是程序段的必用字；

（6）对于整个程序，可以每个程序段都设顺序号，也可以只在部分程序段中设顺序号。

2）顺序号的作用

（1）便于人们对程序作校对和检索修改；

（2）便于在图上标注。在加工轨迹图的几何基点处标上相应程序段的顺序号。

2. 准备功能字

准备功能字的地址符是 G，所以又称为 G 功能或 G 指令。它的定义是：建立机床或控制系统工作方式的一种命令。准备功能字中的后续数字大多为两位正整数（包括 00）。不少机床此处的前置"0"允许省略，如 G4，实际是 G04。随着数控机床功能的增加，G00～G99 已不够使用，所以有些数控系统的 G 功能字中的后续数字已经使用三位数。现在国际上实际使用的 G 功能字的标准化程度较低，只有 G00～G04、G17～G19、G40～G42 等的含义在各系统基本相同；有些数控系统规定可使用几类 G 指令，用户在编程时必须遵照机床编程说明书行事，不可张冠李戴。数控车床常用 G 功能字见表 3-1。

表 3–1 G 功能字含义（数车）

G 功能字	FANUC 系统	SINUMERIK 系统
G00	快速移动点定位	快速移动点定位
G01	直线插补	直线插补
G02	顺时针圆弧插补	顺时针圆弧插补
G03	逆时针圆弧插补	逆时针圆弧插补
G04	暂停	暂停
G05	—	通过中间点圆弧插补
G17	XY 平面选择	XY 平面选择
G18	ZX 平面选择	ZX 平面选择
G19	YZ 平面选择	YZ 平面选择
G32	螺纹切削	—
G33	—	恒螺距螺纹切削
G40	刀具补偿注销	刀具补偿注销
G41	刀具补偿——左	刀具补偿——左
G42	刀具补偿——右	刀具补偿——右
G43	刀具长度补偿——正	—
G44	刀具长度补偿——负	—
G49	刀具长度补偿注销	—
G50	主轴最高转速限制	—
G54～G59	加工坐标系设定	零点偏置
G65	用户宏指令	—
G70	精加工循环	英制
G71	外圆粗切循环	米制
G72	端面粗切循环	—
G73	封闭切削循环	—
G74	深孔钻循环	—
G75	外径切槽循环	—
G76	复合螺纹切削循环	—
G80	撤销固定循环	撤销固定循环
G81	定点钻孔循环	固定循环
G90	绝对值编程	绝对尺寸
G91	增量值编程	增量尺寸

续表

G 功能字	FANUC 系统	SINUMERIK 系统
G92	螺纹切削循环	主轴转速极限
G94	每分钟进给量	直线进给率
G95	每转进给量	旋转进给率
G96	恒线速控制	恒线速度
G97	恒线速取消	注销 G96
G98	返回起始平面	—
G99	返回 R 平面	—

3. 尺寸字

尺寸字也叫尺寸指令或坐标尺寸。尺寸字在程序段中主要用来指令机床的运动部件到达的坐标位置。表示暂停时间等指令也列入其中。地址符用得较多的有三组，第一组是 X、Y、Z、U、V、W、R 等，主要用于指令到达点的直线坐标尺寸，有些地址例如 X 还可用于在 G04 之后指定暂停时间；第二组是 A、B、C、D、E，主要用来指令到达点的角度坐标；第三组是 I、J、K，主要用来指令零件圆弧轮廓圆心点的坐标尺寸。尺寸字中地址符的使用虽然有一定规律，但是各系统往往还有一些差别。

4. 进给功能字

进给功能字的地址符用 F，所以又称为 F 功能或 F 指令。它的功能是指令切削的进给速度。现在一般都能使用直接指定方式，即可用 F 后的数字直接指定进给速度。对于车床，可用对应的 G 指令分为每分钟进给和主轴每转进给两种。

F 指令在螺纹切削程序段中常用来指令螺纹的导程。

5. 主轴转速功能字

主轴转速功能字用来指定主轴的转速，单位为 r/min，地址符使用 S，所以又称为 S 功能或 S 指令。中档以上的数控机床的主轴驱动已采用主轴控制单元，它们的转速可以直接指令，即用 S 的后续数字直接表示每分钟的主轴转速。例如，要求 1 300r/min，则指令 S1300。对于中档以上的数控车床，还有一种使切削线速度保持不变的所谓恒线速度功能。这意味着在切削过程中，如果切削部位的回转直径不断变化，则主轴转速也要不断地做相应变化。在这种场合，程序中的 S 指令是指定车削加工的线速度。

6. 刀具功能字

刀具功能字用地址符 T 及随后的数字表示，所以也称为 T 功能或 T 指令。T 指令的功能含义主要是用来指定加工时用的刀具号。例如，T1 表示调用 1 号刀具进行切削加工，对于数控车床，其后的数字还兼作指定刀具长度补偿和刀尖圆弧半径补偿用。

7. 辅助功能字

辅助功能字由地址符 M 及随后 1～2 位数字组成，所以也称为 M 功能或 M 指令。它用来指令数控机床辅助装置的接通和断开（即开关动作），表示机床各种辅助动作及其状态。与 G 指令一样，M 指令在实际使用中的标准化程度也不高。各种系统 M 代码含义的差别很大，但 M00~M05 及 M30 等的含义是一致的。随着机床数控技术的发展，两位数 M 代码已不够使用，所以当代数控机床已有不少使用三位数的 M 代码。例如，常用 M 代码如下：

M00：程序暂停，在自动加工过程中，当程序运行至 M00 时，程序停止执行，主轴停，切削液关闭。

M01：计划暂停，程序中的 M01 通常与机床操作面板上的"任选停止按钮"配合使用，当"任选停止按钮"为"ON"，执行 M01 时，与 M00 功能相同；当"任选停止按钮"为"OFF"，执行 M01 时，程序不停止。

M03：主轴正转。

M04：主轴反转。

M05：主轴旋转停止。

M06：自动换刀。

M07：冷却液开（喷雾状）。

M08：冷却液开（冷却液泵电动机开，喷液状）。

M09：冷却液关（冷却液泵电动机关）。

M02：程序停止，程序执行指针不会复位到起始位置。

M30：程序停止，程序执行指针复位到起始位置。

M98：子程序调用。

M99：子程序返回。

3.3.3 程序段格式

程序段是可作为一个单位来处理的连续字组，它实际是数控加工程序中的一句，多数程序段是用来指令机床完成（执行）某一个动作的。程序的主体是由若干个程序段组成的，各程序段之间用程序段结束符来分开。

1. 程序段格式

在数控机床的发展过程中曾经用过固定顺序格式和分隔符程序段格式（也叫分隔符顺序格式）。后者用的分隔符，在 EIA 代码中是 TAB，在 ISO 代码中是 HT，这两种形式目前已经过时，现在都使用字地址可变程序段格式，又称为字地址格式。对于这种格式，程序段由若干个字组成，且上一段程序中已写明而本程序段里又不必变化的那些字仍然有效，可以不再重写。具体来说，对于模态（续效）G 指令，在前面程序段中已有时可不再重写。下面列出某程序中的两个程序段：

N30 G01 X88.467 Z47.5 F0.4 S250 T0303 M03;
N35 X75.4;

这两段的程序字数相差甚大。绝大多数数控系统对程序段中各类字的排列不要求有固定的顺序，即在同一程序段中各程序字的位置可以任意排列。上述 N30 段也可写成：

N30 M03 T0303 S250 F0.4 Z47.5 X88.467 G01;

当然，还有很多种排列形式，它们对数控系统是等效的。在大多数场合，为了书写、输入、检查和校对的方便，程序字在程序段中习惯按一定的顺序排列，如 N、G、X、Y、Z、F、S、T、M 的顺序。

2. 加工程序的一般格式

常规加工程序由程序开始符（单列一段）、程序名（单列一段）、程序主体（若干段）、程序结束指令（一般单列一段）和程序结束符（单列一段）组成。

1）程序开始符、结束符

程序开始符、结束符是同一个字符，ISO 代码中是%，EIA 代码中是 EP，书写时要单列一段。

2）程序名

程序名位于程序主体之前、程序开始符之后，它一般独占一行。程序名有两种形式：一种是由英文字母 O 和 1~4 位正整数组成的；另一种是由英文字母开头，字母、数字混合组成的。程序名用哪种形式是由数控系统决定的。

3）程序主体

程序主体是由若干个程序段组成的，每个程序段一般占一行。程序主体是数控加工所有操作信息的具体描述。

4）程序结束指令

程序结束指令可以用 M02 或 M30，一般要求单列一段。

加工程序的一般格式举例：

```
%                                      //开始符
O1000;                                 //程序名
N10 G00 G54 X50 Y30 M03 S3000;
N20 G01 X88.1 Y30.2 F500 T02 M08;      // 程序主体
N30 X90;
…
N300 M30;                              // 程序结束指令
%                                      // 结束符
```

3. 常规加工程序的允许字长

字长是指一个程序字中包含的字符的个数。具体的数控系统对各类字的允许字长都有规定，一般情况下，可用以下形式表达：

N4　G2　X±5.3　Z±5.3　F0.3　S4　T0404　M2；

程序中，N 字最多能用不含小数点的 4 位数；X 字最多能用小数点前 5 位、小数点后 3 位的数，而且可以带正、负号；其余类推。数控系统对常规加工程序中的正号可以省略。

3.4　程序规划的基本内容

任何数控加工程序的开发，都始于详细的程序规划。程序规划一般从产品的零件图开始，一直到产品加工结束后的检验等所有环节。程序规划越仔细，就可能在最后获得越好的结果。程序规划所需的步骤由工作的性质决定，并没有适用于所有工作的公式，但都应该考虑以下几个基本内容：

（1）原始信息的分析和处理；
（2）生产能力评估；
（3）工艺分析和工艺文件制定；
（4）质量控制。

上面列出的步骤只是一个建设性的框架。数控加工程序规划是非常灵活的，需要根据具体的零件和工作条件确定。

3.4.1 原始信息及处理

大多数零件的工程图一般只定义工件加工完成时的形状和技术要求，而不指定原始毛坯材料的数据。编程时，对材料的深入了解是一个重要的开始——零件的大小、类型、形状、热处理以及硬度等工程图和材料数据是工件的原始信息，只有得到这些数据后，才可对 CNC 程序进行规划。这种规划的目的就是利用所有原始信息，并考虑所有相关因素（主要是零件的精度、生产力、安全性和便利性），确定最有效的加工方法。

工件原始信息并不只限于工程图和材料数据，它也包括工程图中没有涵盖的要求，比如前道工序的加工和后续加工、加工余量、装配特征、热处理要求、下一道工序中机床调试零件的工作环境以及有没有特殊的要求等。收集、分析所有的这些信息可以为数控加工程序规划提供足够的资料。

3.4.2 生产能力评估

在对相关的信息有了比较全面的了解之后，就可以根据这些信息对生产能力进行评估，在程序规划中，对生产能力的综合评估是非常重要的，这项任务主要包括以下几个方面的内容。

1. 机床类型和主要性能指标

程序规划中首先要根据被加工零件的加工内容等来选择所使用的机床的类型和性能指标。

1）机床的类型

常见的数控机床按组分类主要有以下几种：
（1）数控铣床和加工中心；
（2）数控车床和车削中心；
（3）数控钻床；
（4）数控镗床；
（5）数控电加工机床；
（6）数控冲床和剪切机；
（7）数控火焰切割机；
（8）数控刨床；

(9) 数控高压水切割机床和激光加工机床；

(10) 数控磨床；

(11) 数控焊接机床；

(12) 数控弯板机、绕线机和纺纱机等。

在选择机床的类型时，应充分了解各种机床的特征，使选用的机床最大限度地发挥其优势，提高使用效率。

2) 数控机床的主要性能指标

(1) 数控机床的精度指标。

①定位精度和重复定位精度。

定位精度是指数控机床运动部件在确定终点所达到的实际位置的精度，运动部件的实际位置与理想位置之间的误差称为定位误差。定位误差将直接影响零件加工的位置精度。

重复定位精度是指在同一台数控机床上，应用相同的程序加工一批零件，所得到的连续结果的一致程度。重复定位精度受伺服系统特性、进给系统的间隙与刚性以及摩擦特性的影响。一般情况下，重复定位精度是呈正态分布的偶然性误差，它影响一批零件加工的一致性，是一项非常重要的性能指标。

②分度精度。

分度精度是指分度工作台在分度时，理论要求的回转的角度值和实际回转的角度值的差值。分度精度既影响零件加工部位在空间的角度位置，又影响孔系加工的同轴度。

③分辨度和脉冲当量。

分辨度是指两个相邻的分散细节之间可以分辨的最小间隙。对测量系统而言，分辨度是可以测量的最小增量；对控制系统而言，分辨度是可以控制的最小位移增量，即数控装置每发出一个脉冲信号，数控机床运动部件的移动量，一般称为脉冲当量。脉冲当量是设计数控机床的原始数据之一，其数值的大小决定数控机床的加工精度和表面质量。

(2) 数控机床的可控轴数与联动轴数。

数控机床的可控轴数是指数控机床数控装置能够控制的坐标数目。数控机床的可控轴数与数控装置的运算处理能力、运算速度及内存容量有关。

数控机床的联动轴数是指数控机床数控装置控制的坐标轴同时达到空间某一点的坐标数目。不同的联动轴数可以加工不同的零件，是数控机床加工能力的重要指标之一。

(3) 数控机床的运动性能指标。

数控机床的运动性能指标主要包括机床的工作空间或工作区域、机床的额定功率、主轴转速及调速范围和进给速度、刀位数量、换刀系统以及可用的附件等。

2. 控制系统功能

控制系统是数控机床的核心部分，目前市面上的控制系统很多，比如日本的 FANUC、德国的 SINMURIK 和 HEDHAIN、法国的 FAGOR 及中国的华中世纪星、广州数控等，各种控制系统还有各种系列，它们的控制功能有很大的差异，因此，必须对所使用的控制器上的标准功能和特殊功能非常熟悉，才有可能使用最优化的编程方法。

数控系统的标准功能主要包括点位控制功能、连续轮廓控制功能、刀具补偿功能、固定循环功能、旋转加工功能和镜像加工功能等，特殊功能有数据采集功能和自适应功能等。

3. 数控技术人员

数控技术人员是零件制造的直接实施者，是保证零件加工质量的关键因素，是数控加工程序规划时必须重点考虑的内容之一。

1) 数控程序员

在数控加工车间，数控程序员通常要负责数控操作的生产问题和质量问题，一般要求拥有丰富的实践经验和收集、分析、处理原始信息的能力。数控程序员不仅要读懂技术图纸，领会设计者的工程意图，对不合理的方面提出建设性意见，还必须能使所有的刀具运动形象化，并能识别、预测可能出现的局限因素，确定出在所有方面都是最好的制造方法。

数控程序员还必须有良好的数学计算能力，扎实的数控加工工艺基础和 CAD/CAM 技术功底，熟练的手工编程技巧，对设备和系统有全面的了解。只有对机床及其控制系统非常熟悉的程序员才能编制出最合理的加工程序。

2) 数控机床操作员

数控机床操作员和数控程序员是互补的。一般情况下，数控机床操作员负责刀具的安装、机床的调整、工件的装卸，甚至还负责加工过程中的检验。

数控机床操作员最重要的职责之一就是将程序的执行结果反馈给数控程序员，用最好的知识、技能、经验对程序提出修改意见并保证产品的顺利完成。

3.5 数控编程中的数学处理

3.5.1 数学处理的内容

对零件图形进行数学处理是编程前的一个关键性的环节。数值计算主要包括以下内容。

（1）基点和节点的坐标计算。

零件的轮廓是由许多不同的几何元素组成的，如直线、圆弧、二次曲线及列表点曲线等。各几何元素间的连接点称为基点，显然，相邻基点间只能是一个几何元素。

当零件的形状是由直线段或圆弧之外的其他曲线构成，而数控装置又不具备该曲线的插补功能时，其数值计算就比较复杂。将组成零件轮廓的曲线，按数控系统插补功能的要求，在满足允许的编程误差的条件下，用若干直线段或圆弧来逼近，则逼近线段的交点或切点称为节点。编写程序时，应按节点划分程序段。逼近线段的近似区间越大，则节点数目越少，相应地程序段数目也会减少，但逼近线段的误差 d 应小于或等于编程允许误差 $d_允$，即 $d \leq d_允$。考虑到工艺系统及计算误差的影响，$d_允$ 一般取零件公差的 1/5~1/10。

（2）刀位点轨迹的计算。

刀位点是标志刀具所处不同位置的坐标点，不同类型刀具的刀位点不同。对于具有刀具半径补偿功能的数控机床，只要在编写程序时，在程序的适当位置写入建立刀具补偿的有关指令，就可以保证在加工过程中，使刀位点按一定的规则自动偏离编程轨迹，达到正确加工的目的。这时可直接按零件轮廓形状，计算各基点和节点坐标，并以此作为编程时的坐标数据。

若机床所采用的数控系统不具备刀具半径补偿功能，则当编程时，需对刀具的刀位点轨迹进行数值计算，按零件轮廓的等距线编程。

（3）辅助计算。

辅助程序段是指刀具从对刀点到切入点或从切出点返回到对刀点而特意安排的程序段。切入点位置的选择应依据零件加工余量而定，适当离开零件一段距离。切出点位置的选择，应避免刀具在快速返回时发生撞刀。使用刀具补偿功能时，建立刀补的程序段应在加工零件之前写入，加工完成后应取消刀具补偿。某些零件的加工，要求刀具"切向"切入和"切向"切出。以上程序段的安排，在绘制走刀路线时，即应明确地表达出来。数值计算时，按照走刀路线的安排，计算出各相关点的坐标。

1. 基点坐标的计算

零件轮廓或刀位点轨迹的基点坐标计算，一般采用代数法或几何法。代数法是通过列方程组的方法求解基点坐标，这种方法虽然已根据轮廓形状，将直线和圆弧的关系归纳成若干种方式，并变成标准的计算形式，方便了计算机求解，但手工编程时采用代数法进行数值计算还是比较烦琐。根据图形间的几何关系，利用三角函数法求解基点坐标，计算比较简单、方便，与列方程组解法比较，工作量明显减少。实际应用时应根据具体情况灵活使用。

现以图 3-11 所示零件为例加以介绍。该零件轮廓由四段直线和一段圆弧组成，其中 A、B、C、D、E 即为基点。基点 A、B、D、E 的坐标值从图样尺寸可以很容易找出。C 点是过 B 点的直线与中心为 O_2、半径为 30mm 的圆弧的切点。这个尺寸，图纸上并未标注，所以要用解联立方程的方法来找出切点 C 的坐标。

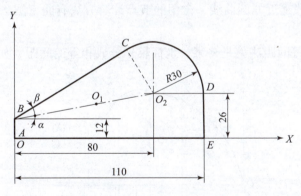

图 3-11 零件轮廓的基点

求 C 点的坐标可以用下述方法：求出直线 BC 的方程，然后与以 O_2 为圆心的圆的方程联立求解。为了计算方便，可将坐标原点选在 O 点上。

由图 3-11 可知，以 O_2 为圆心的圆的方程为

$$(X-80)^2+(Y-14)^2=30^2$$

式中，O_2 坐标为（80，14），可从图 3-11 中的尺寸直接计算出来。过 B 点的直线方程为 $Y=kX$，从图上可以看出 $k=\tan(\alpha+\beta)$，这两个角的正切值从已知尺寸可以很容易求出，

即 $k = 0.6153$，然后将两方程联立求解：
$$(X-80)^2 + (Y-14)^2 = 30^2$$
$$Y = 0.6153X$$

即可求得现在坐标为（64.2786，39.5507），换算成编程坐标系中的坐标为（64.2786，51.5507）。对这个 C 点也可以采用其他求法。

2. 非圆曲线节点坐标的计算

1）非圆曲线节点坐标计算的主要步骤

数控加工中把除直线与圆弧之外可以用数学方程式表达的平面轮廓曲线，称为非圆曲线。其数学表达式可以是以直角坐标的形式给出，也可以是以极坐标的形式给出，还可以是以参数方程的形式给出。通过坐标变换，后面两种形式的数学表达式可以转换为直角坐标表达式。非圆曲线类零件包括平面凸轮类、样板曲线、圆柱凸轮以及数控车床上加工的各种以非圆曲线为母线的回转体零件，等等。其数值计算过程一般可按以下步骤进行。

（1）选择插补方式，即应首先决定是采用直线段逼近非圆曲线，还是采用圆弧段或抛物线等二次曲线逼近非圆曲线。

（2）确定编程允许误差，即应使 $d \leq d_{允}$。

（3）选择数学模型，确定计算方法。在决定采取什么算法时，主要应考虑的因素有两条，其一是尽可能按等误差的条件，确定节点坐标位置，以便最大限度地减少程序段的数目；其二是尽可能寻找一种简便的算法，简化计算机编程，省时、快捷。

（4）根据算法，画出计算机处理流程图。

（5）用高级语言编写程序，上机调试程序，并获得节点坐标数据。

2）常用的算法

用直线段逼近非圆曲线，目前常用的节点计算方法有等间距法、等步长法、等误差法和伸缩步长法；用圆弧段逼近非圆曲线，常用的节点计算方法有曲率圆法、三点圆法、相切圆法和双圆弧法。

（1）等间距法。等间距法就是将某一坐标轴划分成相等的间距，如图 3 – 12 所示。

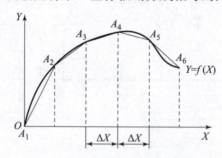

图 3 – 12 等间距法直线段逼近

（2）等步长法。等步长是插补的直线段长度相等，而插补误差不一定相同，如图 3 – 13 所示。

（3）等误差法。任意相邻两节点间的逼近误差为等误差。各程序段误差 d 均相等，程序段数目最少。但计算过程比较复杂，必须由计算机辅助才能完成，是采用直线段逼近非圆曲线的一种较好的拟合方法，如图 3 – 14 所示。

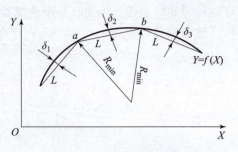
图3-13 等步长法直线逼近

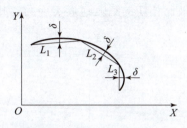
图3-14 等误差法直线段逼近

（4）曲率圆法。曲率圆法是用彼此相交的圆弧逼近非圆曲线。其基本原理是从曲线的起点开始，作与曲线内切的曲率圆，求出曲率圆的中心，如图3-15所示。

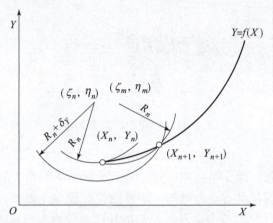
图3-15 曲率圆法圆弧段逼近

（5）三点圆法。三点圆法是在等误差直线段逼近求出各节点的基础上，通过连续三点作圆弧，并求出圆心点的坐标或圆的半径，如图3-16所示。

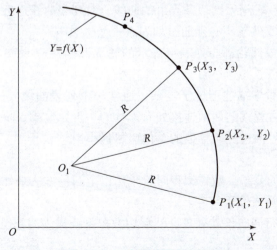
图3-16 三点圆法圆弧段逼近

（6）相切圆法。如图3-17所示，采用相切圆法，每次可求得两个彼此相切的圆弧，由于在前一个圆弧的起点处与后一个终点处均可保证与轮廓曲线相切，因此，整个曲线是由一系列彼此相切的圆弧逼近实现的。此法可简化编程，但计算过程烦琐。

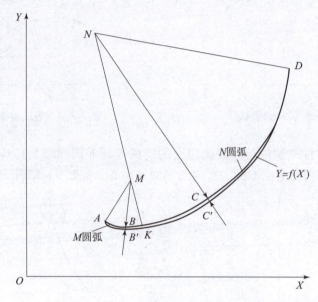

图 3-17　相切圆法圆弧段逼近

3. 列表曲线型值点坐标的计算

实际零件的轮廓形状，除了可以用直线、圆弧或其他非圆曲线组成之外，有些零件图的轮廓形状是通过实验或测量的方法得到的。零件的轮廓数据在图样上是以坐标点的表格形式给出的，这种由列表点（又称为型值点）给出的轮廓曲线称为列表曲线。

在列表曲线的数学处理方面，常用的方法有牛顿插值法、三次样条曲线拟合法、圆弧样条拟合法与双圆弧样条拟合法等。由于以上各种拟合方法在使用时，往往存在着某种局限性，故目前处理列表曲线的方法通常是采用二次拟合法。

为了在给定的列表点之间得到一条光滑的曲线，对列表曲线逼近一般有以下要求：

（1）方程式表示的零件轮廓必须通过列表点。

（2）方程式给出的零件轮廓与列表点表示的轮廓凹凸性应一致，即不应在列表点的凹凸性之外再增加新的拐点。

（3）光滑性。为使数学描述不过于复杂，通常一个列表曲线要用许多参数不同的同样方程式来描述，希望在方程式的两两连接处有连续的一阶导数或二阶导数，若不能保证一阶导数连续，则希望连接处两边一阶导数的差值应尽量小。

4. 公差的换算

对于零件图中标注的公差，数控编程时常采用以下两种方法来处理：

（1）取公差的中值计入编程尺寸。

（2）将相关尺寸进行同向偏差处理，然后用数控系统提供的补偿功能解决问题。

3.5.2　数控加工编程误差

程序编制中的误差 $\Delta_{程}$ 是由三部分组成的，即

$$\Delta_{程} = f(\Delta_{逼}, \Delta_{插}, \Delta_{圆})$$

式中　$\Delta_{逼}$——采用近似计算方法逼近零件轮廓曲线时产生的误差,称为逼近误差,这种误差只出现在零件轮廓形状用列表曲线表示的情况;

　　　$\Delta_{插}$——采用插补段逼近零件轮廓曲线时产生的误差,称为插补误差;

　　　$\Delta_{圆}$——数据处理时,将小数脉冲圆整成整数脉冲时产生的误差,称为圆整误差。

当用数控机床加工零件时,根据数控装置所具有的插补功能的不同,可用直线或直线—圆弧去逼近零件轮廓。当用直线或圆弧逼近零件轮廓曲线时,逼近曲线与零件实际原始轮廓曲线之间的最大差值,称为插补误差。图3-18中的δ是用直线逼近零件轮廓曲线时的插补误差。

圆整误差是将脉冲值中小于一个脉冲当量的数值,用四舍五入法圆整成整数脉冲值时所产生的误差。圆整误差的值应不超过脉冲当量的一半。

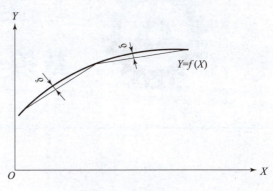

图3-18　插补误差

零件的数控加工,除编程误差外,还有其他的误差,如控制系统误差、进给误差、零件定位误差和对刀误差等,可见零件数控加工误差应为上述各项误差之综合,即:

$$\Delta_{加工} = f(\Delta_{程}, \Delta_{控}, \Delta_{进}, \Delta_{定位}, \Delta_{对刀} \cdots)$$

由于数控加工中,进给误差和定位误差是不可避免的,且在数控加工误差中占有的比例很大,所以编程误差允许占有的比例很小,一般取:

$$\Delta_{程} = (1/5 \sim 1/10)\Delta_{加工}$$

要想缩小编程误差,就要增加插补段,这将增加数据计算工作量。所以,合理控制编程误差是程序编制的重要问题之一。

练习与思考题

1. 简述坐标系在数控加工中有什么作用。
2. 简要说明确定数控机床坐标轴应该遵循哪些原则。
3. 简要说明什么是机床坐标系和工件坐标系。
4. 什么叫基点?什么叫节点?它们在零件轮廓上的数目如何确定?
5. 何谓换刀点?确定换刀点时应注意什么问题?
6. 如何选择一个合理的编程原点?
7. 数控机床加工程序的编制方法有哪些?它们分别适用于什么场合?
8. 简述数控机床加工程序的手工编制步骤。
9. 何谓对刀点?如何确定对刀点?

第4章 数控车削工艺与编程

4.1 数控车削加工概述

4.1.1 数控车削加工的主要对象

数控车削是数控加工中用得最多的加工方法之一,主要用于加工轴类零件的内外圆柱面、圆锥面、螺纹表面和成形回转体表面等,对于盘类零件,可进行钻孔、扩孔、铰孔、镗孔等加工,还可以完成端面、切槽和倒角等加工。如图 4-1 所示。

结合数控车削的特点,与普通车床相比,数控车床适合于车削具有以下要求和特点的回转体零件。

1. 精度要求高的回转体零件

由于数控车床刚性好,制造和对刀精度高,以及能方便和精确地进行人工补偿和自动补偿,所以能加工尺寸精度要求较高的零件,在有些场合可以以车代磨。此外,数控车削的刀具运动是通过高精度插补运算和伺服驱动来实现的,所以能加工对直线度、圆度、圆柱度等形状精度要求较高的零件。另外工件一次装夹可完成多道工序的加工,提高了加工工件的位置精度。

2. 表面粗糙度要求高的回转体零件

数控车床具有恒线速切削功能,能加工出表面粗糙度值较小的零件。在材质、精车余量和刀具已定的情况下,表面粗糙度取决于进给量和车削速度。使用数控车床的恒线速切削功

第4章 数控车削工艺与编程

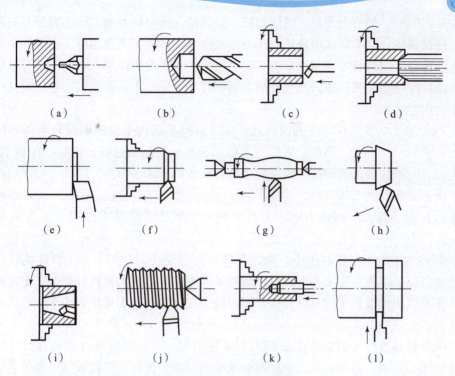

图 4-1 数控车床加工内容

(a) 车中心孔；(b) 钻孔；(c) 车孔；(d) 铰孔；(e) 车端面；(f) 车外圆；
(g) 车成形面；(h) 车锥面；(i) 车锥孔；(j) 车螺纹；(k) 攻螺纹；(l) 割槽与切断

能，就可选用最佳线速度来切削锥面、球面和端面等，使车削后的表面粗糙度值既小又一致。

3. 轮廓表面形状复杂或难以控制尺寸的回转体零件

由于数控车床具有直线和圆弧插补功能，故可以车削出任意直线和曲线组成的形状复杂的回转体零件。

4. 带特殊螺纹的回转体零件

数控车床具有加工各类螺纹的功能，包括等导程的直、锥和端面螺纹，变导程的螺纹；还可以加工高精度的螺旋零件。数控车床配有精密螺纹车削功能，再加上一般采用硬质合金成形刀具以及可以使用较高的转速，所以车削出来的螺纹精度高、表面粗糙度值小。

4.1.2 数控车削加工工艺特点

1. 数控车削的工艺特点

数控加工工艺是采用数控机床加工零件时所运用的各种方法和技术手段的总和，应用于整个数控加工工艺过程。数控工艺在数控加工时起到的是一个指导性作用，是数控机床执行数控程序的前提和依据，没有符合实际的、科学合理的数控工艺，就不可能有真正可行的数控加工程序。

（1）数控加工的工艺内容十分明确而且具体。进行数控车削时，数控车床接收数控系统的指令，完成各种运动，实现加工要求。因此，在编制加工程序之前，需要对影响加工过程的各种工艺因素,如切削用量、进给路线、刀具的几何形状甚至工步的划分与安排等都要一一作出定量描述,而不能像用普通车床一样,许多具体的工艺问题都是由操作工人依据自己的实践经验与习惯自行考虑和决定的。也就是说,本来由操作工人在加工中灵活掌握并可随时调整来处理一些工艺问题,在数控加工时就转变为编程人员必须在加工之前具体设计和明确安排的内容。

(2) 数控加工的工艺要求要准确而且严密。数控车床加工程序不仅要包括零件的工艺过程,而且还要包括参数、路线、刀具的选择以及车床的运动过程,比如,在加工深孔时,就要考虑刀具的刚性和排屑问题,以及应选择什么样的车床、刀具、路线、切削用量等以便于加工,而不能像普通车床一样,这样不行,临时再换另一种方法。因此,要求编程人员对数控车床的性能、特点、运动方式、刀具系统、切削范围以及零件的装夹方法都要非常熟悉。

(3) 数控加工的工序相对集中。数控车床具有自动换刀功能,加工精度也较高,一般在一次装夹后应尽可能地完成多个内容。数控车床本身就适合加工内容复杂、工序多、精度要求高而普通机床难以加工的零件,如果零件简单且内容少,则采用数控车床就体现不出它的优越性了。

工艺性分析是数控车削加工的前期工艺准备工作。工艺制定得合理与否,对程序的编制、机床的加工效率、零件的加工精度都有重要的影响。因此,应该遵循一般工艺原则并结合数控车床的特点,认真而详细地制定好零件的数控车削加工工艺。其主要内容有,分析零件图样、确定工件的装夹方式、各表面的加工顺序和刀具的进给路线以及刀具、夹具和切削用量的选择等。下面主要分析车削加工进给路线的设计方法。

2. 数控车削进给路线

进给路线泛指刀具从程序起始点开始运动起,直至完成加工内容再返回,结束加工程序所经历的所有路径的总和,包括切削加工路线、刀具切入与切出及换刀等非切削空行程。设计进给路线的重点是粗加工行程和空行程,因为精加工切削过程的进给路线基本上是沿着零件本身的轮廓进行加工的。

在保证加工质量的前提下,使加工程序具有最短的进给路线,不仅可以节约整个加工过程的执行时间,还能减少一些不必要的刀具损耗以及机床进给部件的磨损等。

设计进给路线应考虑以下因素:

1) 最短的空行程路线

最短的空行程路线主要是通过合理设计程序起始点、换刀点以及"回零"路线来实现的。

如图4-2所示,采用矩形进给方式粗车时,其程序起始点 A(或换刀点)以及起刀点的位置设定,会直接影响空行程的长短,从而影响到加工效率。

图4-2(a)所示的进给路线:

第一次走刀:$A \to B \to C \to D \to A$;

第二次走刀:$A \to E \to F \to G \to A$;

第三次走刀:$A \to H \to I \to J \to A$。

图4-2(b)所示的进给路线:

换完刀后直接快速到达 B 点：$A{\to}B$；

第一次走刀：$B{\to}C{\to}D{\to}E{\to}B$；

第二次走刀：$B{\to}F{\to}G{\to}H{\to}B$；

第三次走刀：$B{\to}I{\to}J{\to}K{\to}B$。

两种进给路线相比，显然图 4-5（b）所示的进给路线最短。

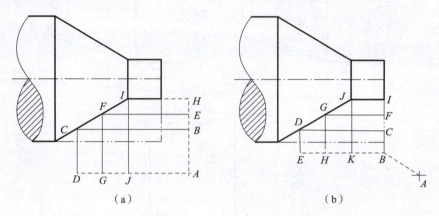

图 4-2　最短空行程路线

2）粗加工进给路线

（1）常用的粗加工切削进给路线。

粗加工切削进给路线直接影响到生产效率、刀具磨损、零件的刚度以及加工工艺性，因此在设计粗加工和半精加工切削进给路线时，应综合考虑，不能顾此失彼。从编程的角度考虑，还应该充分利用数控系统具有的单一循环功能（如矩形循环功能、梯形循环功能）以及复合循环功能（如轴向粗车复合循环、径向粗车复合循环、螺纹切削复合循环等）。

①圆柱体类零件的粗加工进给路线设计，如图 4-3 所示。

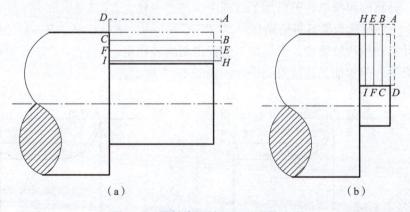

图 4-3　圆柱表面的粗加工进给路线

图 4-3 所示为圆柱表面的粗加工进给路线示意图，其进给路线是：$A{\to}B{\to}C{\to}D{\to}A{\to}E{\to}F{\to}D{\to}A{\to}H{\to}I{\to}D{\to}A$，其中图 4-3（a）所示为圆柱表面的轴向粗车进给路线，主要适用于轴向余量较多的情况；图 4-3（b）所示为圆柱表面的径向粗车进给路线，主要适用于径向余量较多的情况。

71

②圆锥类零件的粗加工进给路线设计，如图4-4所示。

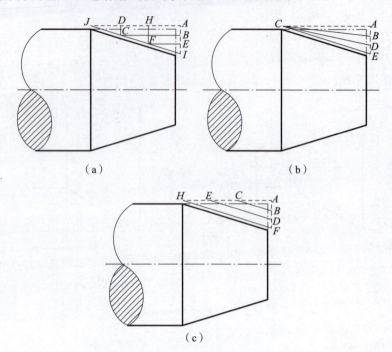

图4-4 圆锥表面的粗加工进给路线

图4-4所示为圆锥表面的三种粗加工进给路线示意图。

图4-4（a）所示为矩形进给路线：A→B→C→D→A→E→F→H→A→I→J→A，其特点是进给路线短，计算编程较烦琐，需进行半精加工。

图4-4（b）所示为三角形进给路线：A→B→C→A→D→C→A→E→C→A，其特点是进给路线较短，计算编程简单，但粗加工过程中切削力变化大。

图4-4（c）所示为平行进给路线：A→B→C→A→D→E→A→F→H→A，其特点是进给路线较短，计算和编程较烦琐，但粗加工过程中切削较稳定。

③圆弧类零件的粗加工进给路线设计，如图4-5所示。

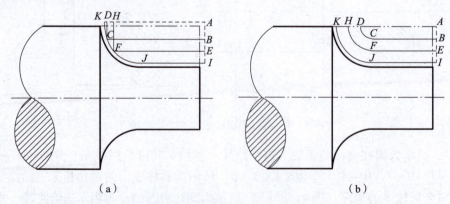

图4-5 圆弧表面的粗加工进给路线

图4-5所示为圆弧表面的两种粗加工进给路线示意图。

图4-5（a）所示为阶梯法的进给路线：A→B→C→D→A→E→F→H→A→I→J→K→A，其特点是进给路短，计算编程较烦琐。

图4-5（b）所示为同心圆法的进给路线：A→B→C→D→A→E→F→H→A→I→J→K→A，其特点是进给路线较短，计算编程简单，且切削平稳。

④双向切削进给路线。

如图4-6所示，对于圆弧加工，还可以改用轴向和径向联动的双向进给，顺零件轮廓进行切削。

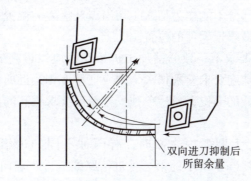

图4-6 顺零件轮廓的双向进给路线

（2）最短的粗加工切削进给路线。

如图4-7所示，图中有三种不同的粗加工进给路线。

①图4-7（a）所示为沿轮廓形状等距循环进给路线（相当于仿形加工），其特点是切削进给路线最长，留下的精加工余量较均匀，且需数控系统提供封闭复合循环功能。

②图4-7（b）所示为三角形循环进给路线，其特点是切削进给路线较长，采用直线插补，编程较简单，但留下的精加工余量不均匀，且数值计算不方便，可以利用数控系统提供的三角形循环功能。

③图4-7（c）所示为矩形循环进给路线，其特点是切削进给路线较短，采用直线插补，编程较简单，但留下的精加工余量不均匀，且数值计算不方便，可以利用数控系统提供的矩形循环功能。

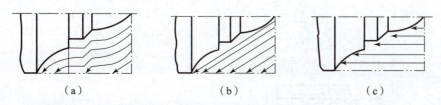

图4-7 常用粗加工切削进给路线
（a）沿轮廓切削；（b）三角形切削；（c）矩形切削

由以上零件的三种不同切削进给路线可知，矩形进给切削路线的总和最短。因此，在同等条件下，其切削所需要的时间（不含空行程）最短，刀具损耗最少；缺点是粗加工后留下的余量不均匀，需要安排半精加工。

3）精加工进给路线

零件精加工进给路线的设计主要应考虑以下几个方面：

（1）零件轮廓的精加工进给路线应该由最后一刀连续加工完成，并且要考虑进、退刀位置，尽量不要在连续的轮廓中途切入、切出、换刀或停顿，以免切削力的突然变化而影响表面加工质量，造成零件的表面形状突变、滞留刀痕、轮廓不光滑等。

（2）换刀加工时的进给路线，主要是根据工步的先后顺序要求来确定每把刀加工的顺序以及每把刀进给路线的前后衔接关系。

（3）切入、切出点应选在有空刀槽及表面间有拐点、转角或者便于钳工修理的位置，而有曲线相切或光滑连接部分不能作为切入、切出点及接刀的位置；换刀点的位置应该选在保证安全换刀的前提下，最靠近零件的位置。

（4）零件各部分精度要求不一致的精加工进给路线应以最高的精度要求为准，连续加工所有部位；如果各部分精度要求差别很大，则应把精度相接近的表面安排在同一把刀具加工，并且首先加工精度较低的部位，最后单独安排精度要求很高的部位的走刀路线。

4）特殊的进给路线

当采用尖形车刀加工大圆弧内表面时，有两种不同的进给路线，其结果相同。如图 4-8 所示，对于图 4-8（a）所示的第一种进给路线（-Z 走向），因切削时尖形车刀的主偏角大于 90°（为 100°~105°），此时切削力在 X 向的分力 F 将沿着如图 4-8 所示的 +X 方向作用，当刀尖运动到圆弧的换向处，即有 -Z、-X 向 -Z、+X 变换时，吃刀力与传动横拖板的传动力方向相同，若螺旋丝杠副间有机械传动间隙，则可能是刀尖嵌入零件表面（即扎刀），其嵌入量理论上等于机械传动间隙量 e（见图 4-8（c））。即使间隙量很小，由于刀尖在 X 向换向时，横向拖板进给过程的位移量变化也很小，加上处于动摩擦与静摩擦之间呈过渡状态的拖板惯性的影响，仍会导致横向拖板产生严重的爬行现象，从而大大降低零件的表面质量。

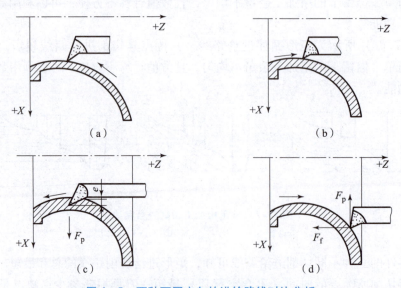

图 4-8　两种不同方向的进给路线对比分析

对于图4-8(b)所示的第二种进给路线,因为刀尖运动到圆弧的换向处,即由-Z、-X向-Z、+X变换时,吃刀力与丝杠传动横拖板的传动力方向相反(见图4-8(d)),不会受螺旋丝杠副间机械传动间隙的影响而产生嵌刀现象,所以图4-8(b)所示的进给路线较为合理。

4.1.3 数控车床的分类与选择

数控车床的整体结构组成与普通车床基本相同,同样具有床身、主轴、刀架及其拖板和尾座等基本部件,但数控柜、操作面板和显示监视器却是数控机床特有的部件。即使对于机械部件,数控车床和普通车床也具有很大的区别。如数控车床的主轴箱内部省掉了机械式的齿轮变速部件,因而结构非常简单;车螺纹也不再需要另配丝杆和挂轮了;刻度盘式的手摇移动调节机构也已被脉冲触发计数装置所取代。图4-9所示为CK7815数控车床的基本组成部件。

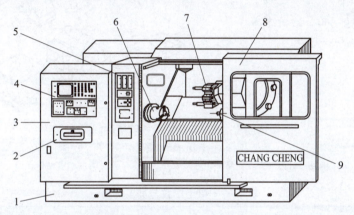

图4-9　CK7815数控车床结构
1—床体;2—光电读带机;3—数控柜;4—数控面板;5—机械操作面板;
6—主轴;7—转位刀架;8—防护门;9—尾座

1. 数控车床组成结构

图4-10所示为典型的数控车床的机械结构系统组成,主要包括主轴传动机构、进给传动机构、刀架、床身和辅助装置(刀具自动交换机构、润滑与装置、排屑装置以及防护装置等)。

2. 数控车床配置与加工能力

数控车床的结构配置不同,其加工能力也不同,表4-1给出了机型配置与加工能力范围的区别。

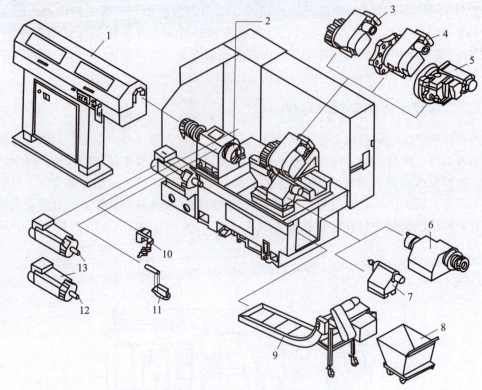

图4-10 典型的数控车床的系统组成

1—自动送料机；2—弹簧夹头；3—标准刀架；4—VDI刀架；5—动力刀架；6—副主轴；7—尾架；8—集屑车；9—排屑器；10—接触式机内对刀仪；11—工件接收器；12—C轴控制主轴电动机；13—主轴电动机

表4-1 机型配置与加工能力

机型配置	图例	加工能力图示
标准二轴		
带C轴和动力刀架		

续表

机型配置	图例	加工能力图示
带副主轴	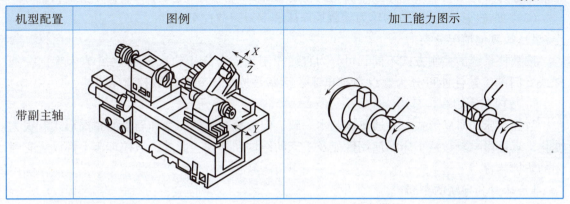	

刀架是数控车床非常重要的部件,数控车床根据其功能,刀架上可以安装的刀具数量一般为 4 把、8 把、12 把或 16 把,有些数控车床还可以安装更多的刀具。当数控车床刀架上安装动力铣头后,可以大大扩展数控车床的能力。

3. 数控车床的类型及特点

1)按数控系统的功能分类

(1)经济型数控车床。

它一般采用步进电动机驱动形成开环伺服系统,其控制部分多采用单板机或单片机来实现。此类车床结构简单,价格低廉,精度较低。

(2)全功能型数控车床。

它一般采用闭环或半闭环控制系统,具有高刚度、高精度和高效率等特点。

(3)车削中心。

它是以全功能型数控车床为主体,并配置刀库、换刀装置、分度装置、铣削动力头和机械手等,实现多工序的复合加工,在零件一次装夹后,它可完成回转类零件的车、铣、钻、铰、攻螺纹等多种加工工序,功能全面,但价格较高。

(4)FMC 车床。

它实际上是一个由数控车床、机器人等构成的柔性制造单元。它能实现零件搬运、装卸自动化和加工调整准备的自动化。

2)按主轴的配置形式分类。

(1)卧式数控车床。

其主轴轴线处于水平位置,有水平导轨卧式数控车床和倾斜导轨卧式数控车床(其倾斜导轨结构可以使车床具有更大的刚性,并利于排屑)两种。

(2)立式数控车床。

其主轴轴线处于垂直位置,并有一个直径很大的圆形工作台,供装夹零件用。这类机床主要用于加工径向尺寸较大、轴向尺寸较小的大型复杂零件。

具有两根主轴的车床称为双轴卧式数控车床或双轴立式数控车床。

3)按刀架情况分类。

(1)如按刀架排放形式可分为前置刀架的数控车床和后置刀架的数控车床。前置刀架一般是方刀架，与普通车床刀架排放相同；后置刀架一般为回转刀架，放置在主轴斜上方。

（2）如按刀架数量可分为单刀架数控车床和双刀架数控车床。

4）按其他情况分类

按数控系统的控制方式不同，可分为直线控制数控车床、轮廓控制数控车床等；按特殊或专门的工艺性能可分为螺纹数控车床、活塞数控车床和曲轴数控车床等。

4. 数控车床的结构布局

数控车床的布局形式与普通车床基本一致，但数控车床的刀架和导轨的布局形式有很大变化，直接影响着数控车床的使用性能及机床的结构和外观。此外，数控车床上都设置有封闭的防护装置。

1）床身和导轨的布局

数控车床床身导轨水平面的相对位置如图4-11所示。

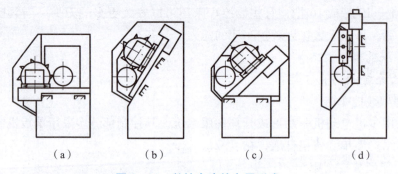

图 4-11 数控车床的布局形式

（a）平床身；（b）斜床身；（c）平床身斜滑板；（d）立床身

（1）图4-11（a）所示为平床身的布局。它的工艺性好，便于导轨面的加工。水平床身配上水平放置的刀架，可提高刀架的运动精度。这种布局一般可用于大型数控车床或小型精密数控车床上。但是水平床身由于下部空间小，故排屑困难。从结构尺寸上看，刀架水平放置使滑板横向尺寸较长，从而加大了机床宽度方向的结构尺寸。

（2）图4-11（b）所示为斜床身的布局。其导轨倾斜的角度分别为30°、45°、60°和75°等。当导轨倾斜的角度为90°时，称为立床身，如图4-11（d）所示。若倾斜角度小，则排屑不便；若倾斜角度大，则导轨的导向性及受力情况差。其倾斜角度的大小还直接影响着机床尺寸高度与宽度的比例。综合考虑以上因素，中小规格的数控车床，其床身的倾斜度以60°为宜。

（3）图4-11（c）所示为平床身斜滑板的布局。这种布局形式一方面具有水平床身工艺性好的特点，另一方面机床宽度方向的尺寸较水平配置滑板的要小，且排屑方便。

平床身斜滑板和斜床身的布局形式，被中、小型数控车床所普遍采用。这是由于此两种布局形式排屑容易，热切屑不会堆积在导轨上，便于安装自动排屑器；操作方便，易于安装机械手，以实现单机自动化；机床占地面积小，外形美观，容易实现封闭式防护。

2）刀架的布局

刀架可分为排式刀架和回转式刀架两大类。目前两坐标联动数控车床多采用回转刀架，

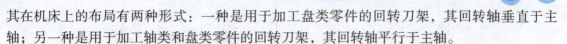

其在机床上的布局有两种形式：一种是用于加工盘类零件的回转刀架，其回转轴垂直于主轴；另一种是用于加工轴类和盘类零件的回转刀架，其回转轴平行于主轴。

四坐标轴控制的数控车床，床身上安装有两个独立的滑板和回转刀架，也称为双刀架四坐标数控车床。其上每个刀架的切削进给量是分别控制的，因此两刀架可以同时切削零件的不同部位，既扩大了加工范围，又提高了加工效率，适合加工曲轴等形状复杂、批量较大的零件。

5. 数控车床的选择

在充分了解各种数控车床结构特点的基础上，要合理选择数控车床，并遵循以下几个原则：

1）根据加工对象要求选择数控车床的功能

零件的工艺要求主要是零件的结构尺寸、加工范围和精度要求。根据精度要求，即工件的尺寸精度、定位精度和表面粗糙度的要求来选择数控车床的控制精度。可靠性是提高产品质量和生产效率的保证。数控机床的可靠性是指机床在规定条件下执行其功能时，长时间稳定运行而不出故障，即平均无故障时间长，即使出了故障，短时间内也能恢复，并重新投入使用。选择结构合理、制造精良，并已批量生产的机床。一般，用户越多，数控系统的可靠性越高。

2）机床附件及刀具选购

机床随机附件、备件及其供应能力、刀具，对已投产数控车床、车削中心来说是十分重要的，选择机床，需仔细考虑刀具和附件的配套性。

3）注重控制系统的同一性

生产厂家一般选择同一厂商的产品，其应选购同一厂商的控制系统，这给维修工作带来了极大的便利。教学单位，由于需要学生见多识广，选用不同的系统，并配备各种仿真软件是明智的选择。

4）根据性能价格比来选择

做到功能、精度不闲置、不浪费，不要选择和自己需要无关的功能。

5）机床的防护

需要时，机床可配备全封闭或半封闭的防护装置和自动排屑装置。

4.1.4 数控车刀的类型及选用

1. 数控车刀的类型

数控车床一般使用标准的机夹可转位刀具。机夹可转位刀具的刀片和刀体都有标准，刀片材料采用硬质合金和涂层硬质合金等。

数控车床机夹可转位刀具类型有外圆刀、端面车刀、外螺纹刀、切断刀具、内圆刀具、内螺纹刀具和孔加工刀具（包括中心孔钻头、镗刀、丝锥等），如图4-12所示。

数控车床常用的刀具有很多，可根据刀具的组成特征将它们分成三大类，即：尖形车刀、圆弧形车刀和成形车刀。

1）尖形车刀

以直线形切削刃为特征的车刀一般称为尖形车刀。这类车刀的主、副切削刃为直线，两

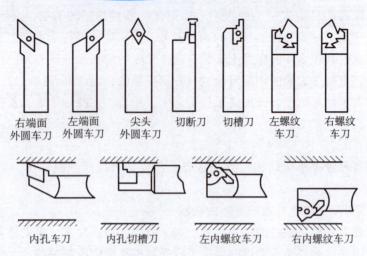

图 4-12 常见数控车刀

刀刃的交点就是刀尖,该刀尖常常被取为刀位点。常见的尖形车刀有:90°外圆车刀、切槽刀、45°端面车刀和镗孔刀等。

2)圆弧形车刀

构成主切削刃的刀刃形状为一圆度或线轮廓度误差很小的圆弧的车刀称为圆弧形车刀。该种刀具的刀位点在圆弧的圆心上,而不在刀具的圆弧面上,车刀圆弧半径在理论上与被加工零件的形状无关。一般加工零件特形面时采用圆弧形车刀,此种刀具加工零件编程时需要进行刀具半径补偿。

3)成形车刀

该类刀具也称为样板刀,其加工零件的轮廓形状完全由车刀刀刃的形状和尺寸决定。常见的成形车刀有小半径圆弧车刀、非矩形切槽刀和螺纹车刀等。

需要注意的是:圆弧形车刀和小半径圆弧车刀分别属于两个不同的类别。它们的区别在于:前者刀具的尺寸大小与被加工的零件形状尺寸无关,刀具一般按零件表面的形状进行曲线移动;而后者刀具的尺寸大小与被加工的零件形状尺寸完全一样,刀具是按直线进行移动的(除螺纹是按螺旋线移动外)。

2. 机夹可转位车刀特点

1)可转位车刀的结构

目前,数控车床上大多使用系列化、标准化刀具。可转位车刀是使用可转位刀片的机夹车刀,其由刀杆、刀片、刀垫和夹紧元件等部分组成,如图 4-13 所示。车刀的前、后角是靠刀片在刀杆槽中安装后得到的。当一条切削刃用钝后可迅速转换成另一条切削刃使用,当刀片上的所有切削刃都用钝后,更换新刀片,车刀又可继续工作。

2)可转位车刀的优点

与焊接、整体式刀具相比,可转位刀具具有以下优点:

(1)刀具寿命长。由于刀片避免了由焊接和刃磨高温引起的缺陷,刀具几何参数完全由刀片和刀杆槽保证,切削性能稳定,故而提高了刀具的寿命。

(2)生产效率高。由于机床操作工人不需要再磨刀,可大大减少停机换刀等辅助时间。

第4章 数控车削工艺与编程

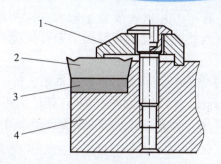

图 4-13 可转位车刀结构
1—夹紧元件；2—刀片；3—刀垫；4—刀杆

（3）有利于推广新技术、新工艺。可转位车刀有利于推广使用涂层、陶瓷等新型刀具材料。

（4）有利于降低刀具成本。刀杆使用寿命长，且大大减少了刀杆的消耗与库存量，简化了刀具的管理工作，降低了刀具成本。

3）可转位刀片

可转位刀片的形状、尺寸、精度和结构特点等，均由不同的代码表示。

（1）刀片的基本形状和刀尖半径。

刀片的基本形状有很多种，刀尖角为 35°~100°，甚至有圆刀片。不同的刀尖角决定了刀片的应用特性，大的刀尖角适合于重载、粗加工，而刀尖角越小，仿形加工能力越好。

使用大刀尖角、高强度切削刃进行长接触切削，将使加工过程中的振动加剧，而且对功率要求也高。一般而言，刀尖角越大，强度越大，切削热会被分散，除会增加切削法向外力外，通常是有利的，如图 4-14 所示。因此，必须综合考虑加工的平衡性。数控车床中最常用的一般是 80°的 C 型刀片。

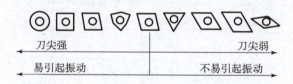

图 4-14 刀片形状与刀片强度之间的关系

刀尖半径在车削工序中是非常关键的，由于它会影响被加工表面的表面粗糙度，因此，需正确选择刀尖半径。一把刀片可能有多种刀尖半径（通常为 0.2~2.4mm）。在粗加工车削中，当工艺系统刚度足够时，应选择尽可能大的刀尖半径以获得最高的强度。刀具进给率和刀尖半径之间相互影响。大刀尖半径提供了高强度切削刃，其决定了接触长度一定时，可以使用的最高进给率。小刀尖半径意味着低强度，但精加工能力高。

（2）刀片断屑槽。

刀片断屑槽在很大程度上决定了切削过程中切屑的形成以及切削刃的强度，因此在选择时要综合考虑。

精加工刀片的槽型具有较小的进给和切削深度的特点，粗加工刀片的槽型则具有较大的进给和切削深度的特点。通用刀片槽型覆盖了较大的应用范围，适用于大多数加工场合。精加工刀片利用刀片圆角处的槽型，而粗加工刀片则使用相对较长的主切削刃部分的槽型。

刃边处理的形式取决于刀片的应用范围，可以是适用于精加工的磨制锋利刃口，也可以是适用于重载粗加工的宽负倒棱。切削刃圆角（ER）是最常用的刃边处理形式，它可以与平面组合使用。ER 尺寸用微米为计量单位，需采用特殊的工艺来控制精度。ER 的范围是综合刀片材料以及涂层工艺所确定的。

4）可转位刀具的夹紧形式

可转位车刀的特点体现在通过刀片转位更换切削刃以及所有切削刃用钝后更换新刀片等方面，因此刀片的夹紧应满足以下条件：

（1）定位精度高。刀片转位或更换新刀片后，刀尖位置的变化应在工件精度允许范围内。

（2）刀片夹紧可靠。夹紧元件应将刀片压向定位面，应保证刀片、刀垫、刀杆接触面紧密贴合，能够抗冲击和振动，但夹紧力又不宜过大，应分布均匀，以免压碎刀片。

（3）排屑流畅。刀片前刀面上最好无障碍，保证切屑排出流畅，并容易观察。特别是对于内孔车刀，最好不用上压式，以防止切屑缠绕划伤已加工的表面。

（4）使用方便。转换刀刃和更换新刀片方便、迅速，对于小尺寸刀具结构要紧凑。

刀片夹紧机构满足以上要求时，应尽可能使结构简单，制造和使用方便。通常主要有以下几种夹紧方式，如图 4-15 所示。

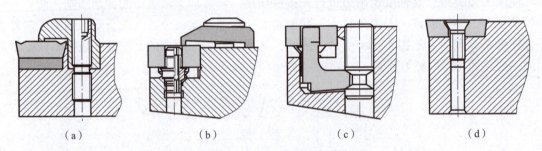

图 4-15　各种压紧机构
(a) 压板压紧式；(b) 复合压紧式；(c) 杠杆压紧式；(d) 螺钉压紧式

①压板压紧式（C）。

对于不带孔的刀片，特别是带后角的刀片，通常采用压板压紧式。这种结构夹紧力大，稳定性高，装夹方便，制造容易，如图 4-15（a）所示。

②复合压紧式（M）。

对于带孔的刀片，采用销轴定位和压板复合式压紧，这种结构由于其夹紧力和稳定性比压板压紧式要高，所以在外圆内孔粗加工中应用相当广泛，如图 4-15（b）所示。

以上两种夹紧方式的主要缺点是：由于前部结构，故带来的刀头尺寸较大。

③杠杆压紧式（P）。

杠杆式夹紧机构有直杆式和曲杆式两种。通常较常用的是曲杆杠杆式压紧机构，如图 4-15 所示。其刀片由曲杆通过螺钉夹紧，曲杆以其拐角凸出部分为支点摆动，杠杆配合着螺钉上的沟槽随螺钉的上下运动夹紧和松开；弹簧套制成半圆柱形，刀垫靠弹簧套的张力定位在刀杆上，弹簧套和曲杆之间有较大的间隙，便于曲杆在其中间摆动。如图 4-15（c）所示。

④螺钉压紧式（S）。

如图 4-15 所示，用沉头螺钉紧固刀片，此结构紧凑，制造工艺简单，夹紧可靠，且刀头尺寸小，定位精度由刀体定位面保证，适合对于容屑空间及刀具头部尺寸有要求的情况下。通常精加工均采用螺钉压紧式，如图 4-15（d）所示。

3. 数控车刀的选择

1）刀杆的选择

根据加工机床和加工条件，选择合适的刀杆形状和截面尺寸，同时要兼顾刀杆的夹持方式和悬伸长度。

2）刀片的选择

（1）刀片材料的选择。

根据被加工零件材料和加工条件，选择合适的刀片材料，同时兼顾刀具的耐磨性、化学性和机械性等综合性能。

（2）刀片精度等级的选择。

刀片精度等级根据加工方式（例如精加工、半精加工、粗加工等条件）选择，以便在保证任务完成的前提下，降低加工成本。国家标准有 A~U 共 12 个精度等级，车削常用等级为 G、M、U。一般，精密加工选用高精度的 G 级刀片；非铁金属材料的精加工、半精加工宜选用 G 级刀片。淬硬（45HRC 以上）钢的精加工也可选用 G 级刀片。精加工至重负荷粗加工可选用 M 级刀片，粗加工可选用 U 级刀片。

（3）刀尖圆弧半径的选择。

刀尖圆弧半径不仅影响切削效率，而且关系到被加工表面的表面粗糙度及精度。从刀尖圆弧半径与最大进给量关系来看，最大进给量不应超过刀尖圆弧半径尺寸的 80%，否则将恶化切削条件，甚至出现螺纹状表面和打刀等问题。因此，选择的刀尖圆弧半径应等于或大于零件车削最大进给量的 1.25 倍。当刀尖角小于 90°时，允许的最大进给量应下降。

刀尖圆弧半径还与断屑的可靠性有关。为保证断屑，切削余量和进给量有一个最小值，当刀尖圆弧半径减小时，所得到的这两个最小值也相应减小。因此，从断屑可靠出发，通常对于小余量、小进给车削加工应采用小的刀尖圆弧半径，反之宜采用较大的刀尖圆弧半径。

（4）确定刀片的断屑槽型和断屑范围。

3）刀具夹紧方式选择

可参照上述可转为刀片的夹紧形式合理选择。

4.1.5 数控车削工艺路线的制定原则

制定数控车削加工工艺应遵循以下原则：

（1）先粗后精。先粗后精是因为先要做出一个大概的形状，这就需要粗加工，其速度较快，然后通过精加工做好，故进度较慢；先粗可以保证加工速度，后精可以保证加工精度。

（2）先近后远加工，减少空行程时间。这里所说的远与近，是按加工部位相对于对刀点的距离而言的。

（3）内外交叉。对既有内表面（内型腔）又有外表面需加工的零件，安排加工顺序时，应先进行内、外表面的粗加工，后进行内、外表面的精加工。

（4）基面先行原则，即作为其他表面加工的精基准，一般在工艺过程一开始就进行加工。

4.1.6 数控车削的切削用量选择

1. 数控车削加工余量、工序尺寸及公差的确定

1）数控车削加工余量的确定

（1）分析计算法。通过对影响加工余量的各种因素进行分析，然后根据一定的计算公式来计算加工余量的方法。此法确定的加工余量较合理，但需要全面的试验资料，计算也较复杂，故很少应用。

（2）查表法。根据机械加工工艺手册提供的资料查出各表面的总余量及不同加工方法的工序余量，然后根据实际情况进行适当修正。该方法方便迅速，被广泛运用。

（3）经验法。有一些有经验的工艺设计人员和工人根据经验确定余量，为避免产生废品，所确定的加工余量一般偏大。一般用于单件小批量生产。

2）数控车削加工工序尺寸及公差的确定

确定数控车削加工工序尺寸及公差时，应该注意编程原点与零件设计及基准不重合时，定位基准依次转换获得的尺寸中，加工误差的累积。无论在哪种情况下，都要保证工件各表面与编程原点的误差控制在机床的加工精度范围之内，所以在分析处理车削加工工序尺寸及公差时，要根据具体的工艺过程灵活处理。

一般对数控车削加工工序尺寸的处理步骤是：

（1）确定该加工表面的总余量，再根据加工路线确定各工序的基本余量，并核对前一道工序的余量是否合理。

（2）自终加工工序起，即从设计尺寸起，至第一道工序，逐次加上或减去各工序的余量，便可以得到各工序的基本工序尺寸。

（3）除终加工工序以外，根据各工序的加工方法及经济加工精度，确定其工序公差及表面粗糙度。

（4）按入体原则以单向偏差方式标注工序尺寸，可做适当调整。

2. 数控车削切削用量的选择

切削用量包括：主轴转速（切削速度）、背吃刀量、进给量（进给速度）。合理的切削用量概念是指充分利用机床和刀具的性能，并在保证加工质量的前提下，获得高的生产率与低加工成本的切削用量。在不考虑辅助工时的情况下，切削用量三要素 v、f、a_p 中任何一个参数增加一倍，生产率相应提高一倍。其次，刀具寿命与切削用量三要素之间的关系是当刀具寿命一定时，切削速度 v 对生产率影响最大，进给量 f 次之，背吃刀量

a_p 最小。

1) 背吃刀量的确定

背吃刀量是根据余量确定的。背吃量的大小主要依据机床、夹具、刀具和工件组成的工艺系统的刚度来决定，在系统刚度允许的情况下，为保证以最少的进给次数去除毛坯的加工余量，通常根据被加工零件的余量确定分层切削深度，并选择较大的背吃刀量（当然高速加工除外），以提高生产效率。在数控加工中，为保证零件必要的加工精度和表面粗糙度，建议留少量的余量，在最后的精加工中沿轮廓连续走一刀。粗加工时，除了留有必要的半精加工和精加工余量外，在工艺系统刚性允许的条件下，应以最少的次数完成粗加工。留给精加工的余量应大于零件的变形量并确保零件表面的完整性。

2) 进给速度的确定

粗加工时，由于对工件的表面质量没有太高的要求，这时主要根据机床进给机构的强度和刚性、刀杆的强度和刚性、刀具材料、刀杆和工件尺寸以及已选定的背吃刀量等因素来选取进给速度。精加工时，则按表面粗糙度要求、刀具及工件材料等因素来选取进给速度。进给速度 v_f 为

$$v_f = f \times n$$

式中　f——每转进给量；

　　　n——每分钟的转速，粗车时一般取 0.3~0.8mm/r；精车时常取 0.1~0.3mm/r；切断时常取 0.05~0.2mm/r。

3) 切削速度的确定

切削速度 v_c 可根据已经选定的背吃刀量、进给量及刀具耐用度进行选取。实际加工过程中，也可根据生产实践经验和查表的方法来综合考虑选取。粗加工或工件材料的加工性能较差时，宜选用较低的切削速度；精加工或刀具材料、工件材料的切削性能较好时，宜选用较高的切削速度。切削速度 v_c 确定后，可根据刀具或工件直径（D）按公式 $n = 1\,000v_c/\pi D$ 来确定主轴转速 n（r/min）。

在工厂的实际生产过程中，切削用量一般根据经验并通过查表（不同刀具厂家提供的刀具样本的参考用量差异较大）的方式进行选取。

3. 选择数控车削的切削用量时应注意的几个问题

1) 主轴转速

应根据零件上被加工部位的直径，并按零件和刀具的材料及加工性质等条件所允许的切削速度来确定。切削速度除了通过计算和查表选取外，还可根据实践经验确定（需要注意的是交流变频调速数控车床低速输出力矩小，因而切削速度不能太低）。根据切削速度可以计算出主轴转速。

2) 车螺纹时的主轴转速

用数控车床加工螺纹时，因其传动链的改变，原则上其转速只要能保证主轴每转一周时，刀具沿主进给轴（多为 Z 轴）方向位移一个螺距即可。

在车削螺纹时，车床的主轴转速将受到螺纹螺距 P（或导程）大小、驱动电动机的升降频特性，以及螺纹插补运算速度等多种因素影响，故对于不同的数控系统，推荐不同的主轴转速选择范围。大多数经济型数控车床推荐车螺纹时的主轴转速 n（r/min）为

$$n \leqslant (1\,200/P) - k$$

式中 P——被加工螺纹螺距，单位 mm；

　　　k——保险系数，一般取为 80。

数控车床车螺纹时，会受到以下几方面的影响：

（1）螺纹加工程序段中指令的螺距值，相当于以进给量 f（mm/r）表示的进给速度 v_f。如果将机床的主轴转速选得过高，其换算后的进给速度 v_f（mm/min）则必定远远超过正常值。

（2）刀具在其位移过程始终受到伺服驱动系统升降频率和数控装置插补运算速度的约束，由于升降频率特性满足不了加工需要等，故可能因主进给运动产生的"超前"和"滞后"而导致部分螺牙的螺距不符合要求。

（3）车削螺纹必须通过主轴的同步运行功能而实现，即车削螺纹需要有主轴脉冲发生器（编码器），当其主轴转速选择过高时，通过编码器发出的定位脉冲（即主轴每转一周时所发出的一个基准脉冲信号）将可能因"过冲"（特别是当编码器的质量不稳定时）而导致工件螺纹产生乱纹（俗称"乱扣"）。

4.2　数控车削的编程指令

程序编制的格式是由所采用的数控系统来决定的。不同的系统，编制格式上是有区别的，所以在操作机床前应详细阅读数控系统操作说明书，以防出现错误。下面以 FANUC 0T 系统为例，介绍常用的编程指令。FANUC 0T 系统常用 G 代码见表 4－2。

关于 G 代码，有以下几点说明：

（1）FANUC 0T 系统的 G 功能字有 A、B、C 三种类型，一般数控车床大多采用 A 类型，而数控铣床或加工中心采用 B 类型或 C 类型居多。本章主要介绍 A 类型的 G 功能。

（2）G 功能以组别可以分为两大类，即模态指令和非模态指令。属于"00"组别者，为非模态指令，即该指令的功能只在该程序段执行时有效，其功能不会延续到后面的程序段；属于"非 00"组别者，为模态指令，即该指令的功能除在该程序段执行时有效外，若紧接着的下一段仍要使用相同的功能，则不需要再指令一次，其功能会延续到下一个程序段，直到被同一组别的其他指令取代为止。

（3）不同组别的 G 功能可以在同一程序段中同时使用，互不干涉。但同一组别的 G 功能，在同一程序段出现两个或两个以上时，只有最后一个 G 功能有效。

（4）表 4－2 中带"★"号的 G 功能，表示数控机床开机的初始状态或复位后的状态，是由数控系统内部的参数设定的。

表 4-2 FANUC 0T 系统常用 G 代码

G 代码 A	G 代码 B	G 代码 C	组别	功能	G 代码 A	G 代码 B	G 代码 C	组别	功能
G00	G00	G00	01	快速定位	G70	G70	G72	00	精加工循环
G01	G01	G01	01	直线插补（切削进给）	G71	G71	G73	00	外圆粗车循环
G02	G02	G02	01	圆弧插补（顺时针）	G72	G72	G74	00	端面粗车循环
G03	G03	G03	01	圆弧插补（逆时针）	G73	G73	G75	00	多重车削循环
G04	G04	G04	00	暂停	G74	G74	G76	00	排屑钻端面孔
G10	G10	G10	00	可编程数据输入	G75	G75	G77	00	外径/内径钻孔循环
G11	G11	G11	00	可编程数据输入方式取消	G76	G76	G78	00	多头螺纹循环
G20	G20	G70	06	英制输入	G80	G80	G80	10	固定钻循环
G21	G21	G71	06	米制输入	G83	G83	G83	10	钻孔循环
G27	G27	G27	00	返回参考点检查	G84	G84	G84	10	攻螺纹循环
G28	G28	G28	00	返回参考位置	G85	G85	G85	10	正面镗循环
G32	G33	G33	01	螺纹切削	G87	G87	G87	10	侧钻循环
G34	G34	G34	01	变螺距螺纹切削	G88	G88	G88	10	侧攻螺纹循环
G36	G36	G36	00	自动刀具补偿 X	G89	G89	G89	10	侧镗循环
G37	G37	G37	00	自动刀具补偿 Z	G90	G77	G20	01	外径/内径车削循环
G40	G40	G40	07	取消刀尖半径补偿	G92	G78	G21	01	螺纹车削循环
G41	G41	G41	07	刀尖半径左补偿	G94	G79	G24	01	端面车削循环
G42	G42	G42	07	刀尖半径右补偿	G96	G96	G96	02	横表面切削速度控制
G50	G92	G92	00	坐标系或主轴最大速度设定	G97	G97	G97	02	横表面切削速度控制取消
G52	G52	G52	00	局部坐标系设定	G98	G94	G94	05	每分钟进给
G53	G53	G53	00	机床坐标系设定	G99	G95	G95	05	每转进给
G54 ~ G59			14	选择工件坐标系 1~6	—	G90	G90	03	绝对值编程
G65	G65	G65	00	调用宏指令	—	G91	G91	03	增量值编程

4.2.1 数控车削的编程特点

（1）在一个程序段中，根据图样上标注的尺寸，可以采用绝对值编程、增量值编程或二者混合编程。

（2）由于被加工零件的径向尺寸在图样上和测量时都是以直径表示，所以用绝对值编程时，X 值以直径值表示；用增量值编程时，以径向实际位移量的两倍值表示，并附加方向符号。

（3）为提高零件的径向尺寸精度，X 向的脉冲当量取 Z 向的一半。

（4）由于车削加工常用棒料或锻料作为毛坯，加工余量较大，且加工螺纹时要分多刀进行，所以为简化编程，数控装置具备不同形式的固定循环，可进行多次重复循环切削。

（5）数控车床大多数是以车刀上的某一点作为基准来编程的，而实际上有时为提高刀具寿命和零件表面质量，需在车刀的刀尖处磨出一个小圆弧。为防止产生过切或少切，数控装置一般都具有刀尖半径自动补偿功能，使程序编制简单、零件尺寸准确。

4.2.2 数控车削工件坐标系（G50/G54）

在加工零件之前，需根据零件图样进行编程，那么就要在图样上建立一个工件坐标系。车削加工时工件坐标系的工件原点一般设置在零件右端面或左端面与主轴轴线的交点上。在程序中设定工件坐标系常用以下两种方式。

1. 用 G50 设定工件坐标系

在程序中 G50 之后指定一个值来设定工件坐标系。

格式：G50　X_____　Z_____；

程序中　X，Z——刀尖起始点相对于工件原点的绝对坐标值。

该指令是一个非运动指令，只起预置寄存作用，一般作为第一条指令放在整个程序的前面。

用该指令设定工件坐标系之后，刀具的出发点到工件原点之间的距离就是一个确定的绝对坐标值了。刀具出发点的坐标应以刀具的刀尖（刀位点）位置来确定，该点的设置由编程者根据刀具换刀不与工件及夹具发生干涉为前提自行确定，如图 4 – 16 所示。

编程格式为：G50 X260 Z200；

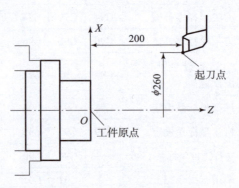

图 4 – 16　工件坐标系设定

需要注意的是：该条指令是根据图样在零件图上设置的，但还必须让数控系统记忆该指令，所以在零件开始加工前，先要进行对刀，然后通过调整，将刀尖放在程序所要求的起刀点上，也就是 G50 后面的坐标点上，方可加工。

2. 从 MDI 设定的 6 个工件坐标系选择

G54 ~ G59 是数控系统中预存的工件坐标系的代码，编程时可以从 6 个工件坐标系中选择一个，直接引用。

需要注意的是，编程时可直接写，但在加工前必须通过对刀来确定要选择的工件坐标系的具体位置。采用此种方法设置工件坐标系，刀具的起始点可放在任意位置上。1～6 号工件坐标系是通过 CRT/MDI 方式设置的。

G54　工件坐标系 1　　　　　　G55　工件坐标系 2
G56　工件坐标系 3　　　　　　G57　工件坐标系 4
G58　工件坐标系 5　　　　　　G59　工件坐标系 6

设置方法：先通过对刀，确定出工件原点相对于机床原点的距离，然后将相应的坐标值通过 MDI 方式输入要选择的工件坐标系的参数表中即可。工件坐标系一旦建立，程序中所有的绝对坐标值都是以该坐标系的原点为基准的。

例：用 CRT/MDI 方式在数控机床的参数表中设置 G54 工件坐标系。

假定通过对刀测量出刀具从机床原点到加工原点（也就是零件图上的工件原点）的距离分别为 $X-342.586$、$Z-213.642$，然后在数控系统的工件坐标系设置页面中找到 G54，并将其两坐标值分别输入到参数设置区域，这样就完成了 G54 的设置。

特别需要注意的是：上述的 $X-342.586$、$Z-213.642$ 两值不要写在程序中，它们是在参数表中输入的。G54 一旦建立，程序中就可引用了。如有程序段：

N10　G54　G00　X60.0　Z12.0；

则表示刀具从某一点快速移动到以 G54 为原点的坐标（60，12）点上。

4.2.3　编程方式（G90/G91）

在零件加工中，需要知道零件的各部分形状尺寸，在数控程序编制中，就要根据尺寸计算各点坐标。尺寸坐标的表示方法有绝对坐标和增量坐标两种，相应的编程方式就是绝对编程方式和增量编程方式。

绝对坐标指机床运动部件（车床上，刀具为运动部件）的坐标值相对于工件坐标系原点来确定，它与工件坐标系建在何处有关，如图 4-17 所示；增量坐标指机床运动部件的坐标值相对于前一位置（或本次加工起点）来确定，它与工件坐标系建在何处无关。如图 4-18 所示。

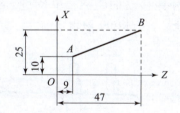

B 点的 X、Z 绝对坐标为（25，47）

图 4-17　绝对尺寸

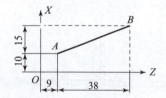

B 点的 X、Z 增量坐标为（15，38）

图 4-18　增量尺寸

在程序编制中，绝对编程方式和增量编程方式有两种表达方法：

1. G 功能字指定

这种方式是在尺寸字 X、Z 前加 G90 或 G91 来表示是绝对尺寸还是增量尺寸。

格式：G90　X____　Z____；

G91　X____　Z____；

这种方式的特点是：表示坐标尺寸的地址符是相同的（需根据 G90 或 G91 来判断其后的坐标是绝对还是增量坐标）；同一条程序段中只能用一种，不能混合使用。

如：G90　X25.0　Z47.0；　　　　尺寸字 X、Z 后面的坐标为绝对坐标值
　　G91　X15.0　Z38.0；　　　　尺寸字 X、Z 后面的坐标为增量坐标值

2. 用尺寸字的地址符指定

这种方式是根据尺寸字的地址符来表示是绝对尺寸还是增量尺寸，如是绝对尺寸就用 X、Z 来表示，是增量尺寸就用 U、W 来表示。此种方式一般用于数控车床，本系统也适用于该种方式。

格式：X____　Z____；　　　　尺寸字 X、Z 后面的坐标为绝对坐标值
　　　U____　W____；　　　　尺寸字 U、W 后面的坐标为增量坐标值

这种方式的特点是：表示坐标尺寸的地址符是不相同的；同一条程序段中绝对尺寸和增量尺寸可混合使用，编程方便。

如：X25.0　W38.0；
　　U15.0　Z47.0；

4.2.4　进给功能（G98/G99）

数控车削进给指令的功能是指定刀具移动的进给快慢，它分为每转进给和每分钟进给两种方式。

1. 每转进给方式（G99）

格式：G99　F____；

该指令表示在 G99 后面的 F 指定的是主轴转一转刀具沿着进给方向移动的距离，单位是 mm/r，如图 4-19 所示。该指令为模态指令，在程序中指定后，直到 G98 被指定前，一直有效。

2. 每分钟进给方式（G98）

格式：G98　F____；

该指令表示在 G98 后面的 F 指定的是刀具每分钟移动的距离，单位是 mm/min，如图 4-20 所示。该指令也为模态指令，在程序中指定后，直到 G99 被指定前，一直有效。

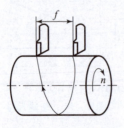

图 4-19　G99 进给量

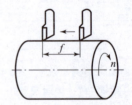

图 4-20　G98 进给量

4.2.5　主轴转速功能（G97/G96/G50）

数控车削主轴速度指令的功能是控制主轴速度的快慢。它分为恒转速控制和恒线速控制

两种方式。

1. 恒转速控制

格式：G97　S____；

该指令中的 S 指定的是主轴转速，单位为 r/min。此状态一般为数控车床的默认状态，在一般加工情况下都采用此种方式，特别是车削螺纹时，必须设置成恒转速控制方式。

例：G97　S1200；　　　　设定的主轴转速为 1 200r/min

2. 恒线速控制

格式：G96　S____；

该指令中的 S 指定的是主轴的线速度，单位为 m/min。此指令一般在车削盘类零件的端面或零件直径变化较大的情况下采用，这样可保证直径变化但主轴的线速度不变，从而保证切削速度不变，使得工件表面的表面粗糙度保持一致。

例：G96　S250；　　　　设定的线速度控制在 250m/min

3. 最高转速限制

格式：G50　S____；

该指令中的 S 与 G97 中的 S 一样，都表示是主轴转速大小。当采用 G96 方式加工零件时，线速度保持不变，但直径逐渐变小时，它的主轴转速会越来越高。当主轴转速太高时，会因离心力过大而产生危险并影响机床的使用寿命，采用此指令可限制主轴的最高转速。此指令一般与 G96 配合使用。

例：G50　S2000；　　　　最高转速限制在 2 000 r/min

4.2.6　刀具功能代码（T）

刀具指令的功能是选择所需的刀具。加工工件时，需用多把刀具，故需根据工件加工顺序给每把刀具赋予一个编号，在程序中指令不同的编号时即可选择相应的刀具。

格式：T××××；

其中，T 后面的数值表示所选择的刀具号码。一般数控车床 T 后面用四位数字表示，前两位是刀具号，后两位是刀具补偿号。

说明：

（1）刀具号与刀具补偿号一般可对应标注，如：T0101，该把刀具用完后一定要取消刀补，应表示为：T0100。

（2）后两位的刀具补偿号，只是补偿值的寄存器地址号，而不是补偿值。补偿包括的长度补偿和刀尖圆弧半径补偿只能在刀补参数表中输入或查询。

4.2.7　辅助功能代码（M）

辅助功能字由地址符 M 及随后的 1~2 位数字组成，所以也称为 M 功能或 M 指令。它用来指令数控机床辅助装置的接通和断开（即开关动作），表示机床各种辅助动作及其状态。与 G 指令一样，M 指令在实际使用中的标准化程度也不高。各种系统 M 代码含义的差别很大，但 M00~M05 及 M30 等的含义是一致的。随着机床数控技术的发展，两位数 M 代码已不够使用，所以当代数控机床已有不少使用三位数的 M 代码。

常用辅助功能代码如下：

M00：程序暂停，在自动加工过程中，当程序运行至 M00 时，程序停止执行，主轴停，切削液关闭。

M01：计划暂停，程序中的 M01 通常与机床操作面板上的"任选停止按钮"配合使用，当"任选停止按钮"是"ON"，执行 M01 时，与 M00 功能相同；当"任选停止按钮"是"OFF"，执行 M01 时，程序不停止。

M03：主轴正转。

M04：主轴反转。

M05：主轴旋转停止。

M07：冷却液开（喷雾状）。

M08：冷却液开（冷却液泵马达开，喷液状）。

M09：冷却液关（冷却液泵马达关）。

M02：程序停止，程序执行指针不会复位到起始位置。

M30：程序停止，程序执行指针复位到起始位置。

M98：子程序调用。

M99：子程序返回。

4.2.8 机床参考点（G27/G28/G29）

机床参考点是采用增量式测量的数控机床所特有的。机床原点是由机床参考点体现出来的。

机床参考点是机床上的一个固定点，其位置由 X、Z 向的挡块和行程开关确定。对某台数控车床来讲，参考点与机床原点之间有严格的位置关系，机床出厂前已调试准确，确定为某一固定值，这个值就是参考点在机床坐标系下的坐标。

采用增量式测量的数控机床开机后必须返回参考点进行操作。完成返回参考点操作后，CRT 上即显示出在参考点位置上，刀架基准点在机床坐标系下的坐标值。由此反推出机床原点，即相当于建立一个以机床原点为坐标原点的机床坐标系。

1. 回参考点检查（G27）

数控机床通常是长时间连续工作，为了提高加工的可靠性及保证零件的加工精度，可用 G27 指令来检查工件原点的正确性。

格式：G27　X(U)＿＿＿　Z(W)＿＿＿；

程序中　X，Z——机床参考点在工件坐标系的绝对值坐标；

　　　　U，W——机床参考点相对于刀具目前所在位置的增量坐标。

用法：当加工完成一循环，在程序结束前，执行 G27 指令，则刀具将以 G00 的速度自动返回机床参考点。如果刀具到达参考点位置，则操作面板上的参考点指示灯会亮。若工件原点位置在某一坐标轴上有误差，则该轴对应的指示灯不亮，且系统将自动停止执行程序，发出报警提示。

注意：

（1）若在程序中使用了刀具补偿指令，则必须将刀具补偿取消后才可使用 G27 指令。

(2) 使用 G27 指令前，机床必须已经回过一次参考点。

(3) G27 指令执行后，数控系统会继续执行 G27 下面的程序。

2. 自动返回参考点（G28）

G28 指令的功能是使刀具从当前位置以 G00 快速移动方式经过中间点回到参考点。指定中间点的目的是使刀具可沿着一条安全路径回到参考点，这一点对于内孔加工尤为重要。

格式：G28　X(U)____　Z(W)____；

程序中　X，Z——刀具经过中间点的绝对值坐标；

　　　　U，W——刀具经过的中间点相对于起点的增量坐标。

注意：使用 G28 指令时，若先前用了刀具补偿，也必须将刀具补偿取消后才可使用 G28 指令。

如图 4-21 所示，若刀具从当前位置经过中间点（30，15）返回参考点，则指令为

G28　X30.0　Z15.0；

如图 4-22 所示，若刀具从当前位置直接返回参考点，这时相当于中间点与刀具当前位置重合，则增量方式指令为

G28　U0　W0；

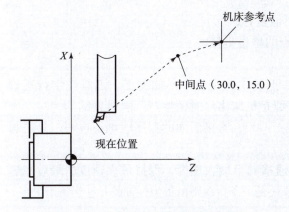
图 4-21　刀具经过中间点返回参考点

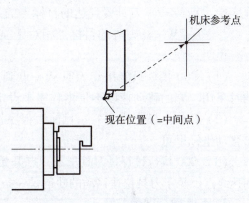
图 4-22　刀具直接返回参考点

3. 返回第 2、3、4 参考点（G30）

在 FANUC 系统里，可以用参数设置四个参考点，除了上述讲到的参考点，还有第 2、3、4 参考点可供使用。

格式：G30　P2　X(U)____　Z(W)____；　　返回第 2 参考点

　　　G30　P3　X(U)____　Z(W)____；　　返回第 3 参考点

　　　G30　P4　X(U)____　Z(W)____；　　返回第 4 参考点

程序中　X，Z——刀具经过中间点的绝对值坐标；

　　　　U，W——刀具经过的中间点相对起点的增量坐标。

4.2.9　插补平面指令（G17/G18/G19）

在哪个平面上进行加工或进行刀具补偿就应根据指令选择对应的插补平面。

G17 表示选择 XY 平面，G18 表示选择 XZ 平面，G19 表示选择 YZ 平面。

各插补平面如图 4-23 所示。一般数控车床默认在 XZ 平面内加工，在程序中可省略不写。

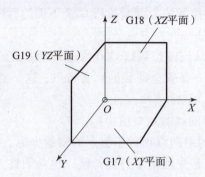

图 4-23　坐标平面选择

4.2.10　基本运动 G 指令（G00/G01/G02/G03）

1. 快速点位指令 G00

快速点位指令的功能是控制刀具以点位控制的方式快速移动到目标位置。

格式：G00　X(U)____　Z(W)____；

程序中　X，Z——刀具要到达的目标点的绝对值坐标；

　　　　U，W——刀具的目标点相对于前一点的增量坐标。

说明：

（1）G00 指令只能用作刀具从一点到另一点的快速定位，不能加工，刀具在空行程移动时采用。它的移动速度不是由程序来设定，而是机床出厂时由生产厂家设置的。

（2）G00 是模态指令，一旦前面程序指定了 G00，紧接后面的程序段可不再写，只需写出移动坐标即可。

（3）G00 执行过程是刀具从某一点开始加速移动至最大速度，保持最大速度，最后减速到达终点。至于刀具快速移动的轨迹是一条直线还是一条折线则由各坐标轴的脉冲当量来决定。

2. 直线插补指令 G01

直线插补指令的功能是刀具以程序中设定的进给速度，从某一点出发，直线移动到目标点。

格式：G01　X(U)____　Z(W)____　F____；

程序中　X，Z——刀具要到达的目标点的绝对值坐标；

　　　　U，W——刀具的目标点相对于前一点的增量坐标；

　　　　F——刀具的进给速度。

说明：

（1）G01 指令是在刀具加工直线轨迹时采用的，如车外圆、端面、内孔和切槽等。

（2）机床执行直线插补指令时，程序段中必须有 F 指令。刀具移动的快慢是由 F 后面的数值大小来决定的。

（3）G01 和 F 都是模态指令，前一段已指定，后面的程序段可不再重写，只需写出移动坐标值。

例：如图 4-24 所示图形，按照 A→B→C→D→E→A 的顺序，完成程序编写。其中 A→

B 与 $E \to A$ 为快速移动段。

根据运动路线，程序如下：
```
N30  G00  X30.0  Z2.0;
N40  G01  Z-10.0  F0.4;
N50  X46.0  Z-35.0;
N60  X56.0;
N70  G00  X70.0  Z20.0;
```

$A \to B$
$B \to C$
$C \to D$
$D \to E$
$E \to A$

或
```
N30  G00  U-40.0  W-18.0;
N40  G01  W-12.0  F0.4;
N50  U16.0  W-25.0;
N60  U10.0;
N70  G00  U14.0  W55.0;
```

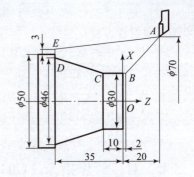

图 4-24 直线插补实例

3. 圆弧插补指令 G02 G03

圆弧插补指令的功能是使刀具在指定平面内按给定的进给速度走圆弧轨迹，切割出要求的圆弧曲线。

根据刀具起始点以及加工方向的不同可分为：顺时针插补和逆时针插补。

判断圆弧顺、逆的方法：数控车床是两坐标的机床，判断顺、逆应从 Y 轴的正方向向负方向看，顺时针旋转为 G02，逆时针旋转为 G03。在数控车床上还要特别注意前置刀架和后置刀架的顺、逆判别，如图 4-25 所示。

格式：G02(G03) X(U)____ Z(W)____ I____ K____ F____；
或   G02(G03) X(U)____ Z(W)____ R____ F____；

程序中 X，Z——圆弧的终点绝对坐标值；
   U，W——圆弧的终点相对于起点的增量坐标；
   I，K——圆弧的圆心相对于起点的增量坐标；
   R——圆弧半径，当圆弧的起点到终点所夹的圆心角 $\theta \leq 180°$ 时，R 值为正；当圆心角 $\theta > 180°$ 时，R 值为负，如图 4-26 所示。

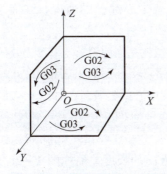

图 4-25 圆弧顺逆方向判别

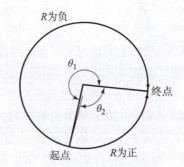

图 4-26 R 值的正负确定

由于数控车床加工圆球面时，起点到终点所对的圆心角始终小于 180°，所以 R 一般都为正值。

例：如图4-27所示两段圆弧，加工顺序为A→B→C，编制圆弧的程序。

```
N050  G03  X30.0  Z20.0  R15.0  F0.3;
N060  G02  X30.0  Z0     R35.0;
```

或

```
N050  G03  U30.0  W-15.0  I0    K-15.0  F0.3;
N060  G02  U0     W-20.0  I33.5  K-10.0;
```

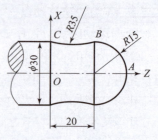

图4-27 圆弧插补实例

4.2.11 暂停指令（G04）

暂停指令的功能是使刀具进给做短时间的停顿，以获得平整而光滑的表面。停顿时间的长短由设定的数值大小来决定。

格式：G04 X(U)____；

或　　　G04 P____；

程序中　X，U——指定时间，允许有小数点，单位为s；

　　　　P——指定时间，不允许有小数点，单位为ms。

说明：

车削沟槽、钻削盲孔、镗孔以及车台阶轴清根时，可设置暂停指令，让刀具在短时间内实现无进给光整加工，使槽底或孔底得到较光滑的表面。

例：加工孔后需延时暂停2s，可写为：

G04 X2.0;

或

G04 P2000;

4.2.12 数控车削的刀具补偿（G41/G42）

数控车刀的刀具补偿包括刀具长度补偿和刀尖圆弧半径补偿两部分。

1）数控车床中的刀具长度补偿

刀具长度补偿的含义如图4-28所示，有两种常见的方法，图4-28（a）所示为基准车刀刀尖编程的情况，图4-28（b）所示为按刀架中心编程的情况，二者之间既有区别，又有相似之处。

在按基准刀尖编程的情况下，当前刀具的长度补偿就是当前刀具与基准刀具的X轴和Z轴方向上的偏置量，如图4-28（a）所示，$\Delta X_2 = 12$，$\Delta Z_2 = 5$；而当以刀架中心作参照点编程时，每把刀具的几何补偿便是当前刀具的刀尖相对于刀架中心的偏置量，如图4-28（b）所示。

图4-28（a）中T01号刀为基准刀具，其补偿号为01，则在刀具补偿参数设定页面番号为G001的补偿中，X轴和Z轴的补偿值都设为零，如图4-29（a）所示；T02为当前刀具，其补偿号为02，它与基准刀具在X轴和Z轴方向的长度差值如图4-28（a）所示，则在刀具补偿参数设定页面番号为G002的补偿中，X轴和Z轴的补偿值分别为24mm和-5mm，如图4-29（a）所示。没有设定基准刀具时（按刀架中心作参照点编程），各把刀具的设定情况如图4-28（b）和图4-29（b）所示。

96

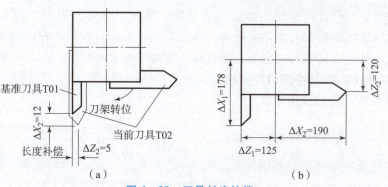

图 4-28 刀具长度补偿

(a)按基准刀尖编程；(b)按刀架中心编程

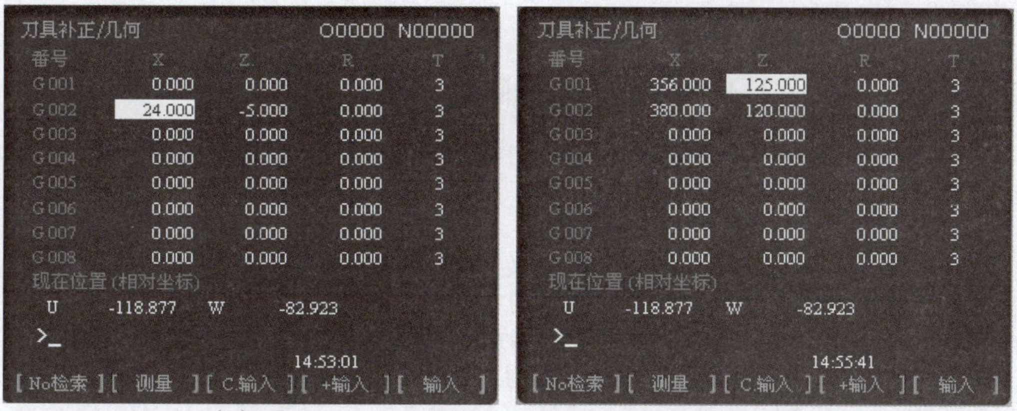

图 4-29 刀具补偿参数设定

(a)按基准刀尖编程；(b)按刀架中心编程

2）数控车床中的刀尖圆弧半径补偿

编程时，通常都将刀具看作一个特定点（刀具零点，如图4-30所示的理想刀尖点）来考虑，通过这个点来描述刀具与工件的相对运动轨迹。但实际上刀具或多或少都存在一定的圆弧，如图4-30所示，真正的切削位置是在这段圆弧上变化的，当用有圆角的刀具而未进行刀尖圆弧补偿加工端面、外径、内径等与轴线平行或垂直的表面时，是不会影响加工尺寸和形状的，但转角处的尖角肯定是无法车出的，并且在切削锥面或圆弧面时，会发生过切或少切，如图4-31所示。

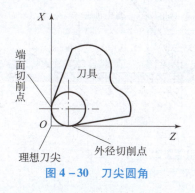

图 4-30 刀尖圆角

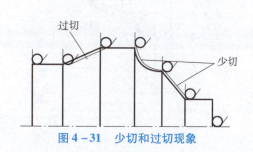

图 4-31 少切和过切现象

具有刀尖圆弧半径自动补偿功能的数控系统，编程时只需按照工件的实际轮廓尺寸编程，而执行程序时能根据刀尖圆弧半径相关参数自动计算出补偿量，在切削加工过程中给予自动补偿，从而减少少切或过切现象，保证加工零件的形状和尺寸。

3）数控车床中的刀具补偿指令及格式

（1）刀具长度补偿的使用格式。

T××××；

程序中：指令 T 后面的前两位数字表示刀具号，后两位数字表示刀具补偿号。

（2）刀尖圆弧半径补偿的使用格式。

G41/G42 G00/G01 X__ Z__；　　建立刀尖圆弧半径补偿

…；　　　　　　　　　　　　　刀尖圆弧半径补偿的执行

…；

说明：

G41——左偏刀具半径补偿，按程序路径前进方向观察，刀具偏在零件左侧进给。

G42——右偏刀具半径补偿，按程序路径前进方向观察，刀具偏在零件右侧进给。

图 4-32 所示为 G41/G42 判断方法。

当系统执行到含 T 代码的程序指令时，仅仅是从中取得了刀具补偿的寄存器地址号（其中包括刀具几何位置补偿和刀尖圆弧半径大小），此时并不会开始实施刀尖半径补偿。只有在程序中遇到 G41、G42 指令时，才开始从刀库中提取数据并实施相应的刀径补偿。

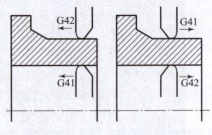

图 4-32　G41/G42 判断方法

注意事项：

①执行刀尖圆弧半径补偿 G41 或 G42 的指令后，刀尖圆弧半径补偿将持续对每一编程轨迹有效。

②刀尖圆弧半径补偿的引入和取消在 G00 或 G01 运动过程中完成，而不能在 G02、G03 圆弧轨迹程序行上实施，如图 4-33 所示。

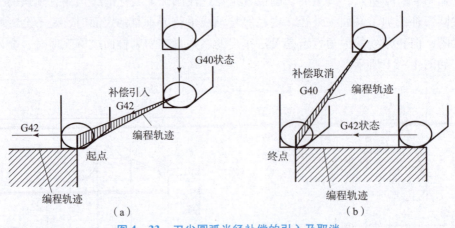

图 4-33　刀尖圆弧半径补偿的引入及取消

(a) 刀尖圆弧半径补偿的引入；(b) 刀尖圆弧半径补偿的取消

③刀尖圆弧半径补偿引入和取消时，刀具位置的变化是一个渐变的过程。

④若输入刀尖圆弧半径补偿数据时给的是负值，则 G41、G42 互相转化。

⑤起始或终止若为直线则延长，距离必须超过圆弧半径；起始或终止若为圆弧则用相切直线延长，距离必须超过圆弧半径。

⑥G41、G42 指令不要重复规定，否则会产生一些不正常的补偿。

4) 刀具零点与刀尖方位

刀具零点实际上就是刀具上编程相对基准的参照点。对于数控车刀而言，刀具零点一般有两种情况，如图 4-34 (a) 所示的 A 点（假想刀尖）或 B 点（刀尖圆弧中心点）。

当执行没有刀尖圆弧半径补偿的程序时，刀具零点正好在编程轨迹上，但因刀具零点与实际切削点不重合，故会带来加工误差；而执行带刀尖圆弧半径补偿的程序时，刀具零点将可能在偏离于编程轨迹的位置上，但由于补偿的作用，能减少加工误差。因此，为了加工出合格的零件，一般在精加工过程中，都带有刀尖圆弧半径补偿。

虽然采用刀尖圆弧半径补偿可以加工出准确的尺寸形状，但若使用了不合适的刀具，如左偏刀换成右偏刀，或者采用了不同的走刀路线，那么采用同样的刀补算法不仅不能保证加工的准确性，而且可能会出现不合理的过切和少切现象。为此，必须明白刀尖方位的概念。

图 4-34 (b) 所示为按假想刀尖方位以数字代码对应的各种刀具装夹放置的情况；如果以刀尖圆弧中心作为刀具零点进行编程，则应选用 0 或 9 作为刀尖方位号，其他号则选用假想刀尖编程时所采用的。程序在执行之前，必须在刀具参数设置数据库内按程序中刀具的实际情况设置相应的刀尖方位代码，才能保证加工过程中的正确补偿。

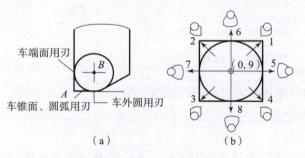

图 4-34 刀位点及刀尖方位

在数控加工正式开始前，与数控车刀相关的参数长度补偿值（包括 X 和 Z）、刀尖圆弧半径补偿值（R）、刀尖位置号码值（T）都需要在数控系统里进行相应的参数设置，如图 4-29 所示。

刀具补偿编程举例：

【例】如图 4-35 所示零件的外轮廓精加工，换刀点设在 (100, 10)，考虑刀具补偿。其程序编写见表 4-3。

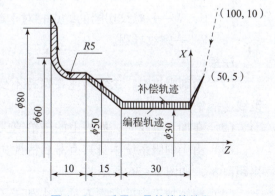

图 4-35 采用刀具补偿的编程

表4-3 采用刀具补偿后的程序清单

零件号	0008	零件名称	××××	编制日期	
程序号			O0008	编制	
程序段号	程序内容			程序说明	
N0002	O0008;			程序名	
N0004	G90 G00 X100.0 Z10.0 T0100;			建立工件坐标系,快速到达程序起刀点	
N0006	T0101;			换外圆精车刀,建立刀具长度补偿	
N0008	G97 S1000 M03;			恒转速控制	
N0010	G00 X50.0 Z5.0;			定位到切削起始位置	
N0012	G42 G01 X30.0 Z0.0 F0.2;			刀尖圆弧半径补偿引入	
N0014	G01 Z-30.0;			刀补执行中,加工轮廓	
N0016	X50.0 Z-45.0;			刀补执行中,加工轮廓	
N0018	Z-50.0;			刀补执行中,加工轮廓	
N0020	G02 X60.0 Z-55.0 R5.0;			刀补执行中,加工轮廓	
N0022	G01 X80.0;			刀补执行中,加工轮廓	
N0024	G00 X100.0 Z10.0;			返回并取消刀尖圆弧半径补偿	
N0026	T0100;			关闭刀具数据库,取消刀具补偿	
N0028	M30			程序结束	

4.2.13 数控车削螺纹(G32/G92)

螺纹加工指令的功能是指定刀具进行螺纹切削加工。

1. 螺纹基本切削指令

格式:G32 X(U)____ Z(W)____ F____;

程序中 X,Z——螺纹切削的终点绝对坐标;X值省略时为圆柱螺纹切削,Z值省略时为端面螺纹切削,X、Z均不省略时则为圆锥螺纹切削;

U,W——螺纹切削的终点相对于起点的增量坐标;

F——螺纹导程。

注意:

(1)切削螺纹时,主轴转速要保持不变,所以控制功能一定要用恒转速指令而不能用恒线速指令。

(2)在加工螺纹时,面板上的进给速度倍率、主轴速度倍率开关无效。

(3)由于伺服系统本身具有滞后特性,故在螺纹切削时要考虑足够的切入距离δ_1和切出距离δ_2,如图4-36所示。

(4)螺纹加工中的背吃刀量大小和进刀次数会直接影响螺纹的加工质量和效率,一般按经验或参照表4-4选择。

第4章 数控车削工艺与编程

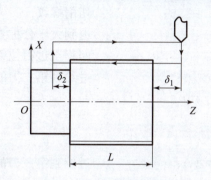

图 4-36 圆柱螺纹切削

表 4-4 普通螺纹进给次数和背吃刀量大小参考

普通螺纹牙型高度：0.649 5×P（P 为螺纹螺距）							
螺距/mm	1	1.5	1.75	2.0	2.5	3.0	3.5
牙型高度/mm	0.649	0.974	1.137	1.299	1.624	1.949	2.273
背吃刀量	0.7	0.8	0.9	0.9	1.0	1.0	1.5
	0.4	0.6	0.7	0.7	0.7	0.8	0.7
	0.2	0.4	0.4	0.5	0.6	0.6	0.6
		0.16	0.2	0.4	0.4	0.5	0.6
			0.08	0.1	0.4	0.4	0.4
					0.15	0.3	0.4
						0.2	0.2
						0.1	0.15

注：表中的背吃刀量为直径值。

【例】加工如图 4-37 所示的螺纹零件，已知螺纹外径已加工到 φ29.8mm（由于螺纹的挤压变形，所以在加工外径时一定要比公称直径要小一些），设切入距离 δ_1 = 5mm，切出距离 δ_2 = 2mm，根据图形编制螺纹加工程序。

在加工螺纹之前，应先计算出牙型高度，再根据其高度分配进刀次数及背吃刀量。此题经查表 4-4，确定分 4 刀完成螺纹加工，程序如下：

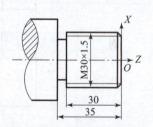

图 4-37 圆柱螺纹切削实例

```
O1006;
N010   G50   X160.0   Z50.0;
N020   T0303;
N030   M03   S680;
N040   G00   X35.0   Z5.0;
N050   G01   X29.2   F2.0;        进给到第一刀的径向尺寸
```

```
N060    G32   W-37.0   F1.5;              切削螺纹
N070    G00   X32.0;                       退到大于公称直径位置
N080    W37.0;                             回程至进刀位置
N090    G01   X28.6   F2.0;                进给到第二刀的径向尺寸
N100    G32   W-37.0   F1.5;
N110    G00   X32.0;
N120    W37.0;
N130    G01   X28.2   F2.0;                进给到第三刀的径向尺寸
N140    G32   W-37.0   F1.5;
N150    G00   X32.0;
N160    W37.0;
N170    G01   X28.04  F2.0;                进给到第四刀的径向尺寸
N180    G32   W-37.0   F1.5;
N190    G00   X32.0;
N200    X160.0   Z50.0   T0300;
N210    M30;
```

2. 螺纹切削单一固定循环指令

采用螺纹基本切削指令，车削一刀就要编四段，当进刀次数较多时，数控程序将会很长，编制烦琐，且重复段较多（见上例）。如果采用螺纹切削循环指令，将"进刀→切削→退刀→回程"四个动作作为一个循环，用一个程序段来指令，则程序就简化多了，如图4-38所示。

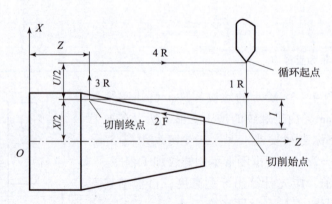

图4-38 螺纹切削循环

格式：G92   X(U)____   Z(W)____   I____   F____；

程序中 X，Z——螺纹切削的终点绝对坐标值；

U，W——螺纹切削的终点相对于循环起点的增量坐标值；

I——螺纹切削起点与终点的半径差。加工圆柱螺纹时，$I=0$；加工圆锥螺纹，当X向切削起点绝对坐标小于终点绝对坐标时，I为负，反之为正；

F——螺纹导程。

说明：

(1) 采用螺纹切削循环指令，需要在 G92 的前一段设置一个循环起点，每加工完一刀，刀具都会返回到循环起点；

(2) 加工圆锥螺纹时，应根据螺纹起点与终点坐标计算出 I 值，特别要注意的是：I 值是起点与终点的半径差，而不是圆锥大小端的半径差。

下面介绍一种求解 I 值的方法，以供参考。

如图 4-39 所示，一般加工圆锥螺纹时，切削始点 d_1 不会选在圆锥小端的端面上，而切削终点 D_1 也不一定正好在圆锥大端上（除了无退刀槽的以外），而都应该有一段切入距离 δ_1 与切出距离 δ_2，其距离大小可根据零件情况来确定。切削始点 d_1 与终点 D_1 是随切入距离 δ_1 与切出距离 δ_2 大小而变化的，所以确定好 δ_1 与 δ_2 后，先要通过计算求出 d_1 与 D_1，然后才能求出 I 值大小。

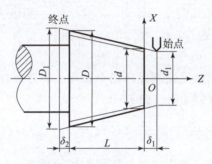

图 4-39 圆锥螺纹尺寸计算

求解 d_1 与 D_1，可根据圆锥半角公式：$\tan\dfrac{\alpha}{2} = \dfrac{D-d}{2L}$，采用相似多边形的性质。

求 d_1 时，由

$$\frac{D-d}{2L} = \frac{D-d_1}{2(L+\delta_1)} \rightarrow d_1 = D - \frac{(D-d)(L+\delta_1)}{L}$$

求 D_1 时，由

$$\frac{D-d}{2L} = \frac{D_1-d}{2(L+\delta_2)} \rightarrow D_1 = d + \frac{(D-d)(L+\delta_2)}{L}$$

最后求 I 值，即由 $I = \dfrac{(d_1-D_1)}{2}$ 求得。

【例】加工一圆锥螺纹，图形如图 4-40 所示。设圆锥表面已加工完成，切入距离 $\delta_1 = 5\text{mm}$，切出距离 $\delta_2 = 1\text{mm}$，螺纹螺距 $P = 2\text{mm}$，采用螺纹切削循环指令编制程序。

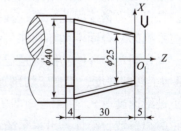

图 4-40 圆锥螺纹循环切削实例

(1) 先计算螺纹参数。牙型高度 = 1.299mm，计划分五刀完成，参照表 4-4，进给量分别为：0.9mm、0.7mm、0.5mm、0.4mm、0.1mm。

(2) 再计算圆锥切削始点与终点直径值及 I 值。

由上述公式计算可得：$d_1 = 22.5\text{mm}$，$D_1 = 41\text{mm}$，$I = -9.25\text{mm}$。

程序如下：

```
O2000;
N010  G54  G00  X80.0  Z50.0;
N020  T0303;
N030  M03  S620  M08;
N040  G00  X45.0  Z5.0;                    该点为循环起点,此处 Z = 5mm,
                                            与切入点对应
N050  G92  X40.1  Z-32  I-9.25  F2.0;      循环开始的第一刀
N060       X39.4;                           第二刀
N070       X38.9;                           第三刀
N080       X38.5;                           第四刀
N090       X38.4;                           第五刀
N100  G00  X200.0  Z100.0  T0300  M09;
N110  M30;
```

经过上面两例比较,采用螺纹切削循环指令编程,程序要简洁的多。圆柱螺纹也同样可采用此方式编制,只是不必计算 I 值,即 $I=0$。

4.2.14 数控车削复合固定循环(G71/G72/G73/G70/G76)

当采用圆棒料加工轴类或盘类零件时,需要先进行粗车,然后精车,如果不采用循环指令,则程序显得非常冗长,尺寸计算也较麻烦。下面介绍的几种循环指令,对于阶梯轴或铸锻件等零件的加工,编程方便可靠、简洁明了。

复合固定循环的功能就是通过对零件的轮廓进行定义,只需按照指令格式设定相关参数,数控系统就会根据参数计算出粗车的走刀路径,自动完成从粗加工到精加工的全部过程。

1. 内外轮廓粗加工

当加工的轴类或盘类零件采用圆柱棒料,或者加工余量较大时,通常需要先进行粗车(或半精车),然后再精车,这样零件的加工采用基本切削指令编制的程序就会很冗长,特别是粗加工阶段,如果不采用循环指令,坐标尺寸计算量很大且烦琐,编程需要的辅助时间增多且容易出错。因此,在这种情况下,一般都不用基本指令编制数控加工程序,而是采用数控系统的复合固定循环功能编制程序,以提高编程效率,并保证程序的正确性。

复合固定循环的功能就是通过对零件的轮廓进行正确的定义,选取合理的切削加工参数(粗加工切削深度、粗加工切削速度、粗加工进给速度、精加工余量、精加工切削速度、精加工进给速度等),在编程时只需按照具体的指令格式编入相关参数,数控系统会根据零件的轮廓和参数自动计算出粗车的走刀路径,实现粗加工的全部过程。采用复合固定循环编制数控加工程序最大的好处就是减少了编程中的数值计算。

下面介绍几种常用的粗加工复合固定循环指令和精加工固定循环指令,这些粗加工复合固定循环指令在针对各自特定的加工情况时,能发挥较高的加工效率,但在用粗加工复合固定循环编程进行粗加工之后,都必须使用精加工固定循环指令进行精加工,使工件达到所要求的尺寸精度及表面粗糙度。

1）轴向粗车复合循环（G71）

轴向粗车复合固定循环指令主要用于轴向加工余量较大而径向加工余量较小的情况，而且在 FANUC 0i 数控系统的车削加工中，轴向粗车复合固定循环指令 G71 可以根据加工零件的轮廓，分别采用两种不同类型的粗车加工循环方式，即类型Ⅰ和类型Ⅱ。

(1) 类型Ⅰ。

该指令适合于采用圆柱棒料为毛坯，需多次走刀才能完成阶梯轴零件外圆或内孔的粗加工。其加工外圆轮廓的刀具循环加工路径如图 4-41 所示。

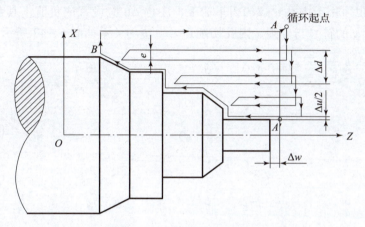

图 4-41　外圆粗车复合循环

G71 的指令格式为

G00　X$_{循}$____　Z$_{循}$____；
G71　U(Δd)____　R(e)____；
G71　P(ns)____　Q(nf)____　U(Δu)____　W(Δw)____　F(f)____　S(s)____　T(t)；
N(ns)____　G00/G01…；
…　F(f)____　S(s)____；
…；
N(nf)____…；

该指令中各项的含义解释如下：

X$_{循}$，Z$_{循}$——循环起始点的坐标，该点一定在毛坯之外且靠近毛坯；

Δd——背吃刀量（通常为半径值且不带符号），该值也可以由系统参数 5132 号设定，参数由程序指令改变；

e——退刀量，该值也可以由系统参数 5133 号设定，参数由程序指令改变；

ns——精加工轮廓程序段中开始段的段号；

nf——精加工轮廓程序段中结束段的段号；

Δu——X 轴方向的精加工余量（通常为直径值，也可以指定为半径值）；

Δw——Z 轴方向的精加工余量；

f，s，t——G71 程序段中的 F、S、T 是粗加工时的进给量、主轴转速及所用刀具，这些参数也可以在循环之前指定。而包含在 s 和 nf 程序段中的 F、S、T 是精加工时的进给量、主轴转速及所用刀具。

注意事项：

①采用复合固定循环需设置一个循环起点，刀具按照数控系统安排的路径一层一层以直线插补形式分刀车削，最后沿着粗车轮廓车削一刀，然后返回到循环起点完成粗车循环。

②零件轮廓必须符合 X、Z 轴方向同时单调增大或单调减小的要求，即不可有内凹的轮廓外形；精加工程序段中的第一指令只能用 G00 或 G01，且不可有 Z 轴方向移动指令。

③G71 指令也可用于内孔轮廓的粗车加工，注意 Δu 应设置成负值，其余参数与外圆循环相同。Δu 和 Δw 的符号与外圆、内孔切削走刀轨迹的关系如图 4-42 所示。

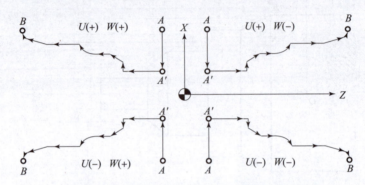

图 4-42　Δu 和 Δw 的符号与走刀轨迹的关系

④G71 指令只是完成粗车程序，虽然程序中编制了精加工程序，其目的只是定义零件精加工的轮廓，但并不执行精加工程序，只有执行 G70 时才完成精车程序。

(2) 类型 Ⅱ。

由于类型 Ⅰ 加工的零件轮廓必须符合 X、Z 轴方向同时单调增大或单调减小的要求，对一些带有凹、凸变化的轮廓，类型 Ⅰ 的循环就不适合了。FANUC 0i 数控系统提供了类型 Ⅱ 的粗加工循环方式，类型 Ⅱ 不同于类型 Ⅰ 的地方就是沿 X 轴的外形轮廓不必单调增大或单调减小，而且最多可以允许有 10 个凹槽的粗加工，但沿 Z 轴的外形轮廓必须单调增大或单调减小，如图 4-43 所示。

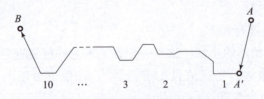

图 4-43　类型 Ⅱ 粗车的轮廓凹槽

FANUC 0i 数控系统轴向粗车复合固定循环类型 Ⅰ 和类型 Ⅱ 的主要区别：

①类型 Ⅰ 加工的零件轮廓必须符合 X、Z 轴方向同时单调增大或单调减小的要求；类型 Ⅱ 沿 Z 轴的外形轮廓必须单调增大或单调减小，而沿 X 轴的外形轮廓允许有增有减，只要凹槽数目不大于 10 个皆可。

②类型 Ⅰ 的精加工轮廓定义的第一个程序段只指定一根轴移动（X 轴）；类型 Ⅱ 的精加

工轮廓定义的第一个程序段指定两根轴移动（X 和 Z 轴），即使不包含 Z 轴移动，但均必须指定 W0。两者的编程格式比较如下：

类型 Ⅰ 的编程格式：

G00　X100.0　Z50.0；
G71　U5.0　R1.0；
G71　P10　Q20　U0.6　W0.3　F0.2　S1200；
N10 G00/G01 X30.0（或 U-70.0）；　　　只指定 X 一根轴
…　F0.1　S1800；
…
N20…；

类型 Ⅱ 的编程格式：

G00　X100.0　Z50.0；
G71　U5.0　R1.0；
G71　P10　Q20　U0.6　W0.3　F0.2　S1200；
N10 G00/G01 X30.0 Z5.0（或 U-70.0 W-45.0）；必须指定 X 和 Z 两根轴
或者
N10 G00/G01 X30.0 Z50.0（或 U-70.0 W0,或 X30.0 W0）；
…　F0.1　S1800；
…
N20…；

2）径向粗车复合循环（G72）

径向粗车复合循环主要用于径向加工余量较大而轴向加工余量较小的情况，其加工轮廓的刀具循环加工路径如图 4-44 所示。

G72 的指令格式为

G00　X_循____　Z_循____；
G72　W(Δd)____　R(e)____；
G72　P(ns)____　Q(nf)____　U(Δu)____　W(Δw)____　F(f)____　S(s)____　T(t)____；
N(ns)____　G00/G01…；
…　F(f)____　S(s)____；
…
N(nf)____…；

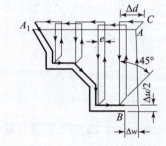

图 4-44　外圆径向粗车复合循环

该指令的进刀是沿 Z 轴方向进行的，切削是沿平行 X 轴方向进行的。

程序中　Δd, e——沿 Z 轴方向的背吃刀量和退刀量；

其余程序字的含义与 G71 相同。

3）仿形粗车复合循环（G73）

该指令适合于零件毛坯已基本成型，X 轴向与 Z 轴向余量比较均匀的铸件或锻件的加工。其粗加工循环进给路线如图4-45所示。

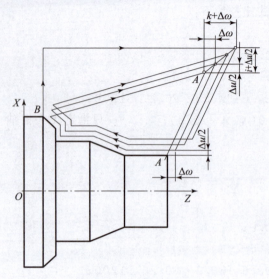

图4-45 仿形粗车循环

格式：
G00 X循____ Z循____；
G73 U(Δi)____ W(Δk)____ R(d)____；
G73 P(ns)____ Q(nf)____ U(Δu)____ W(Δw)____ F(f)____ S(s)____ T(t)____；
N(ns)____ G00/G01…；
… F(f)____ S(s)____；
…
N(nf)____…；

程序中 Δi——X轴方向上退刀量（半径值）；

Δk——Z轴方向上退刀量；

d——粗加工切削次数。

第二行指令的格式与含义和G71完全相同。

说明：

（1）Δi、Δk——第一次车削时退离零件轮廓的距离，确定该值时应以毛坯的粗加工余量大小来计算，可按下列公式确定：

$$\Delta i（X轴退刀距离）= X轴粗加工余量 - 每一次背吃刀量$$

$$\Delta k（Z轴退刀距离）= Z轴粗加工余量 - 每一次背吃刀量$$

（2）G73循环的每一刀走刀路线都与零件的轮廓形状相同，所以它对零件轮廓的单调性是没有要求的。

（3）G73完成的也是零件的粗加工程序，精加工同样采用G70完成。

2. 内外轮廓精加工

精加工复合循环指令（G70）

精加工循环的功能是当程序完成粗车循环时,采用此指令可完成零件的精加工,使尺寸达到图纸要求。

格式:

G70　P(ns)____　Q(nf)____;

程序中　ns——精加工轮廓程序段中开始段的段号;

　　　　nf——精加工轮廓程序段中结束段的段号。

注意:

(1) 必须先用 G71、G72、G73 指令完成粗加工后,再用 G70 指令进行精加工。

(2) 精加工时,G71、G72、G73 粗加工程序段中的 F、S、T 指令无效,只有在 ns→nf 程序段中的 F、S、T 才有效。

(3) 在 ns→nf 精加工程序段中,不能调用子程序。

【例】零件如图 4-46 所示,已知毛坯为 φ80mm 的圆棒料,按图样完成零件的外圆粗、精加工程序。假定粗、精加工由一把刀完成。

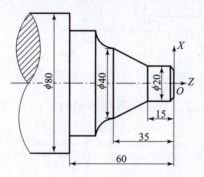

图 4-46　G71 与 G70 应用实例

```
O2002;
N010  G50  X150.0  Z80.0;
N020  T0101;
N030  M03  S800;
N040  G00  X65.0  Z1.0;
N050  G71  U3.0  R1.0;
N060  G71  P070  Q150  U1.0  W0.5  F0.2;
N070  G00  X16.0;
N080  G96  S200;
N090  G01  X20.0  Z-1.0  F0.1;
N100  Z-15;
N110  X40.0  Z-35.0;
N130  G02  X60.0  Z-45.0  R10.0;
N140  G01  Z-60.0;
N150  X82.0;
```

N160　G70　P070　Q150;
N170　G00　X150.0　Z80.0　T0100;
N180　M30;

【例】如图4-47所示，毛坯为一锻件，外圆粗加工余量为9mm（半径值），长度粗加工余量也为9mm，计划粗加工分三刀完成。根据零件图形编制粗、精加工程序。1号刀为外圆粗车刀，2号刀为外圆精车刀。

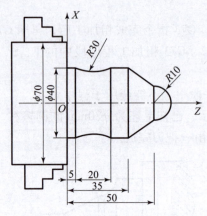

图4-47　G73与G70应用实例

根据题意，可确定出 $\Delta i = \Delta k = 3$ mm。程序编制如下：

O1002;
N010　G50　X260.0　Z100.0;
N020　T0101;
N030　M03　S700;
N040　G00　X70.0　Z74.0;
N050　G73　U3.0　W3.0　R3;
N060　G73　P070　Q140　U1.0　W0.5　F0.25;
N070　G00　X0　Z62.0;
N080　G01　Z60.0　F0.08;
N090　G03　X20.0　Z50.0　R10.0;
N100　G01　X40.0　Z35.0;
N110　Z25.0;
N120　G02　Z5.0　R30.0;
N130　G01　Z0;
N140　X72.0;
N150　G00　X260.0　Z100.0　T0100;
N160　T0202;
N170　G00　X70.0　Z74.0;
N180　G70　P070　Q140;
N190　G00　X260.0　Z100.0　T0200;

N200   M30;

4. 螺纹切削复合循环

该指令适合于车削导程较大、进刀次数较多的螺纹。加工任何螺纹不管进刀次数是多少，该指令始终只需指定一次（两行参数），数控系统就会按照给定的参数自动计算并完成螺纹的全部内容，程序比前面讲过的 G92 指令还要短。另外，该种循环采用的是斜进法进刀，所以在加工牙型较深的螺纹时有利于改善刀具的切削条件，加工大导程螺纹时可优先考虑使用该指令。如图 4－48 所示。

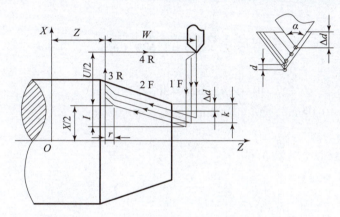

图 4－48   螺纹切削复合循环与进刀方法

格式：

G00   X循_____   Z循_____；
G76   P(m)(r)(α)_____   Q(Δd_{min})_____   R(d)_____；
G76   X(U)_____   Z(W)_____   R(i)_____   P(k)_____   Q(Δd)_____   F(l)_____；

程序中 m——精加工车削次数，必须用两位数字表示；

r——螺纹末端倒角量，必须用两位数字表示；

α——螺纹刀尖角；

Δd_{min}——最小背吃刀量，该数值不可用小数点方式表示；

d——精加工余量；

X，Z——最后一刀螺纹终点的绝对坐标值；

U，W——最后一刀螺纹终点相对于循环起点的增量坐标值；

i——螺纹切削起点与切削终点的半径差。加工圆锥螺纹，当 X 向切削起点绝对坐标小于终点绝对坐标时，i 为负，反之为正；加工圆柱螺纹时，$i=0$；

k——螺纹的牙型高度；

Δd——第一刀背吃刀量，该数值不可用小数点方式表示；

l——螺纹的导程。

【例】 零件如图 4－49 所示，已知外圆已加工完成，根据螺纹尺寸采用复合切削循环功能编写零件的螺纹加工程序。假设 3 号刀为螺纹刀。

在编制螺纹程序之前，先要计算出相关参数，具体如下：

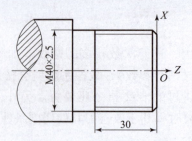

图 4-49 螺纹切削复合循环

牙型高度：

$$0.6495 \times 2.5 = 1.624 \text{（mm）}$$

螺纹小径：

$$40 - 2 \times 1.624 = 36.753 \text{（mm）}$$

取 $r = 8\text{mm}$，$d = 0.04\text{mm}$，$\Delta d = 1.0\text{mm}$，$\Delta d_{\min} = 0.02\text{mm}$。

```
O1001;
N10  G50  X150.0  Z20.0;
N20  T0303  M08;
N30  M03  S650;
N40  G00  X45.0  Z10.0;
N50  G76  P020860  Q20  R0.04;
N60  G76  X36.753  Z-30.0  R0  P1.624  Q1000  F2.5;
N70  G00  X150.0  Z20.0  T0300  M09;
N80  M30;
```

4.3 数控车削编程综合实例

4.3.1 轴类零件的编程实例

【例】下面以图 4-50 所示零件为例，分析零件机械加工工艺制定和数控程序的编制。该零件的生产类型为大批生产。

1. 工艺分析

1）分析图纸，确定数控加工内容

该零件属于轴类零件。零件的外表面由圆柱、圆锥、圆弧、沟槽和螺纹面组成，内表面则由圆柱孔、螺纹及沟槽组成。

外圆柱面 $\phi60\text{mm}$、$\phi50\text{mm}$、$\phi40\text{mm}$ 以及内外螺纹 M24 和 M20 的加工精度及表面粗糙

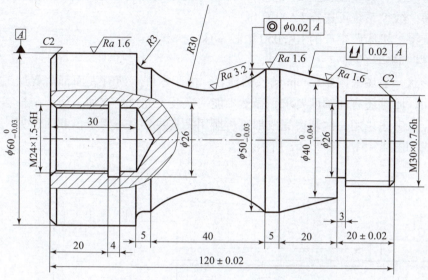

图 4-50 轴类零件数控车削实例

度要求较高,几处表面粗糙度为 1.6μm 的加工面需要重点考虑,其余表面加工精度较易保证。

零件 φ50mm 外圆表面与 φ60mm 轴心线有同轴度要求,φ40mm 的锥面与 φ60mm 轴心线有全跳动要求,以上两点需要由装夹保证。

零件标注完整,尺寸标注基本符合数控加工要求,轮廓描述清晰。

零件的材料为 45 钢,切削加工性能较好,无热处理要求。选用 φ65×125mm 的棒料毛坯。

根据对零件图样的分析,考虑采用以下几点工艺措施:

(1) 对于有尺寸精度要求的部分,可以考虑取其公差平均值进行加工,即 $\phi 60_{-0.03}^{0}$ mm 的加工尺寸为 φ59.985mm、$\phi 50_{-0.03}^{0}$ mm 的加工尺寸为 φ49.985mm、$\phi 40_{-0.04}^{0}$ mm 的加工尺寸为 φ39.98mm。需要指出的是,在本例中由于所有尺寸精度要求的部分都属于同向偏差,因此也可以考虑采用刀具补偿的方法来保证其加工尺寸精度,这样可以减少计算,方便编程。

(2) 螺纹部分。根据外螺纹的精度要求,取牙型高 = 0.6134P = 0.46mm,螺纹内径 d = φ29.08mm;根据内螺纹的精度要求,取牙型高 = 0.6134P = 0.92mm,螺纹内径 D = φ22.16mm。

(3) 对于有形位精度要求的部分,φ60mm 的轴心线是 φ50mm 外圆的基准,同时又是锥面全跳动的基准,因此,在精加工外轮廓时,考虑在一次装夹中同时加工所有的外轮廓表面,并保证形位精度要求。

(4) 对于三处表面粗糙度要求较高的部分,考虑在磨床上完成。

综合分析零件图,零件各部分之间尺寸相差不大,长度也不算长,除最后的磨削外,其余的金属切削加工部分都可以在数控机床上完成。

2) 确定数控机床和数控系统

零件加工余量较少、数量较多且要求较高，可以考虑采用三台数控车床完成数控加工，以便提高加工效率。数控系统可选择 FANUC 0i。

本例采用重庆第二机床厂生产的 CK3050 数控车床。

3）工件的安装和夹具的确定

根据零件的形状，毛坯采用 φ65mm 的长圆棒料。由于零件上所有表面都需要加工，不仅包括内、外表面，而且还有同轴度要求，显然不能一次装夹完成所有加工面。结合零件工艺分析和批量特点，考虑采用三次装夹完成加工，所用夹具主要是三爪卡盘和活顶尖。

具体装夹方式如图 4-51~图 4-53 所示。

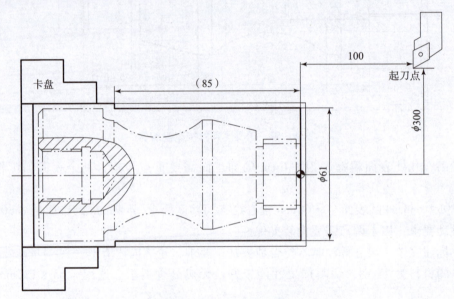

图 4-51 第一次装夹

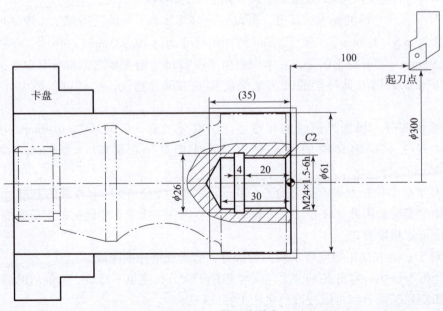

图 4-52 第二次装夹

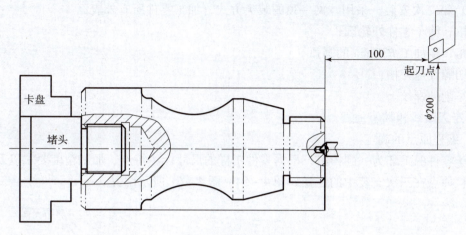

图4-53 第三次装夹

4）刀具的确定

零件外圆大部分由台阶组成，圆弧段的弦高不大，故可以选择90°（或93°）的硬质合金偏刀进行外圆粗加工，副偏角可稍微取大一些，以防加工圆弧时发生干涉；精加工时可以选用主偏角为93°、副偏角不小于42°的外圆车刀完成。

外螺纹加工时，采用刀宽3mm的切槽刀加工外螺纹的退刀槽，选用外螺纹车刀加工外螺纹M30×0.75-6h。

内螺纹加工时须先加工内孔，内孔加工前先钻中心孔，采用φ18mm的麻花钻加工内孔的底孔，然后选择内孔车刀加工内表面；内沟槽加工时，采用刀宽4mm的切槽刀加工螺纹的退刀槽，再选择内螺纹刀加工螺纹。

具体加工工序卡和刀具型号见刀具卡片表4-5和表4-6。

5）工件加工方案的确定

该零件在CK3050数控车床上采用三爪卡盘装夹加工。根据零件毛坯和加工要求，零件分三次安装完成加工。

（1）第一次安装，以零件左端外圆表面为粗基准，加工右端面和右端外圆面。

①粗、精车右端面；

②粗车右端外圆面至φ61mm，长85mm；

③打中心孔。

（2）第二次安装，以第一次安装加工的右端外圆面为基准，加工左端面、左端外圆面以及左端内表面。

①粗、精车左端面，保证总长120mm；

②粗车左端外圆面至φ61mm，长35mm；

③钻孔至φ18mm；

④扩孔至φ19.8mm；

⑤铰孔至φ20mm；

⑥切退刀槽；

⑦车螺纹。

(3) 第三次安装，采用一夹一顶的装夹方式，加工零件所有外表面。

① 粗、精车零件外轮廓；

② 粗、精加工 $R30\text{mm}$ 的圆弧；

③ 切螺纹退刀槽；

④ 车削外螺纹。

2. 走刀路线和数值处理

1）编程原点的确定

由于零件的毛坯为一圆棒料，根据零件图样的尺寸标注特点、加工精度要求以及安装情况，编程原点在三次安装中的位置如图4-54~图4-61所示位置。

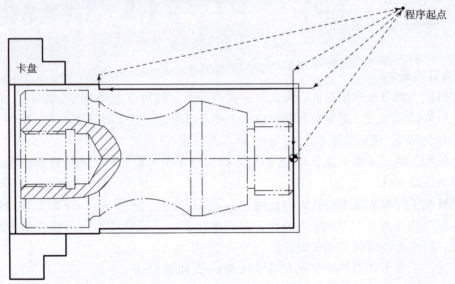

图4-54 装夹一的走刀路线

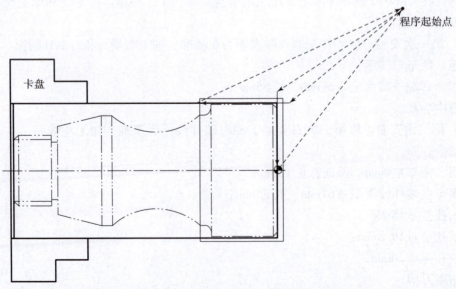

图4-55 装夹二的走刀路线（切端面和外圆）

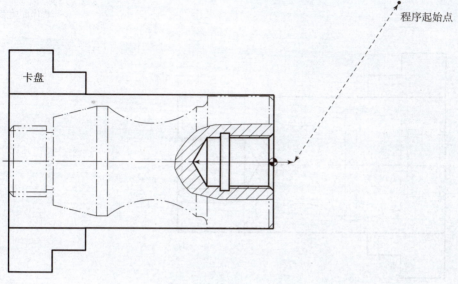

图 4-56 装夹二的走刀路线（钻、扩、铰孔）

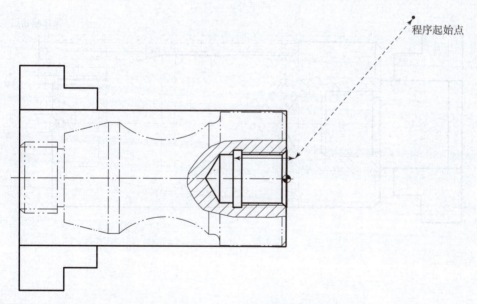

图 4-57 装夹二的走刀路线（切槽）

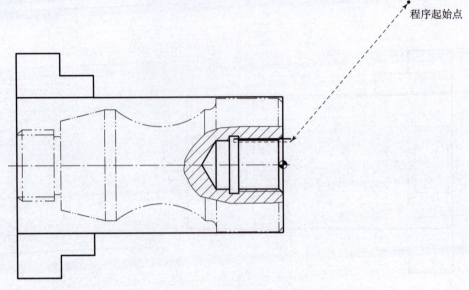

图4-58 装夹二的走刀路线（车内螺纹）

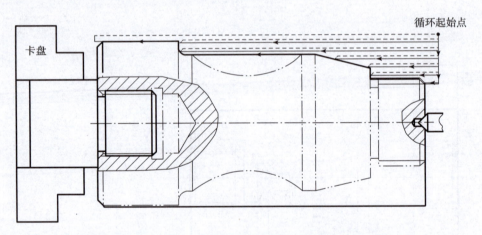

图4-59 装夹三的走刀路线（外轮廓粗、精加工（G71/G70））

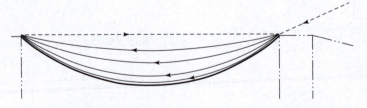

图4-60 装夹三的走刀路线（R30mm 圆弧粗、精加工局部图）

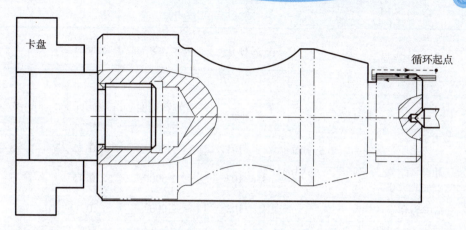

图 4-61　装夹三的走刀路线（螺纹加工）

2）确定并绘制走刀路线

根据加工方案，三次装夹后的进给路线分别如图 4-54 ~ 图 4-61 所示。

3）起刀点、换刀点和对刀点的确定

该零件由于采用的刀具较多，故选择 G54 指令来设置工件坐标系，起刀点和换刀点设置在同一点上，考虑到安全合理因素，每一次装夹后的起刀点如图 4-54 ~ 图 4-61 所示。对刀点可选择在外圆面和右端面的交点上。

4）数值处理

该零件在数值计算上主要有 3 处：

一是外圆圆弧 $R30$mm 处弦高的大小，通过计算可知深度约为 7.5mm，由于深度较大，可分五次走刀完成，第一、二、三次走刀的切削深度为 2mm，第四次走刀的切削深度为 1mm，第五次走刀为精加工，切削深度为 0.5mm，车削到要求尺寸；为了保证加工精度，又能较少计算，粗加工时将 $R30$mm 圆弧的起点与终点定义为 (51, -45) 和 (51, -85)，同时采用浮动圆心的编程方式编制圆弧加工程序。

二是内螺纹 $M24 \times 1.5-6h$ 牙型高度的计算以及分几刀完成螺纹加工，根据查表可知：

牙型高度：

$$t = 0.649\ 5 \times P = 0.649\ 5 \times 1.5 = 0.974 \text{ (mm)}$$

螺纹计划分四刀完成：$a_{p1} = 0.8$mm，$a_{p2} = 0.6$mm，$a_{p3} = 0.4$mm，$a_{p4} = 0.16$mm。

三是外螺纹 $M30 \times 0.75-6h$ 牙型高度的计算以及分几刀完成螺纹加工，根据查表可知：

牙型高度：

$$t = 0.649\ 5 \times P = 0.649\ 5 \times 0.75 = 0.487 \text{ (mm)}$$

螺纹计划分三刀完成：$a_{p1} = 0.4$mm，$a_{p2} = 0.4$mm，$a_{p3} = 0.2$mm。

3. 编写数控加工技术文件

1）工序卡片的编制（见表 4-5）

表 4-5 数控加工工序卡片

零件图号		零件名称	××××	编制日期	××××.××.××
程序号				编制	
工步号	工步内容	刀具号	主轴转速度/ (r·min^{-1})	进给量/ (mm·r^{-1})	切深/ mm	备注
---	---	---	---	---	---	---
1	装夹毛坯右端外圆,车左端面	T01	150	0.15	1~3	
2	粗车右端外圆面至 φ61mm,长 85mm	T02	1 500	0.15	1~3	
3	钻中心孔	T03	2 000	0.1	1.5	
4	掉头粗、精车左端面,保证总长 120mm	T01	1 500	0.15	1~3	
5	粗车左端外圆面至 φ61mm,长 35mm	T02	1 500	0.15	1~3	
6	钻孔至 φ18mm	T04	500	0.1	9	
7	扩孔至 φ19.8mm	T05	500	0.1	0.9	
8	铰孔至 φ20mm	T06	200	0.08	0.1	
9	切退刀槽	T07	600	0.1	槽宽 4	
10	车螺纹	T08	500	1.5		
11	粗、精车零件外轮廓	T09	粗车:1 500; 精车:180	粗车:0.2; 精车:0.1	1~3	
12	粗、精加工 R30mm 的圆弧	T10	粗车:1 500; 精车:180	粗车:0.15; 精车:0.1	0.5~2.0	
13	切螺纹退刀槽	T11	400	0.1	槽宽 3	
14	车削外螺纹	T12	500	0.75		

2)刀具卡片的编制(见表 4-6)

表 4-6 零件数控加工刀具卡片

产品名称或代号		零件名称		零件图号	
序号	刀具号	刀具规格与名称	数量	加工表面	备注
1	T01	45°端面粗车刀	1	粗、精车端面	
2	T02	90°外圆车刀	1	加工外表面	
3	T03	φ4mm 中心钻	1	钻中心孔	
4	T04	φ18mm 麻花钻	1	钻内孔的底孔	
5	T05	φ19.8mm 扩孔钻	1	扩内孔表面	
6	T06	φ20mm 铰刀	1	精加工内孔表面	
7	T07	刀宽 4mm 的内沟槽刀	1	加工内螺纹的退刀槽	

续表

序号	刀具号	刀具规格与名称	数量	加工表面	备注
8	T08	内螺纹刀	1	加工内螺纹	
9	T09	93°外圆精车刀	1	精加工外表面	
10	T10	35°外圆精车刀	1	精加工外圆弧	
11	T11	刀宽3mm的切断刀	1	加工外螺纹的退刀槽	
12	T12	外螺纹刀	1	加工外螺纹	
编制		审核	批准	年 月 日	共 页 第 页

4. 编写零件的数控加工程序

根据以上的工艺分析，该零件的数控加工程序见表4-7~表4-9。

表4-7 装夹一的程序清单

零件号		零件名称	××××	编制日期	××××.××.××
程序号				编制	
序号	程序内容		程序说明		
N0002	O0001;		程序名		
N0004	G90 G00 X300.0 Z100.00 T0100;		建立工件坐标系，快速到达程序起刀点		
N0006	T0101;		换端面车刀，建立刀具长度补偿		
N0008	G96 S1500;		恒线速度控制		
N0010	G50 S3000;		最高转速控制		
N0012	G00 X70.0 Z0 M03;		到达切削端面的起始点，主轴正转		
N0014	G01 X-0.5 F0.15;		车削端面		
N0016	G00 X300.0 Z100.0 T0100;		返回起刀点，取消刀补		
N0018	T0202;		换外圆车刀，建立刀具长度补偿		
N0020	G97 S2000;		恒转速度控制		
N0022	G00 X61.0 Z3.0 M03;		到达切削外圆的起始点，主轴正转		
N0024	G01 X61 Z-85.0 F0.15;		车削外圆		
N0026	G01 X70.0;		切出		
N0028	G00 X300.0 Z100.0 T0200;		返回起刀点，取消刀补		
N0030	T0303;		换中心钻，建立刀具长度补偿		
N0032	M03 S2000;		主轴正转		
N0034	G00 X0 Z5.0;		到达钻中心孔的起始点		
N0036	G01 Z-10.0 F0.1;		钻中心孔		
N0038	G00 Z5.0;		退刀		
N0040	G00 X300.0 Z100.0 T0300;		返回起刀点，取消刀补		
N0042	M30;		程序结束		

表4-8 装夹二的程序清单

零件号		零件名称	××××	编制日期	××××.××.××
程序号				编制	

序号	程序内容	程序说明
N0002	O0002;	程序名
N0004	G90 G00 X300.0 Z100.00 T0100;	建立工件坐标系,快速到达程序起刀点
N0006	T0101;	换端面车刀,建立刀具长度补偿
N0008	G96 S1500;	恒线速度控制
N0010	G50 S3000;	最高转速控制
N0012	G00 X70.0 Z0 M03;	到达切削端面的起始点,主轴正转
N0014	G01 X-0.5 F0.15;	车削端面
N0016	G00 X300.0 Z100.0 T0100;	返回起刀点,取消刀补
N0018	T0202;	换外圆车刀
N0020	G00 X61.0 Z5.0 M03 S1500;	到达外圆切削的起始点,主轴正转
N0022	G01 X61.0 Z-32.0 F0.15;	车外圆
N0024	G00 X300.0 Z100.0 T0200;	快速退至换刀点,取消刀补
N0026	T0404;	换钻头,建立刀具长度补偿
N0028	G97 S500;	恒转速控制
N0030	G00 X0 Z5.0 M03;	到达钻孔的起始点,主轴正转
N0032	G01 Z-36.35 F0.1;	钻孔至深度
N0034	G00 Z5.0;	退出钻头
N0036	G00 X300.0 Z100.0 T0400;	快速退至换刀点,取消刀补
N0038	T0505;	换扩孔刀
N0040	G00 X0 Z5.0 M03 S500;	到达扩孔的起始点,主轴正转
N0042	G01 Z-30.0 F0.1;	扩孔至深度
N0044	G00 Z5.0;	退出扩孔刀
N0046	G00 X300.0 Z100.0 T0500;	快速退至换刀点,取消刀补
N0048	T0606;	换铰刀
N0050	G00 X0 Z5.0 M03 S200;	到达铰孔的起始点,主轴正转
N0052	G01 Z-30.0 F0.1;	铰孔至深度
N0054	G01 Z5.0;	退出铰刀
N0056	G00 X300.0 Z100.0 T0600;	快速退至换刀点,取消刀补
N0058	T0707;	换切槽刀

续表

序号	程序内容	程序说明
N0060	G00 X18.0 Z5.0 M03 S600;	快速定位到孔外安全位置，主轴正转
N0062	G00 Z-24.0;	Z轴快速到达内孔切槽起始点
N0064	G01 X26.0 F0.1;	切螺纹退刀槽至尺寸
N0066	G04 X1.5;	槽底暂停1.5s
N0068	G00 X18.0;	孔内X轴退刀
N0070	G00 Z5.0;	Z轴退刀至孔外安全位置
N0072	G00 X300.0 Z100.0 T0700;	快速退至换刀点，取消刀补
N0074	T0808;	换内螺纹车刀
N0076	G97 S500;	恒转速控制
N0078	G00 X18.0 Z10.0 M03;	到达螺纹切削起始点，主轴正转
N0080	G92 X22.84 F1.5 M07;	螺纹切削，开切削液
N0082	X23.44;	螺纹切削
N0084	X23.84;	螺纹切削
N0086	X24.0;	螺纹切削
N0088	G00 X300.0 Z100.0 T0800;	快速退至换刀点，取消刀补
N0090	M30;	程序结束

表4-9 装夹三的程序清单

零件号		零件名称		××××	编制日期	××××.××.××
程序号					编制	
序号	程序内容			程序说明		
N0002	O0003;			程序名		
N0004	G00 X300.0 Z100.00 T0100;			建立工件坐标系，快速到达程序起刀点		
N0006	T0909;			换外圆车刀，建立刀具长度补偿		
N0008	G96 S1500 M03;			恒线速度控制		
N0010	G00 X65.0 Z5.0 M08;			到达粗车零件外轮廓的循环起始点		
N0012	G71 U3.0 R1.0;			定义粗车循环参数		
N0014	G71 P16 Q36 U0.6 W0.3 F0.2;					
N0016	G00 X26.0 Z5.0 G96 S180;			精车轮廓起始段		

续表

序号	程序内容	程序说明
N0018	G01 G42 Z0 F0.1;	精车轮廓定义
N0020	G01 X30.0 Z-2.0;	
N0022	G01 W-20.0;	
N0024	G01 X40.0;	
N0026	G01 X50.0 W-20.0;	
N0028	G01 W-42.0;	
N0030	G02 X56.0 W-3.0 R3.0;	
N0032	G01 X60.0;	
N0034	G01 Z-121.0;	
N0036	G00 G40 X65.0;	精车轮廓结束段
N0038	G70 P16 Q36;	精加工外轮廓
N0040	G00 X300.0 Z100.0 T0900;	快速退至换刀点，取消刀补
N0042	T1010;	换圆弧车刀
N0044	G00 X50.6 Z-45.0 G97 S1500;	到达 $R30mm$ 圆弧粗车起始点
N0046	G02 X50.6 W-40.0 R50.0 F0.15;	第一次粗车 $R30mm$ 圆弧
N0048	G00 X50.6 Z-45.0;	到达 $R30mm$ 圆弧粗车起始点
N0050	G02 X50.6 W-40.0 R35.0 F0.15;	第二次粗车 $R30mm$ 圆弧
N0052	G00 X50.6 Z-45.0;	到达 $R30mm$ 圆弧粗车起始点
N0054	G02 X50.6 W-40.0 R30.3 F0.15;	第三次粗车 $R30mm$ 圆弧
N0056	G00 X50.6 Z-45.0 G96 S180;	到达 $R30mm$ 圆弧粗车起始点
N0058	G01 X50.0 F0.1;	到达 $R30mm$ 圆弧精车起始点
N0060	G02 X50.0 W-40.0 R30.0;	精车 $R30mm$ 圆弧
N0062	G01 X50.6;	X 轴退刀
N0064	G00 X300.0 Z100.0 T10000;	快速退至换刀点，取消刀补
N0066	T1111;	换切槽刀
N0068	G97 S400 M03;	恒转速控制，主轴正转
N0070	G00 X45.0 Z-20.0;	到达切槽始点
N0072	G01 X26.0 F0.1;	切槽至深度
N0074	G04 X1.5;	暂停1.5s
N0076	G01 X45.0 M09;	退刀，关切削液
N0078	G00 X300.0 Z100.0 T1100;	快速退至换刀点，取消刀补
N0080	T1212;	换内螺纹车刀

续表

序号	程序内容	程序说明
N0082	G97 S500;	恒转速控制
N0084	G00 X35.0 Z5.0 M08;	到达螺纹切削始点,主轴正转,开切削液
N0086	G92 X29.6 Z-18.5 F0.75;	螺纹切削
N0088	X29.2;	螺纹切削
N0090	X29;	螺纹切削
N0092	G00 X300.0 Z100.0 T1200 M09;	快速退至换刀点,取消刀补
N0094	M30;	程序结束

4.3.2 轴套类零件的编程实例

下面以图 4-62 所示的锥度螺套零件来分析零件机械加工工艺制定和数控程序的编制。该零件的生产类型为单件小批生产。

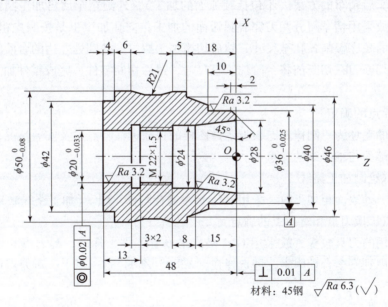

图 4-62 锥度螺套

1. 分析图纸,确定数控加工程序

该零件属于套类零件。零件的外表面由圆柱、圆锥及圆弧面组成,内表面则由圆锥孔、圆柱孔、螺纹及沟槽组成。外圆柱面 φ36mm、φ50mm 及内孔 φ20mm 有较高的加工精度要求,表面粗糙度小,其余表面加工精度较易保证。另外,零件右端面与 φ36mm 外圆轴线有垂直度要求以及 φ20mm 外圆轴线与 φ36mm 外圆轴线有同轴度要求。零件的材料为 45 钢,切削加工性能较好,无热处理要求。

根据对零件图样的分析,零件各部分之间尺寸相差不大,长度也不算长,故整个部分全部由数控机床完成。

125

2. 确定数控机床和数控系统

由于零件的加工余量较少，数量也不多，故采用一台数控车床加工即可，可选择 FANUC 0i 系统的数控车床。

3. 工件的安装和夹具的确定

根据零件的形状，毛坯采用 $\phi 52mm$ 的长圆棒料。由于零件上有垂直度及同轴度要求，内孔从右到左是由大变小，可一次安装完成，故夹具采用三爪卡盘，一次安装完成内、外部分的加工，然后切断。

4. 刀具的确定

零件外圆大部分由台阶组成，圆弧段的弦高不大，故分别选择 90°外圆至刀进行粗、精加工外圆，副偏角可稍微取大一些，以防发生干涉，外圆左边的台阶采用切断刀完成；内孔加工前先钻中心孔，采用 $\phi 18mm$ 的麻花钻，加工内表面的底孔，然后分别选择粗、精镗刀加工内表面；内沟槽采用刃宽 3mm 的切槽刀加工螺纹的退刀槽，加工螺纹时选择内螺纹刀。

5. 工件加工方案的确定

零件是采用一次安装完成的。零件的外圆表面根据加工精度和表面粗糙度的要求，采用循环方式先粗车后精车的方案（不包括圆弧面的加工）；外圆精车后再加工圆弧面，由于弦高尺寸不大，故采用精车刀分两刀完成圆弧面的加工；内孔加工也是按照先粗后精的原则，按照从右向左的顺序镗削各孔至尺寸，然后切槽加工螺纹；外圆处左边的台阶由于精度要求不高，故采用切断刀在切断前将台阶加工至尺寸，最后切断零件，完成零件加工。

6. 数值处理

1）编程原点的确定

由于零件的毛坯为一圆棒料，根据零件图样的尺寸标注特点以及安装情况，编程原点选择在零件的右端面与轴心线的交点上。

2）确定并绘制加工路线

零件的内、外表面粗加工时，采用 G71 指令进行阶梯车削。（加工路线略）

3）起刀点、换刀点和对刀点的确定

该零件采用的刀具较多，故采用 G50 格式来设置工件坐标系，起刀点和换刀点设置在同一点上，考虑到安全合理因素，即选择在（X200，Z50）这一点上。对刀点可选择在外圆面和右端面的交点上。

4）数值处理

该零件在数值计算上主要有三处：

（1）外圆圆弧处弦高的大小，通过计算可知深度为 1.39mm，由于深度不大，可直接分两刀完成，第一刀可车削深度为 1mm 的余量，第二刀车削至要求尺寸。第一刀车圆弧是因为计算较方便。

（2）螺纹牙型高度的计算以及分几刀完成螺纹加工：

牙型高度：

$$t = 0.6495 \times P = 0.6495 \times 1.5 = 0.974 \text{（mm）}$$

螺纹计划分四刀完成：$a_{p1} = 0.8mm$，$a_{p2} = 0.6mm$，$a_{p3} = 0.4mm$，$a_{p4} = 0.16mm$。

（3）内圆锥精车时，起刀点可根据 4.2 节中的公式计算得到：

$$\frac{D-d}{2L} = \frac{D_1 - d}{2(L+\delta_2)} \rightarrow D_1 = d + \frac{(D-d)(L+\delta_2)}{L}$$

将数值代入，有

$$\frac{28-24}{2 \times 15} = \frac{D_1 - 24}{2 \times (15+3)}$$

即 $D_1 = 28.8\text{mm}$。

7. 编写数控加工技术文件

1）工序卡片（见表 4-10）

表 4-10 锥度螺套零件数控加工工序卡

工厂名称	产品名称或代号	零件名称	零件图号
		锥度螺套	
工序号	程序编号	夹具名称	使用设备	车间
		三爪卡盘		

工步号	工步内容	刀具号	刀具规格	主轴转速/(r·min⁻¹)	进给量/(mm·r⁻¹)	背吃刀量/mm	备注
1	车端面；粗车 φ36mm、φ50mm 及外圆锥面，各表面留余量 0.5mm	T01	90°	850	0.2	1~2.5	自动
2	精车上述各表面达零件图要求；分两刀加工外圆处的圆弧面达零件图要求	T02	93°	180	0.1	0.5	自动
3	钻中心孔	T03	φ4mm	1 000	0.3	2	自动
4	钻底孔，长度为 56mm	T04	φ18mm	350	0.3	9	自动
5	粗车内孔锥度、φ24mm、M22 螺纹底孔 φ20.5mm 及 φ20mm 各表面，各表面留余量 0.5mm	T05	≥90°	650	0.2	1.5	自动
6	精车上述各内孔表面达零件图样要求	T06	≥93°	150	0.1	0.5	自动
7	加工内沟槽	T07	3mm	400	0.15	3	自动
8	加工内螺纹	T08	60°	450	1.5	0.16~0.8	自动
9	加工外圆处 φ42mm 到尺寸；切断，保证总长	T09	4mm	450	0.15	4	自动

2）刀具卡片（见表 4-11）

表 4-11 锥度螺套零件数控加工刀具卡

产品名称或代号				零件名称	锥度螺套	零件图号	
序号	刀具号	刀具规格与名称		数量	加工表面	备注	
1	T01	90°外圆粗车刀		1	粗加工外表面		
2	T02	93°外圆精车刀		1	精加工外表面		
3	T03	φ4mm 中心钻		1	钻中心孔		
4	T04	φ18mm 麻花钻		1	钻内孔的底孔		
5	T05	≥90°盲孔粗镗刀		1	内孔表面的粗加工		
6	T06	≥93°盲孔精镗刀		1	内孔表面的精加工		
7	T07	刃宽 3mm 的内沟槽刀		1	内螺纹退刀槽的加工	以左刀尖对刀	
8	T08	内螺纹刀		1	加工螺纹		
9	T09	刃宽 3mm 的切断刀		1	加工外圆左台阶及切断	以右刀尖对刀	
编制		审核		批准		年 月 日	共 页 第 页

3) 数控车削加工程序

根据以上的工艺分析，该零件的数控加工程序如下：

O6000;
N010   G50   X200.0   Z50.0;
N020   T0101;
N030   M03   S850;
N040   G00   X56.0   Z0;
N050   G01   X-0.5   F0.2;
N060   G00   X54.0   Z2.0;
N070   G71   U2.5   R1;
N080   G71   P090   Q150   U1.0   W0.5   F0.2;
N090   G00   X27.99;
N095   G96   S180;
N100   G01   X35.99   Z-2.0   F0.1;
N110   Z-10.0;
N120   X40.0;
N130   X46.0   Z-18.0;
N140   X49.96;
N150   Z-54.0;
N160   G00   X200.0   Z50.0   T0100;
N170   T0202;
N180   G00   X54.0   Z2.0;
N190   G70   P090   Q150;

```
N200  G00  X52.0  Z-23.0;
N205  G97  S700;
N210  G02  W-15.0  R21.0;
N220  G01  X50.0  Z-23.0;
N230  G02  W-15.0  R21.0;
N240  G00  X200.0  Z50.0  T0200;
N250  T0303;
N260  G00  X0  Z5.0  S1000;
N270  G01  Z-8.0  F0.3;
N280  G00  Z5.0;
N290  X200.0  Z50.0  T0300;
N300  T0404  S350;
N310  G00  X0  Z5.0;
N320  G01  Z-56.0  F0.3;
N330  G00  Z5.0;
N340  X200.0  Z50.0  T0400;
N350  T0505;
N355  G97  S650;
N360  G00  X16.0  Z3.0;
N370  G71  U1.5  R1.0;
N380  G71  P390  Q460  U-1.0  W0.5  F0.2;
N390  G00  X28.8;
N395  G96  S150;
N400  G01  X24.0  Z-15.0  F0.1;
N410  W-8.0;
N420  X20.6;
N430  Z-15.0;
N440  X19.98;
N450  Z-50.0;
N460  G00  X24.0;
N470  X200.0  Z50.0  T0500;
N480  T0606;
N490  G00  X16.0  Z3.0;
N500  G70  P390  Q460;
N510  G00  X200.0  Z50.0  T0600;
N520  T0707  G97  S400;
N530  G00  X16.0  Z5.0;
N540  Z-38.0;
```

```
N550  G01  X24.0  F0.15;
N560  X16.0  F1;
N570  G00  Z5.0;
N580  X200.0  Z50.0  T0700;
N590  T0808;
N595  G97  S450;
N600  G00  X16.0  Z5.0;
N610  Z-18.0;
N620  G92  X22.2  W-18.0  F1.5;
N620       X23.4;
N630       X24.2;
N640       X24.52;
N650  G00  Z5.0;
N660  X200.0  Z50.0  T0800;
N670  T0909;                           以右刀尖对刀
N680  G00  X54.0  Z-44.5;
N690  G01  X42.5  F0.15;
N700  G00  X52.0;
N710  W-2.6;
N720  G01  X42.5;
N730  G00  X52.0;
N740  W-2.6;
N750  G01  X42;
N760  Z-44.0;
N770  X52.0;
N780  G00  Z-48.0;
N790  G01  X18.0;
N800  G00  X200.0  Z50.0  T0900;
N810  M05;
N820  M30;
```

练习与思考题

1. 什么是绝对方式编程？什么是增量方式编程？在数控车床上用哪些方法区别这两种方式？

2. 准备功能指令 G00 \ G01 \ G02 \ G03 各用于哪些情况？

3. 数控车削中的进给控制指令 G98 和 G99 有什么区别？

4. 简述在数控车床上，主轴转速控制指令 G50 \ G96 \ G97 分别代表什么含义？分别用于哪些场合？

5. 在螺纹车削加工中应该注意哪些问题？

6. 将下列程序段的具体含义和作用写到对应的括号当中。

```
O6666;                          (                              )
G54;                            (                              )
G00  X100  Z50  T0101;          (                              )
M03  S1200;                     (                              )
G00  X40  Z5  M08;              (                              )
G01  X50   Z-20  F0.15;         (                              )
…
G00   X100   Z50   T0202;       (                              )
G96  S180  M03;                 (                              )
…
G00   X100   Z50   T0000;       (                              )
M30;                            (                              )
```

7. 在坐标系中画出刀具的运动轨迹，要求用虚线表示快速进给、实线表示切削进给，并画出零件的基本形状，标注尺寸。

```
O8899;
G92  X80  Z100  T0101;
G96  S150  M03;
G50  S3000;
G00 G42  X20  Z55;
G01 Z42 F0.15;
X34 W-10;
W-10;
G02 X50  W-8  R8;
G01 Z0;
G00 X80 Z100  T0000 M05;
M30;
```

8. 综合练习题。

如图 4-63 所示零件，毛坯材料为 45 钢，调制处理，采用 φ80mm×70mm 的棒料。

（1）编制该零件的数控车削加工工艺。

（2）编制数控车削加工程序。

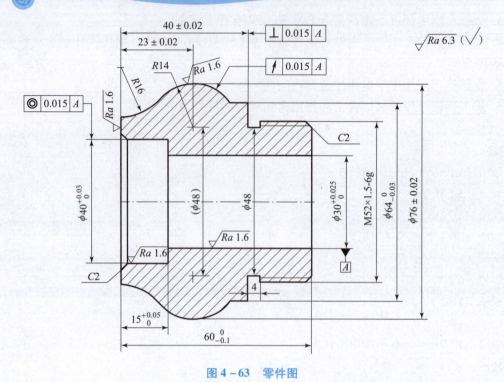

图 4-63 零件图

第 5 章 数控铣削工艺与编程

5.1 数控铣削加工概述

铣削加工是数控加工中最常见的加工方法之一,广泛应用于机械设备制造、模具加工等领域。它以普通铣削加工为基础,同时结合数控机床的特点,不但能完成普通铣削加工的全部内容,而且还能完成普通铣削难以进行,甚至无法进行的加工工序。数控铣削加工设备主要有数控铣床和加工中心,可以对零件进行平面轮廓铣削、曲面轮廓铣削加工,还可以进行钻、扩、铰、镗、锪加工及螺纹加工等。

5.1.1 数控铣削加工的主要对象

数控铣床与普通铣床相比,具有加工精度高、加工零件的形状复杂、加工范围广等特点。根据数控铣床的特点,适合数控铣床加工的内容主要有以下几类:

(1) 曲线轮廓或曲面等复杂结构。工件的平面曲线轮廓,指零件有内、外轮廓且为复杂曲线,被加工面平行或垂直于水平面。数控铣削加工时,一般只需用三坐标数控铣床的两坐标联动就可以把它们加工出来。

工件的曲面,一般指面上的点在三维空间坐标变化的面,一般由数学模型设计,加工时铣刀与加工面始终为点接触。加工曲面类零件一般采用三坐标联动的数控铣床,且往往要借助于计算机来编程加工。

(2) 在普通铣床上加工难度大的工件结构。对尺寸繁多,划线与检测困难,在普通铣床上加工难以观察和控制的零件，宜选择数控铣床加工。

（3）当在普通铣床上加工，难以保证工件尺寸精度、形位精度和表面粗糙度等要求时，宜选择数控铣床加工。

（4）一致性要求好的零件。在批量生产中，由于数控铣床本身的定位精度和重复定位精度都较高，能够避免在普通铣床加工时人为造成的多种误差，故数控铣床容易保证成批零件的一致性，使其加工精度得到提高，质量更加稳定。

1. 平面轮廓铣削

平面轮廓铣削是数控铣削加工中最简单的一种，如图 5-1 所示，一般只需数控铣床两轴联动就可以进行，大的平面和台阶面可以使用面铣刀进行加工，垂直于水平面的内、外轮廓面可以使用立铣刀进行加工，如图 5-2 所示。有特殊角度要求的斜面可以使用成形铣刀进行加工，也可以用斜板垫平后进行加工。

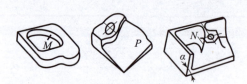

图 5-1 平面轮廓零件

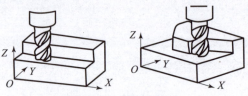

图 5-2 平面轮廓铣削

2. 曲面轮廓铣削

曲面轮廓铣削是指立体曲面类零件的加工，零件的加工面为空间曲面，不能展开成平面，一般在加工中心上采用两轴半（2.5 轴）、三轴或多轴联动控制，使用球头铣刀进行切削，加工面与铣刀始终为点接触。

曲面加工的方法主要有"行切法"和三轴（或多轴）联动加工两种。

行切加工法对球头铣刀采用二轴半坐标控制，切削轨迹在一系列平行于基准面的等距平面内，即切削加工时走刀轨迹是一行一行的，行与行的间距由零件加工精度要求确定。如图 5-3 所示，加工时刀具在 X、Z 向实现两个坐标轴的联动，当一行曲线加工完成后，沿 Y 方向进给 ΔY，再加工相邻的另一行曲线，如此依次加工完毕整个曲面。为便于散热和提高加工效率，球头铣刀的球头半径应尽量取大值，但在加工内凹曲面时，球头半径必须小于被加工曲面的最小曲率半径。这种方法常用于不太复杂的空间曲面的加工。

采用三轴（或多轴）联动加工空间曲面，则要求数控装置能进行空间直线或圆弧插补，常用于复杂空间曲面的精确加工，如图 5-4 所示，但其编程计算较为烦琐、复杂，故一般采用自动编程。

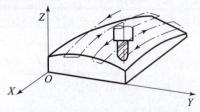

图 5-3 两轴半坐标加工

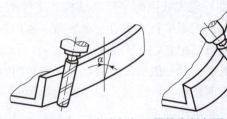

图 5-4 多坐标加工零件变斜角面

数控铣削加工在工艺上具有加工精度高、加工质量稳定和加工适应性强等特点。

3. 孔加工

在数控铣床上通过各种方法加工各种孔是数控铣床另一个非常重要的加工内容，而且由于加工条件的限制，使得在数控铣床上加工孔存在较多的问题，在加工中需要特别注意。

（1）孔加工所用刀具的尺寸受被加工孔尺寸的限制，刚性差，容易产生弯曲变形和振动；

（2）用定尺寸刀具加工孔时，孔加工的尺寸往往直接取决于刀具的相应尺寸，刀具的制造误差和磨损将直接影响孔的加工精度；

（3）加工孔时，切削区在工件内部，排屑及散热条件差，加工精度和表面质量都不易控制。

5.1.2 数控铣床的组成及分类

1. 数控铣床的组成

数控铣床是由普通铣床演变而来的，主要类型有立式数控铣床和卧式数控铣床，其中以主轴位于垂直方向的立式数控铣床最为常见，如图 5-5 所示。对于升降台式的立式数控铣床，刀具安装在主轴前端，由主轴电动机带动做旋转主运动；工件装于工作台上，由进给电动机带动工作台做纵向（X 向）、横向（Y 向）和垂直（Z 向）三个坐标轴的进给运动，数控装置通过进给伺服系统可以同时控制两个或三个坐标轴的运动。立式数控铣床一般适宜对盘类、板类和套类零件进行加工，一次装夹，可对上表面及周边轮廓进行铣削加工，也可对上表面进行孔的加工，卧式数控铣床则适宜对箱体类零件进行加工。

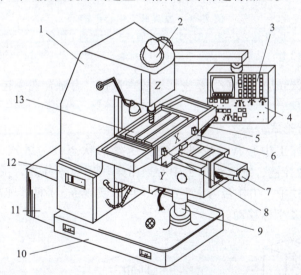

图 5-5 立式数控铣床结构

1—床身立柱；2—Z 轴伺服电动机；3—数控操作面板；4—机械操作面板；5—纵向进给伺服电动机；6—横向溜板；7—横向进给伺服电动机；8—行程限位开关；9—工作台支撑（可手动升降）；10—底座；11—变压器箱；12—强电柜；13—纵向工作台

铣削加工中心是在数控铣床的基础上增加了刀库和换刀机构，即自动刀具交换装置（ATC），主要类型有立式加工中心（图 5-6）和卧式加工中心。数控铣床需要通过手动方式进行换刀，而加工中心则可将要使用的刀具预先存放于刀具库内，需要时再通过换刀指令，由 ATC 装置自动换刀。有的加工中心还带有自动分度回转工作台，工件一次装夹后，能够完成多个平面或角度位置的加工，体现了工序高度集中的优点；有的加工中心则带有交换工作台，可在当前工件加工的同时，对另外的工件进行拆装、检验，使生产流程得以优化，缩短了生产周期，提高了生产效率。

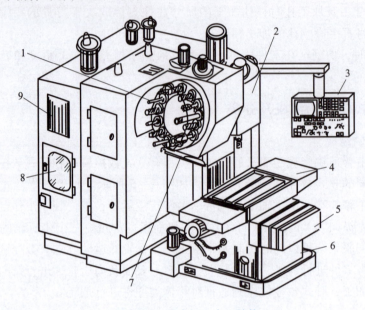

图 5-6　立式加工中心结构

1—刀库；2—主轴箱；3—操作面板；4—纵向工作台（X）；
5—横向工作台（Y）；6—底座；7—换刀机械手；8—纸带读入装置；9—数控柜

由于数控镗、铣床和加工中心联系密切，故本章把二者融合在一起介绍。

2. 数控铣床的分类

1）按主轴的布置形式分类

数控镗、铣床和加工中心常按主轴在空间所处的状态分为卧式、立式和五面式。如图 5-7 所示，立式数控镗、铣床和加工中心通常采用固定立柱式，主轴箱吊在立柱一侧，其平衡重锤放置在立柱中，工作台为十字滑台，可以实现 X、Y 两个坐标轴的移动，主轴箱沿立柱导轨运动实现 Z 坐标移动。

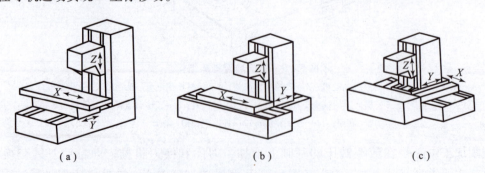

图 5-7　立式数控镗、铣床和加工中心

如图 5-8 所示，卧式数控镗、铣床和加工中心通常采用立柱移动式，T 形床身。一体式 T 形床身的刚度和精度保持性较好，但其铸造和加工工艺性差。分离式 T 形床身的铸造和加工工艺性较好，但是必须在连接部位用大螺栓紧固，以保证其刚度和精度。

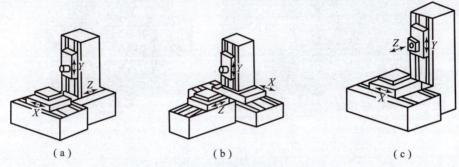

图 5-8 卧式数控镗、铣床和加工中心

五面数控镗、铣床和加工中心兼有立式和卧式数控镗、铣床和加工中心的功能，工件一次装夹后能完成除安装面外的所有侧面和顶面等五个面的加工。常见的五面加工中心有如图 5-9 所示的两种结构形式，图 5-9（a）所示主轴可以 90°旋转，可以按照立式和卧式加工中心两种方式进行切削加工；图 5-9（b）所示的工作台可以带着工件做 90°旋转来完成装夹面外的五面切削加工。

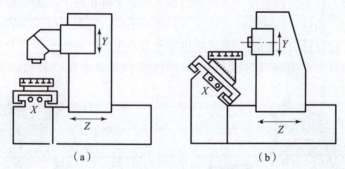

图 5-9 常见的五面加工中心
（a）主轴旋转式；（b）工作台旋转式

2）按照控制联动坐标轴分类

数控镗、铣床和加工中心常按主轴在空间所处的状态分为三轴、四轴和五轴式。如图 5-10 所示，三坐标数控铣床与加工中心的共同特点是除具有普通铣床的工艺性能外，还具有加工形状复杂的二维乃至三维复杂轮廓的能力。这些复杂轮廓零件的加工有的只需二轴联动（如二维曲线、二维轮廓和二维区域加工），有的则需三轴联动（如三维曲面加工），它们所对应的加工一般分别称为二轴（或 2.5 轴）加工与三轴加工。

对于三坐标数控镗、铣床和加工中心（无论是立式还是卧式），由于具有自动换刀功能，故适于多工序加工，如箱体等需要铣、钻、铰及攻螺纹等多工序加工的零件。特别是在卧式加工中心，加装数控分度转台后，可实现四面加工，而若主轴方向可换，则可实现五面加工，因而能够一次装夹完成更多表面的加工，特别适用于加工复杂的箱体类、泵体、阀体和壳体等零件。

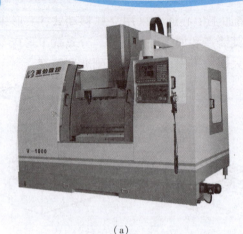
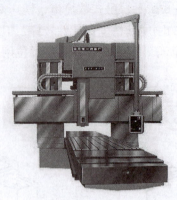

(a) (b)

图 5-10　三坐标数控镗、铣床和加工中心

如图 5-11 所示，四坐标是指在 X、Y 和 Z 三个平动坐标轴基础上增加一个转动坐标轴（A 或 B），且四个轴一般可以联动。其中，转动轴既可以作用于刀具（刀具摆动型），也可以作用于工件（工作台回转/摆动型）；机床既可以是立式的，也可以是卧式的。此外，转动轴既可以是 A 轴（绕 X 轴转动），也可以是 B 轴（绕 Y 轴转动）。由此可以看出，四坐标数控机床可具有多种结构类型，但除大型龙门式机床上采用刀具摆动外，实际中多以工作台旋转/摆动的结构居多。但不管是哪种类型，其共同特点是相对于静止的工件来说的，刀具的运动位置不仅是任意可控的，而且刀具轴线的方向在刀具摆动平面内也是可以控制的，从而可根据加工对象的几何特征，按保持有效切削状态或根据避免刀具干涉等需要来调整刀具相对零件表面的姿态。因此，四坐标加工可以获得比三坐标加工更广泛的工艺范围和更好的加工效果。

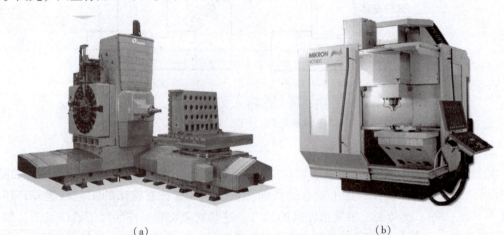

(a) (b)

图 5-11　四坐标数控镗、铣床和加工中心

对于五坐标机床，不管是哪种类型，它们都具有两个回转坐标，如图 5-12 所示，是其中的一种类型。相对于静止的工件来说，其运动合成可使刀具轴线的方向在一定的空间内（受机构结构限制）任意控制，从而具有保持最佳切削状态及有效避免刀具干涉的能力。因此，五坐标加工又可以获得比四坐标加工更广的工艺范围和更好的加工效果，特别适宜于三维曲面零件的高效、高质量加工以及异形复杂零件的加工。采用五轴联动对三维曲面零件加

工，可用刀具最佳几何形状进行切削，不仅加工表面粗糙度低，而且效率也大幅度提高。一般认为，一台五轴联动的机床效率可以等于两台三轴联动机床，特别是使用立方氯化硼等超硬材料铣刀进行高速铣削淬硬钢零件时，五轴联动加工可比三轴联动加工发挥更高的效益。

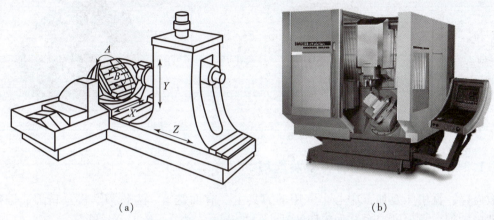

(a)   (b)

图 5-12   五坐标数控镗、铣床和加工中心

五轴联动除 X、Y、Z 以外的两个回转轴的运动有两种实现方法：一种是在工作台上用复合 A、C 轴转台，另一种是采用复合 A、C 轴的主轴头。这两种方法完全由工件形状决定，方法本身并无优劣之分。过去因五轴联动数控系统、主机结构复杂等原因，其价格要比三轴联动数控机床高出数倍，加之编程技术难度较大，制约了五轴联动机床的发展。当前由于电主轴的出现，使得实现五轴联动加工的复合主轴头结构大为简化，其制造难度和成本大幅度降低，数控系统的价格差距缩小。因此，促进了复合主轴头类型五坐标联动机床和复合加工机床的发展。常见五坐标机床的类型及加工见表 5-1。

表 5-1   五坐标机床的类型及加工

类型	图例	主要加工对象
主轴和工作台旋转型		
工作台旋转型		

续表

类型	图例	主要加工对象
主轴头旋转型		

5.1.3 数控铣削刀具的类型及选用

数控镗、铣机床及加工中心上常用的刀具主要有面铣刀、立铣刀、模具铣刀、键槽铣刀、鼓形铣刀、成形铣刀和孔加工用的钻头、扩孔钻、镗刀、铰刀及丝锥等。

1. 常用铣刀的结构特点

1）面铣刀

如图 5 – 13 所示，面铣刀的圆周表面和端面上都有切削刃，端部切削刃为副切削刃，常用于端铣较大的平面。面铣刀多制成套式镶齿结构，刀齿材料为高速钢或硬质合金，刀体材料为 40Cr。

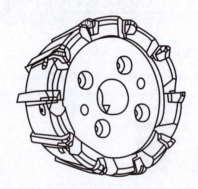

图 5 – 13 面铣刀

2）立铣刀

立铣刀是数控铣削中最常用的一种铣刀，其结构如图 5 – 14 所示。立铣刀的圆柱表面和端面上都有切削刃，圆柱表面的切削刃为主切削刃，端面上的切削刃为副切削刃。主切削刃一般为螺旋齿，这样可以增加切削平稳性，提高加工精度。由于普通立铣刀端面中心处无切削刃，所以立铣刀不能做轴向进给。端面刃主要用来加工与侧面相垂直的底平面。

为了能加工较深的沟槽，并保证有足够的备磨量，立铣刀的轴向长度一般较长。

为了改善切屑卷曲情况，增大容屑空间，防止切屑堵塞，刀齿数一般较少，而容屑槽圆弧半径则较大。一般粗齿立铣刀齿数 $Z = 3 \sim 4$，细齿立铣刀齿数 $Z = 5 \sim 8$，套式结构 $Z =$

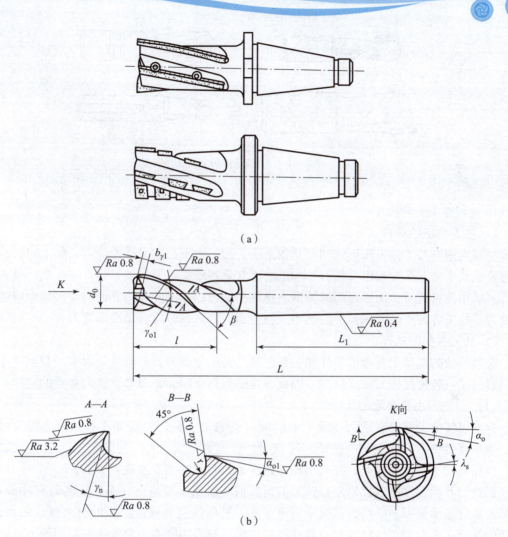

图 5-14 立铣刀
(a) 硬质合金立铣刀；(b) 高速钢立铣刀

10~20，容屑槽圆弧半径 $r = 2~5$ mm。当立铣刀直径较大时，还可制成不等齿距结构，以增强抗振作用，使切削过程平稳。

3）模具铣刀

模具铣刀由立铣刀发展而成，适用于加工空间曲面零件，有时也用于平面类零件上有较大转接凹圆弧的过渡加工。模具铣刀可分为圆锥形立铣刀（圆锥半角 $\frac{\alpha}{2} = 3°、5°、7°、10°$）、圆柱形球头立铣刀和圆锥形球头立铣刀三种，其柄部有直柄、削平型直柄和莫氏锥柄。它的结构特点是球头或端面上布满了切削刃，圆周刃与球头刃圆弧连接，可以做径向和轴向进给。铣刀工作部分用高速钢或硬质合金制造。国家标准规定直径 $d = 4~63$ mm。

图 5-15 所示为用硬质合金制造的模具铣刀。小规格的硬质合金模具铣刀多制成整体结构，φ16mm 以上直径的，制成焊接或机夹可转位刀片结构。

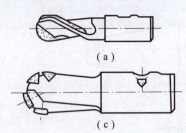
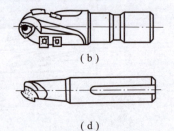

图 5-15 硬质合金模具铣刀

(a) 侧压圆柱模具铣刀；(b) 螺钉锁紧式圆柱模具铣刀；(b) 机类式圆柱模具铣刀；(d) 圆锥模具铣刀

2. 铣刀选择一般原则

1）铣刀类型的选择

铣刀类型应与工件表面形状和尺寸相适应。加工大平面应采用面铣刀；加工凹槽、较小的台阶面及平面轮廓常采用立铣刀；加工曲面常采用球头铣刀；加工模具型腔或凸模成形表面等多采用模具铣刀；加工封闭的键槽选择键槽铣刀；加工变斜角零件的变斜角面应选用鼓形铣刀；加工各种直的或圆弧形的凹槽、斜角面、特殊孔等应选用成形铣刀。

2）铣刀参数的选择

铣刀参数的选择主要考虑零件加工部位的几何尺寸和刀具的刚性等因素。数控铣床上使用最多的是可转位面铣刀和立铣刀。因此，这里重点介绍面铣刀和立铣刀参数的选择。

（1）面铣刀主要参数的选择。

标准可转位面铣刀直径为 $\phi16 \sim \phi630$ mm。粗铣时，铣刀直径要小些，因为粗铣切削力大，选小直径铣刀可减小切削扭矩；精铣时，铣刀直径要大些，尽量包容工件整个加工宽度，以提高加工精度和效率，并减小相邻两次进给之间的接刀痕迹。

面铣刀几何角度的选择原则：铣刀前角数值一般比车刀略小（由于铣削时有冲击），尤其是硬质合金面铣刀，前角数值减小得更多些。铣削强度和硬度都高的材料可选用负前角。前角的数值主要根据工件材料和刀具材料来选择。铣刀的磨损主要发生在后刀面上，因此适当加大后角，可减少铣刀磨损，故常取 $\alpha = 5° \sim 12°$。工件材料软取大值，工件材料硬取小值；粗齿铣刀取小值，细齿铣刀取大值。

铣削时冲击力大，为了保护刀尖，硬质合金面铣刀的刃倾角常取 $\lambda_s = -5° \sim -15°$。只有在铣削低强度材料时，取 $\lambda_s = 5°$。

主偏角 k_r 在 $45° \sim 90°$ 内选取，铣削铸铁常用 $45°$，铣削一般钢材常用 $75°$，铣削带凸肩的平面或薄壁零件时要用 $90°$。

（2）立铣刀主要参数的选择。

铣刀直径 D 的选择。一般情况下，为减少走刀次数、提高铣削速度和铣削量，保证铣刀有足够的刚性以及良好的散热条件，应尽量选择直径较大的铣刀。立铣刀的有关尺寸参数推荐按下述经验数据选取。

①刀具半径 R 应小于零件内轮廓面的最小曲率半径 R_{min}。一般取 $R = (0.8 \sim 0.9)R_{min}$。

②零件的加工高度 $H \leq \left(\dfrac{1}{4} \sim \dfrac{1}{6}\right)R$，以保证刀具有足够的刚度。

③对不通孔（深槽），选取

$$l = H + (5 \sim 10)\text{mm}$$

式中　l——刀具切削部分长度；

　　　H——零件高度。

④加工外型及通槽时，选取

$$l = H + r + (5 \sim 10)\text{mm}$$

式中　r——端刃圆角半径。

⑤加工肋时，刀具直径为

$$D = (5 \sim 10)b$$

式中　b——肋的厚度。

3) 铣刀刃长的选择

为了提高铣刀的刚性，对铣刀的刃长应在保证铣削过程不发生干涉的情况下，尽量选较短的尺寸。

立铣刀一般可根据以下两种情况进行选择。

（1）加工深槽或盲孔时：

$$l = H + 2$$

式中　l——铣刀刀刃长度；

　　　H——槽深尺寸。

（2）加工外形或通孔、通槽时：

$$l = H + r + 2$$

式中　r——铣刀端刃圆角半径。

4) 孔加工刀具的选择

刀具尺寸的确定。刀具尺寸包括直径尺寸和长度尺寸。孔加工刀具的直径尺寸根据被加工孔直径确定，特别是定尺寸刀具（如钻头、铰刀）的直径，完全取决于被加工孔的直径。因此，这里只介绍刀具长度的确定。

在加工中心上，刀具长度一般是指主轴端面至刀尖的距离，包括刀柄和刃具两部分，如图 5-16 所示。

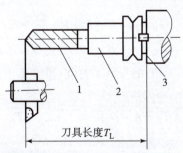

图 5-16　加工中心刀具长度

1—刀具；2—刀柄；3—主轴端面

刀具长度的确定原则：在满足各个部位加工要求的前提下，尽量减小刀具长度，以提高工艺系统的刚性。

制定工艺时，一般不必准确确定刀具长度，只需初步估算出刀具长度范围，以方便刀具准备。

刀具长度范围可根据工件尺寸、工件在机床工作台上的装夹位置以及机床主轴端面距工作台面或中心的最大、最小距离等确定。在卧式加工中心上,针对工件在工作台上的装夹位置不同,刀具长度范围有下列两种估算方法。

(1) 加工部位位于卧式加工中心的工作台中心和机床主轴之间(见图 5-17),刀具最小长度为

$$T_L = A - B - N + L + Z_0 + T_t \tag{5-1}$$

式中　T_L——刀具长度;
　　　A——主轴端面至工作台中心的最大距离;
　　　B——主轴在 Z 向的最大行程;
　　　N——加工表面距工作台中心的距离;
　　　L——工件的加工深度尺寸;

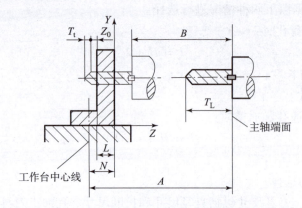

图 5-17　加工中心刀具长度的确定(一)

T_t——钻头尖端锥度部分长度,一般 $T_t = 0.3d$(d 为钻头直径);
Z_0——刀具切出工件长度。

刀具长度范围为

$$\begin{cases} T_L > A - B - N + L + Z_0 + T_t & (5-2) \\ T_L < A - B & (5-3) \end{cases}$$

(2) 加工部位位于卧式加工中心的工作台中心和机床主轴两者之外(见图 5-18),刀具最小长度为

$$T_L = A - B + N + L + Z_0 + T_t \tag{5-4}$$

刀具长度范围为

$$\begin{cases} T_L > A - B - N + L + Z_0 + T_t & (5-5) \\ T_L < A + B & (5-6) \end{cases}$$

满足式(5-2)或式(5-5)可避免机床负 Z 向超程,满足式(5-3)或式(5-6)可避免机床正 Z 向超程。

在确定刀具长度时,还应考虑工件其他凸出部分及夹具、螺钉对刀具运动轨迹的干涉。

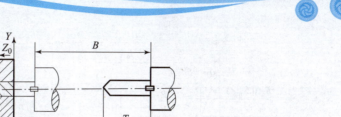

图5-18 加工中心刀具长度的确定（二）

主轴端面至工作台中心的最大、最小距离由机床样本提供。

5）刀柄系统选择

（1）刀柄类型。

刀柄是机床主轴与刀具之间的连接工具。加工中心上一般都采用7∶24的圆锥刀柄，如图5-19所示。这类刀柄不自锁，换刀比较方便，比直柄有更高的定心精度与刚度。

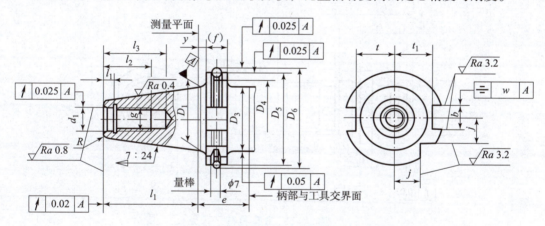

图5-19 自动换刀机床用7∶24圆锥工具柄部简图

加工中心刀柄已系列化和标准化，其锥柄部分与机械手抓拿部分都有相应的国际和国家标准。ISO 7388/Ⅰ和GB/T 10944—2013《自动换刀机床用7∶24圆锥工具柄部40、45和50号圆锥柄》对此作了统一规定。固定在刀柄尾部且与主轴内拉紧机构相适应的拉钉也已标准化，具体规定见ISO 7388和GB/T 10944—2013《自动换刀机床用7∶24圆锥工具柄部40、45和50号圆锥柄用拉钉》。图5-20和图5-21所示分别为标准中规定的A型和B型两种拉钉。柄部及拉钉的有关尺寸可查阅相应标准。

（2）刀柄的选择。

选择加工中心用刀柄需注意的问题较多，主要包括以下几点：

①刀柄结构形式的选择，需要考虑多种因素。对一些长期反复使用，不需要拼装的简单刀柄，如在零件外廓上加工用的装面铣刀刀柄、弹簧夹头刀柄及钻夹头刀柄等以配备整体式刀柄为宜。例如，当加工孔径、孔深经常变化的多品种、小批量零件时，以选用模块式工具

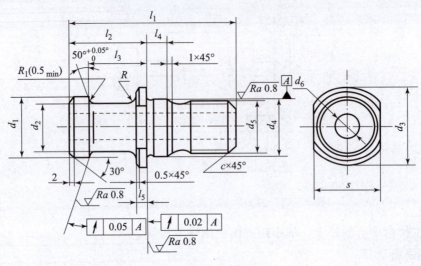

图 5-20　A 型拉钉

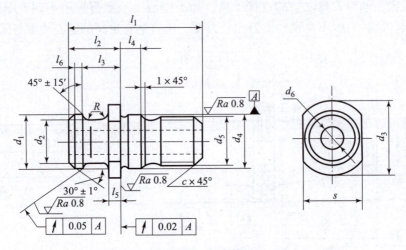

图 5-21　B 型拉钉

为宜。当应用的加工中心较多时，应选用模块式工具。因为选用模块式工具，其中间模块（接杆）和工作模块（装刀模块）可以通用，可减少设备投资，提高工具利用率，有利于工具的管理与维护。

②刀柄数量应根据要加工零件的规格、数量、复杂程度以及机床的负荷等配置，一般是所需刀柄的 2~3 倍。这是因为要考虑到在机床工作的同时，还有一定数量的刀柄正在预调或刀具修理。只有当机床负荷不足时，才取 2 倍或不足 2 倍。

③刀柄的柄部应与机床相配。加工中心的主轴孔多选定为不自锁的 7:24 锥度。但是，与机床相配的刀柄柄部（除锥度角以外）并没有完全统一。尽管已经有了相应的国际标准，可是在有些国家并未得到贯彻。如有的柄部在 7:24 锥度的小端带有圆柱头，而另一些则没有。现在有几个与国际标准不同的国家标准。标准不同，机械手抓拿槽的形状、位置及拉钉的形状、尺寸或键槽尺寸也都不相同。我国近年来引进了许多国外的工具系统技术，现在国内也有多种标准刀柄。因此，在选择刀柄时，应弄清楚选用的机床应配用符合哪个标准的工具柄

部,要求工具的柄部应与机床主轴孔的规格(40号、45号还是50号)相一致;工具柄部抓拿部位要能适应机械手的形态位置要求;拉钉的形状、尺寸要与主轴内的拉紧机构相匹配。

5.1.4 数控铣削工艺路线的制定

1. 切入、切出点及刀具切削起始点和返回点的确定

用立铣刀的侧刃铣削平面工件的外轮廓时,为减少接刀痕迹,保证零件表面质量,切入、切出部分应考虑外延,对刀具的切入和切出程序要精心设计。

1)切入点选择的原则

在进刀或切削曲面的过程中,要使刀具不损坏。一般来说,对粗加工而言,选择曲面内的最高角点作为曲面的切入点。因为该点的切削余量较小,故进刀时不易损坏刀具。对精加工而言,选择曲面内某个曲率比较平缓的角点作为曲面的切入点。因为在该点处,刀具所受的弯矩较小,不易折断刀具。

2)切出点选择的原则

主要考虑曲面能连续完整地加工及曲面与曲面加工间的非切削加工时间尽可能短,换刀方便,以提高机床的有效工作时间。若被加工曲面为开放型曲面,则曲面的两个角点可作为切出点;若被加工曲面为封闭型曲面,则只有曲面的一个角点为切出点。

3)起始点、返回点确定原则

在同一程序中起始点和返回点应尽量相同,如果一零件的加工需要由几个程序来完成,那么这几个程序的起始点和返回点也应尽量相同,以免引起加工操作上的麻烦。

2. 进、退刀方式的确定

1)轴向进、退刀方式

铣削不通槽时,铣刀在 Z 向可直接、快速移动到位,无须工作进给,如图 5-22(a)所示。

铣削封闭槽(如键槽)时,铣刀需先切入一段距离 Z_a,并快速移动到距工件加工表面一切入距离 Z_a 的位置上(R 平面),然后以工作进给速度进给至铣削深度 H,如图 5-22(b)所示。

铣削轮廓及通槽时,铣刀应有一段切出距离 Z_0,并可直接、快速移动到距工件表面 Z_0 处,如图 5-22(c)所示。

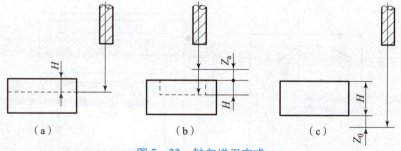

图 5-22 轴向进刀方式

在型腔铣削中,由于是把坯件中间的材料去掉,刀具不可能像铣外轮廓一样从外面进刀切入,而要从坯件的实体部位进刀切入,因此在型腔铣削中进刀方式的选择很重要。通常有以下几种进刀方式：

使用键槽铣刀或端刃刀过中心沿 Z 向分层直接进刀，切入工件，如图 5-23（b）所示。

当使用普通立铣刀时，则使用立铣刀螺旋下刀或者斜插式进刀，如图 5-23（a）和图 5-23（c）所示。螺旋进刀，即在两个切削层之间，刀具从上一层的高度沿螺旋线以渐近的方式切入工件，直到下一层的高度，然后开始正式切削。图 5-23（c）所示为最普遍的一种进刀方式。

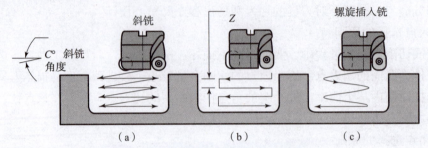

图 5-23　铣削封闭槽常见轴向进刀方式
(a) 斜插式进刀；(b) 沿 Z 向分层进刀；(c) 螺旋进刀

当然，也可以采用提前做好预制孔的方法。

退刀通常可以直接沿轴向提起。

2）轮廓加工中的进刀方式

轮廓加工进刀方式一般有两种：法线进刀，如图 5-24（a）所示；切线进刀，如图 5-24（b）所示。法线进刀由于容易产生刀痕，因此一般只用于粗加工或者表面质量要求不高的工件。法线进刀的路线较切线进刀短，因而切削时间也就相应较短。

在一些表面质量要求较高的轮廓加工中，通常采用加一进刀引线再圆弧切入的方式，如图 5-24（b）所示，使圆弧与加工的第一条轮廓线相切，能有效地避免因法线进刀而产生刀痕，而且在切削毛坯余量较大时离开工件轮廓一段距离后下刀再切入，很好地起到了保护立铣刀的作用。

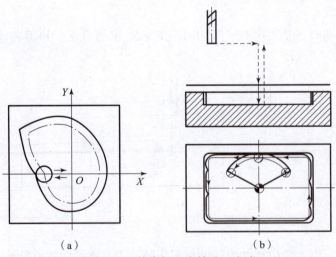

图 5-24　轮廓加工中的进刀方式
(a) 法线进刀；(b) 切线进刀

3. 顺、逆铣的确定

1) 顺、逆铣的概念

铣削加工中，当切削点的切削速度方向在进给方向上的分量与进给速度方向一致时，称为顺铣，反之为逆铣。

2) 顺、逆铣的特点

如图 5-25（a）所示，逆铣时，刀具从已加工表面切入，切削厚度从零逐渐增大。铣刀刃口有一钝圆，半径为 r_β，当 r_β 大于瞬时切削厚度时，实际切削前角为负值，刀齿在加工表面上挤压、滑行，切不下切屑，使这段表面产生严重的冷硬层。下一个刀齿切入时，又在冷硬层表面挤压、滑行，使刀齿容易磨损，使工件表面粗糙度增大。同时刀齿切离工件时垂直方向的分力 F_v 使工件脱离工作台，需较大的夹紧力。但刀齿从已加工表面切入，不会造成从毛坯面切入而打刀的问题。顺铣时，如图 5-25（b）所示，刀具从待加工表面切入，刀齿的切削厚度从最大开始，避免了挤压、滑行现象的产生。同时垂直方向的分力 F_v 始终压向工作台，减小了工件上下的振动，因而能提高铣刀耐用度和加工表面质量。

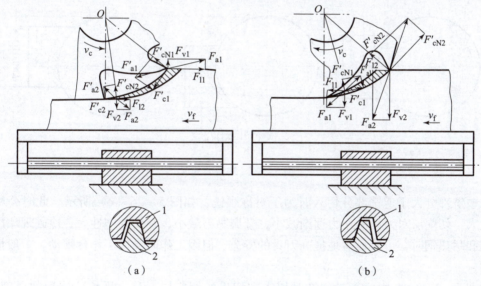

图 5-25 逆铣与顺铣

(a) 逆铣；(b) 顺铣

1—螺母；2—丝杠

铣床工作台的纵向进给运动一般是依靠工作台下面的丝杠和螺母来实现的，螺母固定不动，丝杠一面转动一面带动工作台移动。如果在丝杠与螺母传动副存在间隙的情况下采用顺铣，当纵向分力 F_l 逐渐增大超过工作台摩擦力时，会使工作台带动丝杠向左窜动，丝杠与螺母传动副右侧面出现间隙，如图 5-25（d）所示，严重时会使铣刀崩刃。此外，在进行顺铣时遇到加工表面有硬皮，也会加速刀齿磨损甚至打刀。在逆铣时，纵向分力与纵向进给方向相反，使丝杠与螺母间传动面始终紧贴，如图 5-25（c）所示，故工作台不会发生窜动现象，铣削较平稳。

3) 顺、逆铣的确定

根据上面分析,当工件表面有硬皮,机床的进给机构有间隙时,应选用逆铣。因为逆铣时,刀齿是从已加工表面切入,不会崩刃;机床进给机构的间隙不会引起振动和爬行,因此粗铣时应尽量采用逆铣。当工件表面无硬皮,机床进给机构无间隙时,应选用顺铣。因为顺铣加工后,零件表面质量好,刀齿磨损小。因此,精铣时,尤其是零件材料为铝镁合金、钛合金或耐热合金时,应尽量采用顺铣。

4)端铣方式的确定

铣削宽度 a_e 对称于铣刀轴线的端铣方式称为对称铣。铣削宽度 a_e 不对称于铣刀轴线的端铣方式称为不对称铣,不对称铣又有不对称顺铣和不对称逆铣之分。

当逆铣部分大于顺铣部分时为不对称逆铣,如图5-26(b)所示。其切入时公称切削厚度最小,切出时厚度较大且切削平稳,并可获得最小的表面粗糙度。当铣刀直径大于工件宽度时不会产生滑移现象,不会出现圆柱铣刀逆铣刀时产生的各种不良现象。该铣削方式主要用于加工碳素结构钢、合金结构钢和铸铁,可提高刀具寿命1~3倍。铣削高强度低合金钢时可提高刀具寿命一倍以上。

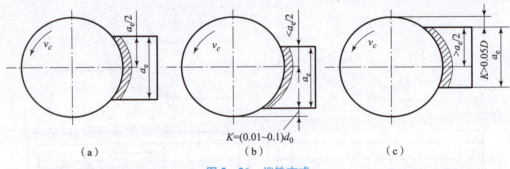

图 5-26 端铣方式

当顺铣部分大于逆铣部分切入时为不对称顺铣,如图5-26(c)所示。此时公称切削厚度较大,切削层对刀齿的压力逐渐减小,金属黏刀量小,在切削塑性大、冷硬现象严重的不锈钢和耐热钢时,可较显著地提高刀具的寿命。但因工作时会使工作台蹿动,一般情况下不采用。

如图5-26(a)所示,对称铣时切入和切出的切削层对称,平均公称切削厚度较大,即使每齿进给量 f_z 较小,也可使刀具在工件表面的硬化层下工作。其常用于铣削淬硬钢或精铣机床导轨,工作表面粗糙度均匀,刀具寿命较长。

5.1.5 数控铣削切削用量选择

在数控机床上加工零件时,切削用量都预先编入程序中,在正常加工情况下,不用人工干预。只有在试加工或出现异常情况时,才通过速率调节旋钮调整切削用量。因此,程序中选用的切削用量应是最佳的、合理的切削用量,只有这样才能提高数控机床的加工精度、刀具寿命和生产率,降低加工成本。

1. 影响铣削切削用量的因素

1)机床

切削用量的选择必须在机床主传动功率、进给传动功率以及主轴转速范围、进给速度范围之内。机床—刀具—工件系统的刚性是限制切削用量的重要因素。切削用量的选择应使机床—刀具—工件系统不发生较大的"振颤"。如果机床的热稳定性好、热变形小,可适当加大切削用量。

2)刀具

刀具材料是影响切削用量的重要因素。数控机床所用的刀具多采用可转位刀片(机夹刀片),并具有一定的寿命。机夹刀片的材料和形状尺寸必须与程序中的切削速度和进给量相适应,并存入刀具参数中去。标准刀片的参数请参阅有关手册及产品样本。

3)工件

不同的工件材料要采用与之相适应的刀具材料和刀片类型,要注意到可切削性。可切削性良好的标志是,在高速切削下有效地形成切屑,同时具有较小的刀具磨损和较好的表面加工质量。较高的切削速度、较小的背吃刀量和进给量,可以获得较小的表面粗糙度。合理的恒切削速度、较小的背吃刀量和进给量可以得到较高的加工精度。

4)冷却液

冷却液同时具有冷却和润滑作用。带走切削过程产生的切削热,降低工件、刀具、夹具和机床的温升,减少刀具与工件的摩擦和磨损,提高刀具寿命和工件表面加工质量。使用冷却液后,通常可以提高切削用量。冷却液必须定期更换,以防因其老化而腐蚀机床导轨或其他零件,特别是水溶性冷却液。

2. 数控铣削加工的切削用量选择原则

铣削加工的切削用量包括:切削速度、进给速度、背吃刀量和侧吃刀量。从刀具耐用度出发,切削用量的选择方法是:先选择背吃刀量或侧吃刀量,其次选择进给速度,最后确定切削速度。

1)背吃刀量 a_p 或侧吃刀量 a_e

背吃刀量 a_p 为平行于铣刀轴线测量的切削层尺寸,单位为 mm。端铣时,a_p 为切削层深度;而圆周铣削时,a_p 为被加工表面的宽度。侧吃刀量 a_e 为垂直于铣刀轴线测量的切削层尺寸,单位为 mm。端铣时,a_e 为被加工表面宽度;而圆周铣削时,a_e 为切削层深度,如图 5-27 所示。

背吃刀量或侧吃刀量的选取主要由加工余量和对表面质量的要求决定:

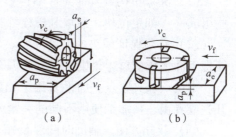

图 5-27 铣削加工切削用量
(a)圆周铣;(b)端铣

(1)当工件表面粗糙度值要求为 $Ra12.5 \sim 25 \mu m$ 时,如果圆周铣削加工余量小于 5mm,端面铣削加工余量小于 6mm,粗铣一次进给就可以达到要求。但是在余量较大、工艺系统刚性较差或机床动力不足时,可分为两次进给完成。

(2)当工件表面粗糙度值要求为 $Ra3.2 \sim 12.5 \mu m$ 时,应分为粗铣和半精铣两步进行。粗铣时背吃刀量或侧吃刀量选取同前。粗铣后留 0.5~1.0mm 余量,在半精铣时切除。

(3)当工件表面粗糙度值要求为 $Ra0.8 \sim 3.2 \mu m$ 时,应分为粗铣、半精铣、精铣三步进行。半精铣时背吃刀量或侧吃刀量取 1.5~2mm;精铣时,圆周铣刀侧吃刀量取 0.3~0.5mm,面铣刀背吃刀量取 0.5~1mm。

2）进给量 f 与进给速度 v_f 的选择

铣削加工的进给量 f（mm/r）是指刀具转一周，工件与刀具沿进给运动方向的相对位移量；进给速度 v_f（mm/min）是单位时间内工件与铣刀沿进给方向的相对位移量。进给速度与进给量的关系为 $v_f = n \cdot f$（n 为铣刀转速，单位为 r/min）。进给量与进给速度是数控铣床加工切削用量中的重要参数，根据零件的表面粗糙度、加工精度要求、刀具及工件材料等因素，参考切削用量手册选取或通过选取每齿进给量 f_z，再根据公式 $f = Zf_z$（Z 为铣刀齿数）计算。

每齿进给量 f_z 的选取主要依据工件材料的力学性能、刀具材料、工件表面粗糙度等因素。工件材料强度和硬度越高，f_z 越小；反之则越大。硬质合金铣刀的每齿进给量高于同类高速钢铣刀。工件表面粗糙度要求越高，f_z 就越小。每齿进给量的确定可参考相关工艺手册选取。工件刚性差或刀具强度低时，应取较小值。

3）切削速度 v_c

铣削的切削速度 v_c 与刀具的耐用度、每齿进给量、背吃刀量、侧吃刀量以及铣刀齿数成反比，而与铣刀直径成正比。其原因是当 f_z、a_p、a_e 和 Z 增大时，刀刃负荷增加，而且同时工作的齿数也增多，使切削热增加，刀具磨损加快，从而限制了切削速度的提高。为提高刀具耐用度，允许使用较低的切削速度，另加大铣刀直径即可改善散热条件，以提高切削速度。

铣削加工的切削速度 v_c 可参考有关切削用量手册中的经验公式通过计算选取。

5.1.6 确定装夹方法

1. 数控铣削加工对夹具的基本要求

（1）夹紧机构或其他元件不得影响进给，加工部位要敞开。要求夹持工件后夹具上一些组成件（如定位块、压块和螺栓等）不能与刀具运动轨迹发生干涉。

（2）必须保证最小的夹紧变形。工件在粗加工时，切削力大，需要夹紧力大，但又不能把工件夹压变形。否则，松开夹具后零件会发生变形。因此，必须慎重选择夹具的支撑点、定位点和夹紧点。如果采用了相应措施仍不能控制工件变形，则只能将粗、精加工分开，或者粗、精加工使用不同的夹紧力。

（3）装卸方便，辅助时间尽量短。由于加工中心效率高，装夹工件的辅助时间对加工效率影响较大，所以要求配套夹具在使用中也要装卸快且方便。

（4）对小型零件或工序不长的零件，可以考虑在工作台上同时装夹几件进行加工，以提高加工效率。

（5）夹具结构应力求简单。由于零件在加工中心上加工大多采用工序集中原则，加工的部位较多，同时批量较小，零件更换周期短，夹具的标准化、通用化和自动化对加工效率的提高及加工费用的降低有很大影响。因此，对批量小的零件应优先选用组合夹具。对形状简单的单件小批量生产的零件，可选用通用夹具，如三爪卡盘、台钳等。只有对批量较大，且周期性投产，加工精度要求较高的关键工序才设计专用夹具，以保证加工精度和提高装夹效率。

（6）夹具应便于与机床工作台面及工件定位面间的定位连接。加工中心工作台面上一般都有基准T形槽，转台中心有定位圆、台面侧面有基准挡板等定位元件。固定方式一般用T形槽螺钉或工作台面上的紧固螺孔，用螺栓或压板压紧。夹具上用于紧固的孔和槽的位置必须与工作台上T形槽和孔的位置相对应。

2. 数控铣削加工夹具的种类

1）通用夹具

已经标准化，无须调整或稍加调整就可以用来装夹不同工件，主要用于单件、小批量生产。

2）专用夹具

专为某一项或类似的几项加工设计制造的夹具，适用于定型产品的成批和大量生产。

3）组合夹具

由一套结构已经标准化、尺寸已经规格化的通用元件组合而成，主要用于中小批量生产。

4）可调夹具

组合夹具与专用夹具的结合。

2. 数控铣削加工夹具的选用原则

选用夹具时，通常要考虑产品的生产批量、生产效率、质量保证及经济性。选用时通常参照以下原则：

（1）单件、小批量生产或者产品试制时，首选通用夹具。这类夹具已实现了标准化。其特点是通用性强、结构简单，装夹工件时无须调整或稍加调整即可。

（2）大批大量生产中可选专用夹具。其结构紧凑，操作迅速、方便。这类夹具设计和制造的工作量大、周期长、投资大，只有在大批量加工中才能充分发挥其经济效益。

（3）针对每组相近工件，建议选成组夹具。它是随着成组加工技术的发展而产生的。其特点是使用对象明确、结构紧凑和调整方便。

5.2 数控铣削的编程指令

5.2.1 数控铣削的编程特点

数控铣削加工是通过主轴带动刀具旋转的，工件装夹在工作台上，靠两轴联动加工零件的平面轮廓，通过两轴半控制、三轴或多轴联动来加工空间曲面零件。数控镗、铣削及加工中心加工编程具有以下特点：

（1）首先应进行合理的工艺分析。由于零件加工的工序多，在一次装卡下，要完成粗、半精和精加工，周密合理地安排各工序的加工顺序，有利于提高加工精度和生产效率。

（2）数控铣床尽量按刀具集中法安排加工工序，减少换刀次数。

(3) 合理设计进、退刀辅助程序段,选择换刀点的位置,是保证加工正常进行、提高零件加工的重要环节。

(4) 加工中心具有刀库和自动换刀装置,能够通过程序或手动控制自动更换刀具,在一次装夹中完成铣、镗、钻、扩、铰、攻丝等加工,工序高度集中。

(5) 加工中心通常具有多个进给轴(三轴以上),甚至多个主轴,且联动的轴数也较多,因此能够自动完成多个平面和多个角度位置的加工,即实现复杂零件的高精度定位和精确加工。

(6) 加工中心上如果带有自动交换工作台,一个工件在加工的同时,另一个工作台可以实现工件的装夹,从而大大缩短辅助时间,提高加工效率。

(7) 不同的数控系统,其编程指令格式和含义也不尽相同。因此,在实际工作中,必须严格遵守具体机床使用说明书的规定,编写零件的加工程序。表 5-2 和表 5-3 列出了 FANUC 0i 数控系统常用的 G 代码和 M 代码。

表 5-2　FANUC 0i 数控系统常用的 G 代码

代码	功能	组别	代码	功能	组别
★G00	快速定位	01	G56	选择第 3 工件坐标系	14
G01	直线插补		G57	选择第 4 工件坐标系	
G02	顺时针圆弧插补 CW		G58	选择第 5 工件坐标系	
G03	逆时针圆弧插补 CCW		G59	选择第 6 工件坐标系	
G04	延时暂停	00	G61	准确停止方式	15
G09	准确停止		G68	坐标系旋转	16
★G17	选择 XY 平面	02	★G69	坐标系旋转取消	
G18	选择 XZ 平面		G73	高速排屑钻孔循环	09
G19	选择 YZ 平面		G76	精镗循环	
G20	英寸输入(英制单位)	06	★G80	固定循环取消	
G21	毫米输入(公制单位)		G81	钻孔循环	
★G27	返回参考点检测	00	G82	钻孔循环(孔底暂停)	
G28	返回参考点		G83	排屑钻孔循环	
G29	从参考点返回		G84	攻右螺纹循环	
G30	返回第 2、3、4 参考点		G85	镗孔循环	
G33	螺纹切削	01	G86	镗孔循环	
★G40	刀具半径补偿取消	07	G87	背镗循环	
G41	左侧刀具半径补偿		G88	镗孔循环	
G42	右侧刀具半径补偿		G89	镗孔循环	

续表

代码	功能	组别	代码	功能	组别
G43	正向刀具长度补偿	08	★G90	绝对坐标编程	03
G44	负向刀具长度补偿		G91	增量坐标编程	
★G49	刀具长度补偿取消		G92	设定工件坐标系	00
G52	局部坐标系统设定	00	★G94	每分钟进给	05
G53	选择机床坐标系		G95	每转进给	
★G54	选择第1工件坐标系	14	★G98	固定循环返回到初始点	10
G55	选择第2工件坐标系		G99	固定循环返回到R点	

注：1. 标有★的G代码为开机后的初始状态。
2. 00组G代码为非模态代码，其余各组为模态代码。
3. 如果在同一程序段中指令了多个同组的G代码，仅执行最后一个G代码。
4. 如果在固定循环中指令了01组的G代码，则固定循环被取消。

M代码及功能见表5-3。

表5-3 M代码及功能

代码	功能	代码	功能
M00	程序停止（暂时停止）	M06	自动刀具
M01	程序选择停止	M08	切削液开启
M02	程序结束	M09	切削液关闭
M03	主轴正转	M30	程序结束，返回开头
M04	主轴反转	M98	调用子程序
M05	主轴停止	M99	子程序结束

5.2.2 数控铣削编程坐标系的建立（G54/G92）

1. 数控装置初始化状态的设定

当机床电源打开时，数控装置将处于初始状态。由于开机后数控装置的状态可通过MDI方式更改，且会因为程序的运行而发生变化，为了保证程序的运行安全，建议在程序开始应由程序初始状态设定程序段，如图5-28所示。

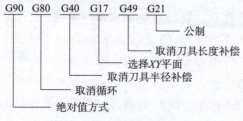

图5-28 数控装置初始化

2. 工件坐标系的设置

数控机床一般在开机后先执行"回零"（即回机床参考点）操作，才能建立机床坐标系。在正确建立机床坐标系后才可用 G54～G59 设定六个工件坐标系。在一个程序中，最多可设定六个工件坐标系，如图 5-29（a）所示。

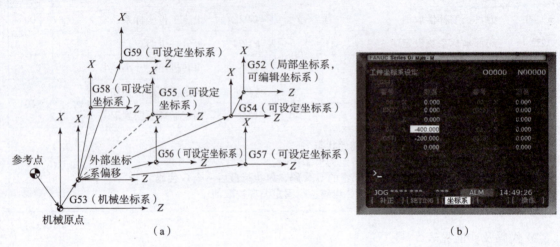

图 5-29　G54～G59 设置工件坐标系
（a）工件坐标系与机床坐标系的关系；（b）工件原点在机床坐标系下的坐标

一般在程序中用 G54 设定一个工件坐标系，如图 5-29（b）所示。

一旦设定了工件坐标系，后续程序段中的工件绝对坐标（G90）均为相对此原点的坐标值。当工件在机床上装夹后，工件原点与机床参考点的偏移量可通过测量或对刀来确定，该偏移量应事先输入数控机床工件坐标系设定的对应的偏置界面中。

另外，在数控铣床上还可以用 G92 设置工件坐标系。

G92 指令用于建立工件坐标系时，数控系统执行该指令程序段后，机床并不动作，只是通过给定数据间接找到工件坐标系原点。用该指令建立的工件坐标系，在机床重新开机时将消失。

指令格式：G92 X__ Y__ Z__；
程序中　X，Y，Z——当前刀具在工件坐标系中的坐标值。

如图 5-30 所示，铣刀的刀位点停在 A 点处，系统执行以下程序段：

G92 X100 Y240 Z90；

执行中，刀具并不产生移动，数控系统根据给定的 A 点坐标值，推算出工件坐标系的原点位置在图中的 O 点处，并且建立起加工中的工件坐标系。G92 指令程序段一般放在零件加工程序的起始位置。

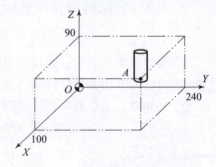

图 5-30　G92 设置工件坐标系

请注意 G92 与 G54～G59 指令之间的差别：G92 需由单独的一个程序段指定，其后的位置指令值与刀具的起始位置有关，在使用 G92 之前必须保证刀具处于加工起点，执行该程序段只建立工件坐标系,并不产生坐标轴移动;G92 建立的工件坐标系在机床重开机时消失;使用 G54~G59 建立工件坐标时,该指令可单独指定,也可与其他指令同段指定,如果该程序段中有位置移动指令(G00、G01)就会在设定的坐标系中运动;G54~G59 建立的工件坐标系在机床重新开机后并不消失,且与刀具的起始位置无关。

5.2.3 进给速度设定(G94/G95)

在切削加工时,进给功能用于控制刀具移动的快慢,这不同于快速移动(G00 指令),快速移动速度是在系统参数中预先设定的,操作者一般不用改动。进给功能反映的是加工过程中,进给运动速度的控制,也就是让刀具以程序中编制的切削进给速度移动,如直线插补(G01)、圆弧插补(G02,G03)等指令,这些进给运动速度就是用 F 代码后面的数值指定的。当然,在实际加工过程中,往往根据切削情况,用机床面板上的倍率开关对进给运动进行控制。

进给运动控制有两种方式:每分钟进给(G94)和每转进给(G95),一般在数控铣床上采用每分钟进给方式。

1. 每分钟进给 G94

指令格式:G94 F__;

程序中　F——每分钟刀具移动的距离,mm/min。

每分钟进给控制也被称为用进给速度控制刀具移动。

G94 是机床电源接通后的默认进给方式,是模态代码,直到指定 G95(每转进给)方式之前,它将一直保持有效。

2. 每转进给 G95

指令格式:G95 F__;

程序中　F——主轴每转一转刀具的进给量,mm/r。

每转进给控制也被称为进给量控制,是模态代码。

每分钟进给和每转进给可以相互转化,由以下公式计算:

$$v_F = f \times n \quad (f = f_z \times z)$$

式中　v_F——刀具进给速度(每分钟进给),mm/min;

f——刀具每转进给量,mm/r;

n——刀具的转速,r/min;

f_z——铣刀的每齿进给量,mm/z;

z——铣刀的刀刃数。

【例】用可转位面铣刀铣削碳钢表面,已知刀具规格为 $\phi 80$mm,刀刃数为 5 齿,查阅工艺手册,选取切削速度为 160m/min,每齿进给量为 0.10mm/z,求加工时的主轴转速 n 和刀具进给速度 v_F 的值。

主轴转速计算:

$$n = \frac{1\,000 v_c}{\pi D} = 1.000 \times 160/(3.14 \times 80) \approx 635 \ (\text{r/min})$$

刀具进给速度计算:

$$f = f_z \times z = 0.10 \times 5 = 0.5 \text{（mm/r）}$$
$$v_F = f \times n = 0.5 \times 635 \approx 310 \text{（mm/min）}$$

【例】 在立式数控铣床上铣削工件上表面,已知刀具直径为 $\phi 80\text{mm}$,工件尺寸及走刀轨迹如图 5-31 所示,加工时主轴转速为 600 r/min,刀具进给速度为 300mm/min,试编写加工程序。

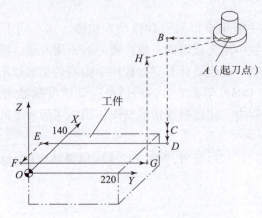

图 5-31 端铣平面的走刀轨迹

参考程序见表 5-4。

表 5-4 端铣平面的参考程序

程序	说明
O6100;	程序号
G90 G54 X350 Y200 Z200;	绝对坐标编程,选用第 1 工件坐标系
G00 X265 Y105;	$A \to B$,从起刀点快速定位到工件上方
Z30;	$B \to C$,快速定位至靠近工件
M03 S600;	主轴正转,转速 600 r/min
G94 G01 Z0 F1000;	$C \to D$,直线插补到吃刀深度,进给方式采用每分钟进给
X-45 F300;	$D \to E$,直线插补加工上表面
G00 Y35;	$E \to F$,快速定位移动刀具
G01 X265;	$F \to G$,直线插补加工上表面
G00 Z200 M05;	$G \to H$,快速抬刀到安全高度,主轴停止
X350 Y200;	$H \to A$,快速退回到起刀点
M30;	程序结束

5.2.4 数控加工中心换刀控制（M06）

数控加工中心根据加工的需要,可以在刀库中存放多把刀具,当执行到换刀程序时,就实施换刀动作更换刀具,这个过程包括选刀和换刀两个部分,涉及的编程指令是刀具功能指令（T 代码）和换刀指令（M06）。当需要执行换刀操时,刀库首先根据 T 代码自动将要用的刀具移动到换刀位置，完成选刀过程。选刀方式常有顺序选刀和任选两种。当程序执行到 M06 指令时，开始自动换刀，把主轴上当前的刀具取下，将选好的刀具安装在主轴上。换刀方式通常有两种，即有机械手换刀和无机械手换刀。

执行换刀动作必须同时满足主轴回到换刀点（Z 向参考点）并实现准停才能正常完成。数控机床结构不同，其换刀程序和动作会有所不同，对于无换刀机械手的加工中心，换刀过程是先卸下主轴上的刀具放回刀库，然后才将刀库中要更换的刀具换到主轴上，其换刀指令如下：

(G91 G28 Z0;)	回机床参考点
M06 T04;	将 4 号刀装到主轴上
…	
(G91 G28 Z0;)	回机床参考点
M06 T02;	先卸下原来的 4 号刀，然后将 2 号刀装到主轴上
…	

数控系统执行到第二次换刀指令时，主轴先上升至换刀位置并准停，把主轴上的 4 号刀装回刀库，然后刀库再旋转，将 2 号刀装到主轴上。

对于有换刀机械手的加工中心，刀库中的刀具和主轴上的刀具是同时交换的，并且选刀动作要安排在换刀动作之前执行。注意下面程序中两次换刀的区别：

G91 G28 Z0;	回机床参考点
T01;	将刀库中的 1 号刀转至换刀位置
M06;	将 1 号刀装到主轴上
…	
G01 X-20 F200 T05;	将刀库中的 2 号刀转至换刀位置
…	
G91 G28 Z0;	回机床参考点
M06 T07;	1 号刀和 5 号刀通过双臂机械手同时交换，然后将 7 号刀转至换刀位置
…	

第二次换刀时，5 号刀的选刀动作在之前已经完成，不占用机动时间，效率更高。

5.2.5 数控铣削刀具半径补偿（G41/G42/G40）

在数控编程过程中，为了方便程序编写，编程人员往往将数控刀具抽象成为一个点（刀位点），在编程时一般不考虑刀具的具体半径和长度，而只考虑刀位点与零件轮廓重合。但是在实际加工时，由于刀具半径以及刀具长度各不相同，实际的切削点与刀位点是不重合的，所以按照刀位点编写的程序会造成加工误差。为了解决这个问题，数控机床必须具备自动补偿刀具形状尺寸的功能，能根据实际使用的刀具尺寸自动调整刀位点的运动轨迹，满足加工要求。这种功能就是刀具补偿功能。

数控铣床的刀具补偿功能分成刀具半径补偿和刀具长度补偿两种。

如图 5-32 所示，铣削加工零件轮廓时，立铣刀的刀位点在其回转中心上。编程人员在编写加工程序时，是按零件的轮廓尺寸进行编程，数控机床按程序控制刀位点运动，而实际切削点在圆周上，如果不进行刀具半径补偿，加工出来的形状将比零件要求的形状相差一个半径值（单边）。当然，可以事先将零件轮廓偏移一个刀具半径，再按此轨迹编写程序，但这样会使计算变得复杂，尤其是当刀具磨损、重磨或换新刀而使刀具直径变化时，又必须重新计算刀位点轨迹，修改程序，这就让编程工作变得相当烦琐，又不易保证加工精度。刀具半径补偿就是先将使用刀具的半径值（补偿偏置量）存入数控系统中，编程时，用非零的 D 代码调用，数控系统就会自动计算并执行偏移后的轨迹，如图 5-33 所示。

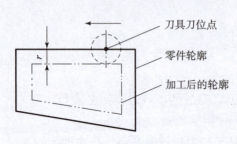

图 5-32 无半径补偿的加工

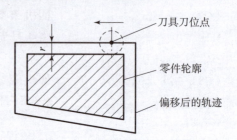

图 5-33 半径补偿后的加工

1. 刀具半径补偿的分类

根据刀具半径补偿在工件拐角处过渡方式的不同，通常分为两种补偿方式，即 B 型刀补和 C 型刀补。下面以 C 型刀补为例。

1）刀具半径补偿的三个阶段

如图 5-34 所示，刀具半径补偿的实现分为三步，即刀补的建立、执行和取消。

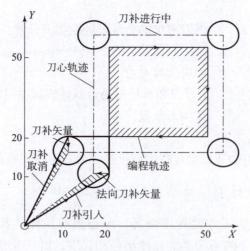

图 5-34 刀具半径三阶段

（1）刀补的建立：在刀具从起点接近工件时，刀心轨迹从与编程轨迹重合过渡到和编程轨迹偏离一个偏置量的过程。在此过程中，必须有刀具的直线移动。

（2）刀补的执行：刀具中心始终与编程轨迹相距一个偏置量，直到刀补取消。一旦刀补建立，不论加工何种可编程的轮廓，刀具中心始终让开编程轨迹一个偏置值。

（3）刀补的取消：刀具离开工件，刀心轨迹从与编程轨迹偏离一个偏置量过渡到与编程轨迹重合的过程。在此过程中，亦必须有刀具的直线移动。

2）刀具半径补偿的方向判别

数控铣削加工刀具半径补偿指令有：左侧刀具半径补偿（G41）、右侧刀具半径补偿（G42）和刀具半径补偿取消（G40）。所谓的左、右侧，是指沿着加工轨迹走刀方向看过去，刀具处在工件的左、右侧，如图5-35所示，从图中可以看出，G41属于顺铣方式加工，G42属于逆铣方式加工。

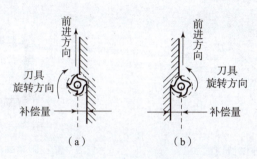

图 5-35 刀具半径补偿方向

(a) G41 左侧补偿；(b) G42 右侧补偿

3）刀具半径补偿指令格式

G17(G18、G19)　G00(G01)　G41(G42)　α__ β__ D__ ;

程序中　G17，G18，G19——走刀轨迹所在平面选择；

α，β——X、Y、Z三轴中配合平面选择（G17、G18、G19）的任意两轴；

D——刀具半径补偿地址号码，以1~2位数字表示。

取消刀具半径补偿指令格式：

G01(G00)　G40　α__ β__ ;

2. 使用刀具半径补偿的注意事项

（1）机床重新通电后，系统一般处于取消刀具半径补偿状态。

（2）刀具半径补偿是在移动过程中进行的，并且只能在G00或G01的程序段中使用，不能和G02、G03写在同一程序段。

（3）刀具半径补偿平面的切换，必须在补偿取消方式下进行。

（4）建立刀具半径补偿后，不能出现连续两个刀具不移动的程序段（如辅助功能、暂停等），否则将产生过切或欠切现象。

（5）在补偿状态下，铣刀的直线移动量及铣削内侧圆弧的半径值要大于或等于刀具半径，否则补偿时会产生干涉，系统在执行程序段时将会产生报警，停止执行。

3. 刀具半径补偿的生产意义

（1）在程序中用G42指令建立右刀补，铣削时对于工件将产生逆铣效果，故常用于粗铣；用G41指令建立左刀补，铣削时对于工件将产生顺铣效果，故常用于精铣。

（2）一般刀具半径补偿量都设定为正值，如果补偿量为负，则G41和G42在功能上正好相互替换。利用这一特点，可以用同一个程序加工形状相同的内、外两个型面。

（3）刀具因磨损、重磨或换新刀，直径会发生改变，此时不需要修改程序，只需在刀具参数设置中输入变化后的刀具半径值即可。如图5-36所示，当刀具由A刀换为B刀后，

半径补偿偏置量由 r_1 改为 r_2，仍可用同一程序加工。

（4）通过修改系统的半径补偿偏置量，可以利用一个程序、同一把刀具，实现零件轮廓的粗、精加工，也可以通过这一方法来获得需要的轮廓尺寸精度。如图 5-37 所示，刀具半径为 r，精加工余量为 Δ（图中灰色部分），粗加工时，将半径补偿偏置量设置为（$r+\Delta$），精加工时则设置为 r，同时用倍率开关调节主轴转速和进给速度，即分别进行零件的粗、精加工。

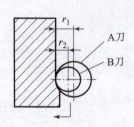　　　　　　　　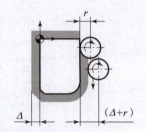

图 5-36　修改半径补偿值继续加工　　　　图 5-37　利用半径补偿进行粗、精加工

5.2.6　数控铣削刀具长度补偿（G43/G44/G49）

在数控铣削加工工序中，可能用到各种刀具，如立铣刀、面铣刀等，其长度各不相同，即其刀位点到安装基准位置的尺寸不相同。另外，由于刀具的磨损或更换新刀具等原因，也会使刀具长度发生变化。在这种情况下，就应该使用刀具长度补偿指令，使每把刀具的刀位点都能准确地移动到程序所指定的位置。

1. 刀具长度补偿的分类

刀具长度补偿一般是沿 Z 轴方向的长度补偿，指令种类有：正向刀具长度补偿（G43）、负向刀具长度补偿（G44）和刀具长度补偿取消（G49）。机床通电后，为取消长度补偿状态，G43、G44 均为模态指令。

2. 刀具长度补偿指令

建立刀具长度补偿指令格式：

G43　Z__　H__；　　正向长度补偿

G44　Z__　H__；　　负向长度补偿

程序中　Z——刀具 Z 轴移动坐标值；

　　　　H——刀具长度补偿号；

取消刀具长度补偿指令格式：

G49；

或

H00；

程序中　H00——长度补偿值为 0。

在执行长度补偿时，G43 使刀具 Z 轴方向实际移动坐标值为程序指定的坐标值加上补偿值，G44 则是从指定坐标值中减去补偿值，刀具长度补偿值在对刀时必须设置在相应的地址中。如图 5-38 所示，H01 中设置的补偿值为 20mm，执行以下程序：

```
    G91 G00 G43 Z-50 H01;    刀具实际移动量为 -50+20 = -30
或
    G91 G00 G44 Z-50 H01;    刀具实际移动量为 -50-20 = -70
```

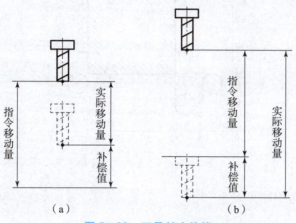

图 5-38　刀具长度补偿
(a) G43 正向补偿；(b) G44 负向补偿

通过以上图例可以看出，通过修改刀具长度补偿值，无须修改程序，即可调整刀具的切削深度。

3. 刀具长度补偿值的设定

第一种方法是将其中一把刀具作为基准刀，其长度补偿值为零，其他刀具的长度补偿值为其与基准刀长度的差值（可通过机外对刀测量）。此时应先通过机内对刀法测量出基准刀在 Z 轴返回机床原点时刀位点相对于工件基准面的距离，并输入到工件坐标系（G54）Z 值的偏置参数中。如图 5-39（a）所示。

第二种方法是先通过机外对刀法测量出每把刀具长度（图 5-39 中 H01 和 H02），作为刀具长度补偿值（该值应为正），输入到对应的刀具补偿参数中。此时，工件坐标系（G54）中 Z 值的偏置值应设定为工件原点相对于机床原点 Z 向坐标值（该值为负）。如图 5-39（b）所示。

第三种方法是将工件坐标系（G54）中 Z 值的偏置值设定为零，即 Z 向的工件原点与机床原点重合，通过机内对刀测量出刀具 Z 轴返回机床原点时刀位点相对于工件基准面的距离（图 5-39 中 H01、H02 均为负值）作为每把刀具的长度补偿值。如图 5-39（c）所示。

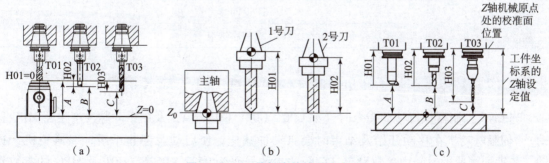

图 5-39　刀具长度补偿设定方法
(a) 基准刀法；(b) 绝对刀长法；(c) Z 值置零法

【例】按图 5-40 所示走刀路线完成数控铣削加工程序的编制。

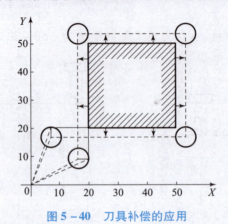

图 5-40 刀具补偿的应用

刀具补偿举例参考程序见表 5-5。

表 5-5 刀具补偿举例参考程序

O0002;	程序名
G90 G17 G21 G40 G49 G80;	程序初始化
G54;	调用工件坐标系
G43 Z20 H01;	建立刀具长度补偿
G00 X0 Y0;	定位下刀位置
Z-3;	下刀至切削深度
G41 X20.0 Y10.0 D01;	建立刀具半径补偿
G01 Y50.0 F200;	轮廓铣削
X50.0;	
Y20.0;	
X10.0;	
G40 G00 X0 Y0;	撤销刀具半径补偿
G49;	撤销刀具长度补偿
G91 G28 Z0;	返回参考点
M30;	程序结束

5.2.7 数控铣削加工转角控制（G64/G09/G61/G62/G63）

当 CNC 控制器执行移动指令时（如 G00、G01、G02、G03 及用手动脉冲产生器 MPG 移动），伺服电动机在移动开始及结束时会自动加减速，使启动及停止平滑，以避免机床振动。各轴加减速的时间由参数设定（G00 的参数号码为 0522~0525，G01 及 MPG 的参数号码为 0529~0530）。

G64 指令称为切削模式。一般 CNC 控制器一开机即自动设定处于 G64 切削模式,此指令功能即具有自动加减速功能,在切削工件时于转角处形成一小圆角,如图 5-41 所示虚线。但若是要求于转角处加工成尖锐角(即转角处实际刀具路径与程序路径相同时,如图 5-41 实线部分),则可使用 G09 或 G61 指令,命令刀具定位于程序所指定的位置,并执行定位检查。两者的差别在于 G09 为单节有效机能,而 G61 为持续有效机能。

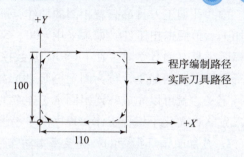

图 5-41 自动加减速使转角处形成小圆角

G62 称为自动转角进给速率调整指令。当启动刀径补正指令(G41 或 G42)时,控制器会自动执行 G62 指令,使切削内圆弧转角处的进给速率自动降低,以减轻刀具的负荷,因此能切削出一个较好的表面。

在一般切削模式(G01、G02、G03)时,其进率速率可由操作面板上的"进给速率调整钮"依实际情况调整。但只要使用切削螺纹指令(如 G33、G74、G84 指令),控制器就会自动执行 G63 指令(称为攻螺纹模式),使"进给速率调整钮"无效,以避免切削螺纹时,因误转"进给速率调整钮"而改变切削螺纹的进给速率,使刀具断裂,或切削出螺距不等的螺纹。

5.2.8 孔加工固定循环功能

在加工中心上加工零件,除了进行铣削外,有的还要进行钻削、镗削或攻丝,如图 5-42 所示,中心位置的孔采用先钻削再镗削加工,4 个螺纹底孔和 4 个沉孔采用钻削加工,螺纹采用丝锥攻丝。

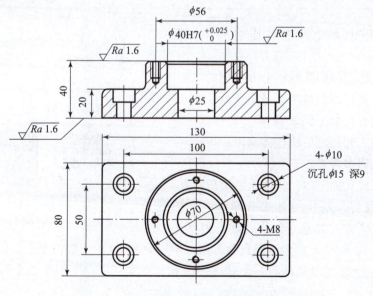

图 5-42 孔加工零件图

这些孔加工刀具都有着相同的动作,即先定位到孔的正上方,再快速靠近工件,然后进行加工,最后退出工件。如果采用 G00、G01 指令进行编程,则相同的动作会重复编写,使得程序很长,而且费时。在 FANUC 0i 数控系统指令中,有一组 G 功能代码,专门用于对孔进行各种形式的加工,称为固定循环功能指令。在编写孔加工程序时,只需用一个 G 代码进行定义,就可以完成一连串固定、连续的孔加工动作,该类代码为模态代码,相同的参数可以省略,简化了编程工作,程序简单易读。

1. 孔加工循环指令的种类及基本动作

常用孔加工循环指令为 09 组的 G80 ~ G89,其功能、动作特征及应用见表 5-6。

表 5-6 孔加工循环指令的功能、动作特征及应用

代码	功能	孔加工动作	孔底动作	返回方式	应用
G80	固定循环取消	—	—	—	取消固定循环,执行正常操作
G81	钻孔循环	切削进给	—	快速返回	一般通孔的钻削加工
G82	钻孔循环	切削进给	暂停	快速返回	加工沉孔或孔口倒角
G83	排屑钻孔循环	间歇进给	—	快速返回	往复排屑,钻削深孔
G84	攻右螺纹循环	切削进给	暂停、主轴反转	切削进给	右旋螺纹攻丝,反转退出
G85	镗孔循环	切削进给	—	切削进给	精镗孔或铰孔加工
G86	镗孔循环	切削进给	主轴停止	快速返回	一般通孔的镗削加工
G87	背镗循环	切削进给	主轴停止	快速返回	沿 Z 轴正向镗削底部反阶梯孔
G88	镗孔循环	切削进给	暂停、主轴停止	手动操作	镗孔后手动退回
G89	镗孔循环	切削进给	暂停	切削进给	精镗阶梯孔

孔加工循环由 6 个顺序动作组成,如图 5-43 所示。

动作 1　快速定位到孔的正上方(初始点);
动作 2　快速移动到参考点(R 点);
动作 3　进行孔加工到 Z 点;
动作 4　加工到孔底后执行的动作;
动作 5　返回参考点;
动作 6　完成孔加工后,快速返回至初始点。

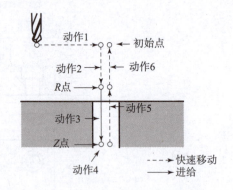

图 5-43　孔加工循环动作顺序

加工到孔底后,返回的方式有两种,如图 5-44 所示。G98 方式为返回到初始点(包括了动作 5 和动作 6),G99 方式为返回到参考点(只有动作 5)。一般情况下,G99 用于同一高度多个孔的第一个孔(以及最后一个孔之前的孔)的加工,G98 用于多个孔的最后一个孔的加工。

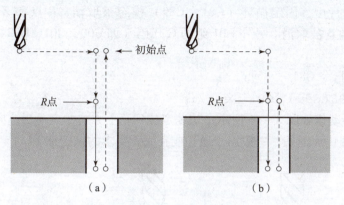

图 5-44 从孔底返回的两种方式

(a) G98 方式返回；(b) G99 方式返回

2. 孔加工循环指令格式

孔加工循环指令的一般格式：

G90(G91) G98(G99) G81~G89 X__ Y__ Z__ R__ Q__ P__ F__ K__；

程序中 G90（G91）——G90 绝对坐标编程，G91 增量坐标编程；

　　　　G98（G99）——钻至孔底后的返回方式；

　　　　X，Y——动作 1 的定位坐标值；

　　　　Z——动作 3 的终点（孔底）位置；

　　　　R——参考点（R 点）位置；

　　　　Q——在 G73、G83 中为每次切削进给的深度，在 G76、G87 中为刀具偏移量；

　　　　P——孔加工至终点位置后的暂停时间，单位为毫秒（ms）；

　　　　F——孔加工切削进给速度；

　　　　K——固定循环重复次数（需要时才指定），一般都省略，即默认为 K1。

对于"Z"值，G90 时为孔底 Z 坐标值，G91 时为孔底对 R 点的增量距离；对于"R"值，G90 时为 R 点 Z 坐标值，G91 时为 R 点对初始点的增量距离，如图 5-45 所示。

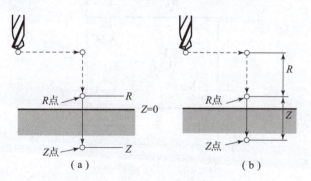

图 5-45 G90/G91 方式下轴向位置的区别

(a) G90（绝对值指令）；(b) G91（增量值指令）

1）固定循环取消 G80

指令格式：G80；

G80 指令被执行后,固定循环(G81~G89)模态被取消,R 点和 Z 点的参数以及除 "F" 外的所有参数均被取消。另外,01 组的 G 代码(如 G00、G01、G02、G03 等)也会起到同样的作用。

2)钻孔循环指令 G81

指令格式:G98(G99) G81 X__ Y__ Z__ R__ F__ K__;

G81 钻孔循环动作如图 5-46 所示:快速定位到孔上方初始点→快速向下到 R 点→钻削至孔底 Z 点→立即快速返回,一般用于通孔或孔底无要求的钻削加工。

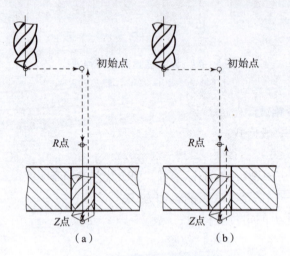

图 5-46 G81 钻孔循环动作
(a) G81 (G98);(b) G81 (G99)

【例】钻削如图 5-47 所示的 5 个孔,编写加工程序。

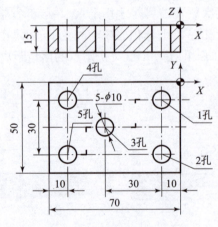

图 5-47 G81 应用举例

G81 循环指令采用绝对坐标编程:
O6005;
G21 G40 G49 G54 G80 G90;   初始化,绝对坐标编程

G00 X200 Y150 Z200 M03 S400;	快速至起刀点，主轴正转
G99 G81 X-10 Y-10 Z-20 R5 F120;	G81循环钻削1孔，返回至参考点
Y-40;	钻削2孔
X-40 Y-25;	钻削3孔
X-60 Y-10;	钻削4孔
G98 Y-40;	钻削5孔，返回至初始点
G80 G00 X200 Y150;	取消循环，返回至起刀点
M30;	程序结束

G81循环指令采用增量坐标编程：

O6015;	
G21 G40 G49 G54 G80 G90;	初始化
G00 X200 Y150 Z200 M03 S400;	快速至起刀点，主轴正转
G91 G99 G81 X-210 Y-160 Z-25 R-195 F120;	G81循环钻削1孔，返回至参考点
Y-30;	钻削2孔
X-30 Y-15;	钻削3孔
X-20 Y15;	钻削4孔
G98 Y-30;	钻削5孔，返回至初始点
G80 G00 X210 Y160;	取消循环，返回至起刀点
M30;	程序结束

钻孔时的Z点位置要注意：保证麻花钻钻出工件底面，因麻花钻刀位点在钻头顶端，所以钻头要露出工件底面，并继续钻削一段距离，如本例中就多钻了5mm。使用增量坐标编程时，Z点坐标值为从参考点到孔底的Z向矢量距离，本例中为Z-25；R点坐标值为从初始点到参考点的Z向矢量距离，本例中为R-195。参考点的位置应在钻其他孔时不与工件碰撞的高度上。

3）钻孔循环指令G82

指令格式：G98(G99)　G82　X__　Y__　Z__　R__　P__　F__　K__；

该指令在执行动作3到达孔底Z点时，允许延时暂停，时间由参数"P"后面的整数数字决定，单位是毫秒（ms），其他动作与G81完全相同。孔底暂停可以得到准确的孔深尺寸，并且使孔底表面光滑平整，所以G82指令适用于钻削盲孔或沉孔，也可用于孔口倒角和粗镗孔。

【例】用立式加工中心加工如图5-48所示的4个沉孔，T01为ϕ10mm的麻花钻，刀具长度补偿号为H01；T02为ϕ15mm的锪钻，刀具长度补偿号为H02。编写加工程序。

O6006;	
G21 G40 G49 G54 G80 G90;	绝对坐标编程
G28 Z0;	
T01 M06;	换ϕ10mm麻花钻
G43 G00 X200 Y200 Z300 H01;	至起刀点，刀具长度补偿

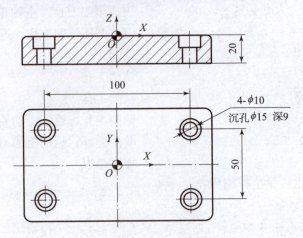

图 5-48 G82 应用举例

```
M03 S400;                              主轴正转
G99 G81 X50 Y25 Z-25 R5 F150;          钻φ10mm 通孔，露出底面 5mm，回 R 点
Y-25;
X-50;
G98 Y25;                               钻最后一个通孔，回初始点
G80 G49 M05;
G28 Z0;
T02 M06;                               换φ15mm 锪钻
G43 G00 X200 Y200 Z300 H02;
M03 S300;
G99 G82 X50 Y25 Z-9 R5 P1000 F120;     钻φ15mm 沉孔，孔底延时 1s
Y-25;
X-50;
G98 Y25;
G80 G49 G00 X200 Y200;
M30;
```

4）排屑钻孔循环 G83

指令格式：G98(G99)　G83　X__ Y__ Z__ R__ Q__ F__ K__;

G83 排屑钻孔循环指令动作如图 5-49 所示，即把从 R 点到 Z 点的钻削进给分成多段完成，每次进给一个 Q 值之后，立即快速返回 R 点，将孔内切屑排出，然后快速向下运动，至前一次加工深度上方 d（mm）处，转为钻削进给，完成本段 Q 值长度加工。每段进给的距离 Q 值必须指定为正值，钻孔过程中的 d 值在系统参数中设定。G83 这种每段往复排屑、渐次进给的加工方式，非常适合用于长径比较大的深孔钻削，在编程前应将 R 点至 Z 点的距离进行多段等分，以求得 Q 值。

5）攻右螺纹循环 G84

指令格式：G98(G99)　G84　X__ Y__ Z__ R__ P__ F__ K__;

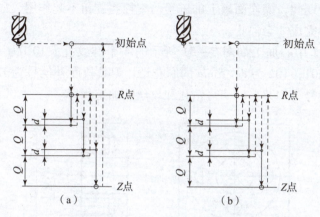

图 5-49　G83 排屑钻孔循环动作
(a) G83 (G98)；(b) G83 (G99)

G84 攻右螺纹循环指令动作如图 5-50 所示，即先定位至初始点→快速移动到参考点→攻丝至 Z 点→主轴停转延时→主轴反转以进给速度退回参考点→主轴停转延时→主轴正转执行后续动作。采用 G98 方式返回时，主轴由反转停止延时到正转，其正转转速由零到要求值需要一段时间，若连续加工的孔距较小，可能出现刀具已经定位到下一个孔的位置，而主轴尚未达到规定转速的情况，解决的办法是在各孔动作之间加入延时暂停指令 G04。

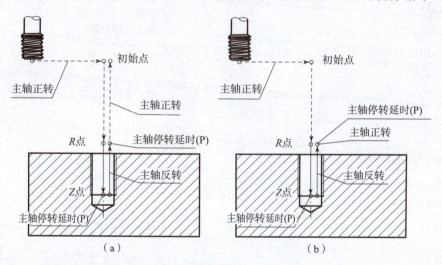

图 5-50　G84 攻右螺纹循环动作
(a) G84 (G98)；(b) G84 (G99)

两处主轴停转延时的时间由参数 P 设定，单位为毫秒（ms）。

进给速度"F"代码不能随便设定，应由螺纹螺距和主轴转速计算得到：

$$v_f = p \times n$$

式中　v_f——攻螺纹时的进给速度，单位为 mm/min；

p——螺纹螺距，单位为 mm；

n——主轴转速，单位为 r/min。

在攻丝指令执行期间，操作面板上的进给倍率控制旋钮不起作用，如此时执行进给暂停指令，机床直到循环完成才会停止。

【例】用立式加工中心加工如图 5-51 所示的 4 个螺纹孔，T01 为 A2.5mm 的中心钻，刀具长度补偿号为 H01；T02 为 $\phi 8.5$mm 的麻花钻，刀具长度补偿号为 H02；T03 为 M10 的丝锥，刀具长度补偿号为 H03。试编写钻孔和攻丝的加工程序。

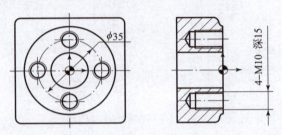

图 5-51 G84 应用举例

先用中心钻确定孔的位置，再用麻花钻钻出螺纹底孔，最后攻丝。

加工程序如下：

O6007;
G21 G40 G49 G54 G80 G90;
G28 Z0;
T01 M06;   换 1 号刀中心钻
G43 G00 X200 Y200 Z200 H01;
M03 S500;
G99 G82 X35 Y0 Z-2.4 R5 P500 F150;   中心钻锪孔位，孔底延时
X0 Y-35;
X-35 Y0;
G98 X0 Y35;
G80 G49 M05;
G28 Z0;
T02 M06;   换 2 号刀麻花钻
G43 G00 X200 Y200 Z200 H02;
M03 S600;
G99 G81 X35 Y0 Z-20 R5 F120;   麻花钻钻盲孔
X0 Y-35;
X-35 Y0;
G98 X0 Y35;
G80 G49 M05;
G28 Z0;
T03 M06;   换 3 号刀丝锥
G43 G00 X200 Y200 Z200 H03;

```
M03 S100;
G99 G84 X35 Y0 Z-15 R10 P300 F150;        攻丝至尺寸
X0 Y-35;
X-35 Y0;
G98 X0 Y35;
G80 G49 M05;
G00 X200 Y200;
M30;
```

6）镗孔循环 G85

指令格式：G98(G99) G85 X__ Y__ Z__ R__ F__ K__;

G85 镗孔循环指令动作如图 5-52 所示，先沿 X 轴和 Y 轴定位，并快速移动到 R 点，然后从 R 点到 Z 点镗孔进给，到达孔底后，按原进给速度返回至参考点，如果是在 G98 方式下，则返回 R 点后再快速返回至初始点。

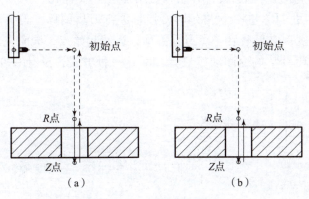

图 5-52 G85 镗孔循环
(a) G85（G98）；(b) G85（G99）

G85 指令与 G84 指令在动作上相同，只是没有延时，在孔底时主轴不反转，而是正转退回。该指令适合于精镗孔，但要求镗刀具有双向加工能力，也可用于圆柱铰刀铰孔，以保证孔壁光洁。

7）镗孔循环 G86

指令格式：G98(G99) G86 X__ Y__ Z__ R__ F__ K__;

G86 镗孔循环指令动作如图 5-53 所示，先定位到孔上方，并快速移动至 R 点，然后镗孔进给至 Z 点，主轴停转，最后快速返回到初始点（G98）或 R 点（G99），主轴重新正转。与 G84 一样，因为主轴要重新转动，所以在连续使用时，应考虑孔间距是否足够长，使定位到下一个孔时主轴转速能够达到规定值，否则要使用 G04 进行延时。该指令适用于一般孔的镗削加工，但应注意，返回时镗刀会在孔壁划出一条退刀痕。

8）背镗循环 G87

指令格式：G98 G87 X__ Y__ Z__ R__ Q__ P__ F__ K__;

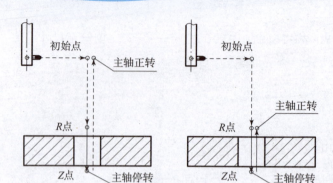

图 5–53 G86 镗孔循环

(a) G86（G98）；(b) G86（G99）

G87 背镗循环指令动作如图 5–54 所示，背镗刀定位到待镗孔的正上方，主轴定向停止，沿刀尖的相反方向进行刀具偏移，偏移量由参数"Q"设定，然后快速向下移动到 R 点，沿刀尖方向进行刀具偏移，并且主轴正转，开始以进给速度 F 反镗孔，至 Z 点时，再次令主轴定向停止，在此处也可用"P"参数设置延时，接着进行刀具偏移，刀尖离开已镗孔壁，快速向上退回至起始点高度，进行最后一次刀具偏移，返回起始点，同时主轴正转，准备执行其他后续指令。背镗循环 G87 的返回动作只有 G98 这一种方式，没有 G99 返回方式。

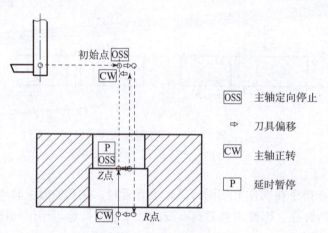

图 5–54 G87（G98）背镗循环

偏移量 Q 必须指定为正值，偏置方向在系统参数中设定。主轴定向停止时，镗刀刀尖方向要与设想的方向一致，如图 5–55 所示，在刀具安装时使用 M09 主轴准停指令进行检查，以免刀具装反。

【例】用立式加工中心加工如图 5–56 所示零件的各个孔，编写加工程序。

工步安排如下：

工步 1 用中心钻 A2.5mm 确定各孔位置。

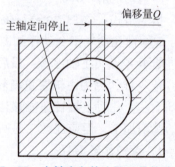

图 5–55 主轴定向停止及刀具偏移量

工步 2　钻 4 – φ8mm 孔至尺寸。
工步 3　钻 2 – φ10H7、φ40H7、φ44mm 底孔。
工步 4　扩 φ40H7 孔至 φ38mm。
工步 5　锪 4 – φ12mm 沉孔深 7mm。
工步 6　精镗 φ40H7 孔。
工步 7　背镗 φ44mm 孔至尺寸。
工步 8　铰 2 – φ10H7 孔至尺寸。

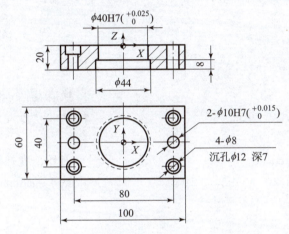

图 5 – 56　零件图

刀具定义及切削参数见表 5 – 7。

表 5 – 7　刀具定义及切削参数表

刀具号	刀具规格/mm	长度补偿号	切削速度/(m·min^{-1})	进给量/(mm·r^{-1})
T01	中心钻 A2.5	H01	20	0.1
T02	麻花钻 φ8	H02	20	0.15
T03	麻花钻 φ9.5	H03	20	0.2
T04	麻花钻 φ38	H04	30	0.3
T05	锪钻 φ12	H05	20	0.15
T06	镗刀 φ40H7	H06	60	0.15
T07	背镗刀 φ44	H07	60	0.15
T08	机铰刀 φ10H7	H08	20	0.2

编制加工程序（机械手换刀方式）：
O6007；
G17 G21 G40 G49 G54 G80 G90；
G91 G28 Z0 T01；
M06；   换中心钻
G90 G00 X200 Y200 T02；

```
M03 S800;
G43 Z200 H01 M08;                         刀具长度补偿
G99 G82 X40 Y20 Z-5 R5 P300 F80;          钻孔循环，孔底延时
Y0;
Y-20;
X-40;
Y0;
Y20;
G98 X0 Y0;
G80 G49;
G91 G28 Z0;
M06;                                      换麻花钻 φ8mm
G90 G00 X200 Y200 T03;
M03 S750;
G43 Z200 H02 M08;                         刀具长度补偿
G99 G81 X40 Y20 Z-25 R5 F120;             钻 4-φ8mm 孔
Y-20;
X-40;
G98 Y20;
G80 G49;
G91 G28 Z0;
M06;                                      换麻花钻 φ9.5mm
G90 G00 X200 Y200 T04;
M03 S750;
G43 Z200 H03 M08;                         刀具长度补偿
G99 G80 X40 Y0 Z-25 R5 F150;              钻 2-φ10H7 底孔及中心底孔
X0;
G98 X-40;
G80 G49;
G91 G28 Z0;
M06;                                      换麻花钻 φ38mm
G90 G00 X200 Y200 T05;
M03 S260;
G43 Z200 H04 M08;                         刀具长度补偿
G98 X0 Y0 Z-35 R5 F80;                    扩 φ40H7 孔至 φ38mm
G80 G49;
G91 G28 Z0;
M06;                                      换锪钻 φ12mm
```

```
G90 G00 X200 Y200 T06;
M03 S500;
G43 Z200 H05 M08;                           刀具长度补偿
G99 G81 X40 Y20 Z-7 R5;                     锪 4-φ12mm 沉孔深 7mm
Y-20;
X-40;
G98 Y20;
G80 G49;
G91 G28 Z0;
M06;                                        换镗刀 φ40H7
G90 G00 X200 Y200 T07;
M03 S450;
G43 Z200 H06 M08;                           刀具长度补偿
G98 G85 X0 Y0 Z-25 R5 F70;                  精镗 φ40H7 孔
G80 G49;
G91 G28 Z0;
M06;                                        换背镗刀
G90 G00 X200 Y200 T08;
M03 S450;
G43 Z200 H07 M08;                           刀具长度补偿
G98 G87 X0 Y0 Z-12 R-25 Q2.5 P1000 F70;     背镗 φ44mm 孔
G80 G49;
G91 G28 Z0;
M06;                                        换机铰刀
G90 G00 X200 Y200 T01;
M03 S600;
G43 Z200 H08 M08;                           刀具长度补偿
G99 G85 X20 Y0 Z-5 F120;                    铰 2-φ10H7 孔
G98 X-20;
G80 G49;
G91 G28 Z0;
M30;
```

9）镗孔循环 G88

指令格式：G98 G88 X__ Y__ Z__ R__ P__ F__ K__;

G88 镗孔循环指令动作如图 5-57 所示，刀具定位到孔上方，然后快速移动至 R 点，镗孔进给至 Z 点，执行延时（由参数"P"设定时间，单位毫秒（ms）），然后主轴停转，手动将刀具从孔中退出，最后快速返回至初始点（G98）或参考点（G99），主轴重新正转，再转入下一个程序段进行自动加工。

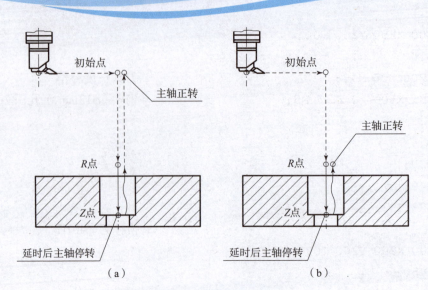

图 5-57　G88 镗孔循环

(a) G88 (G98); (b) G88 (G99)

10) 镗孔循环 G89

指令格式：G98　G89　X__　Y__　Z__　R__　P__　F__　K__;

该指令与 G85 几乎相同，不同的是该指令在孔底（Z 点）要执行延时暂停。G89 镗孔循环指令动作如图 5-58 所示，定位后快速移动至 R 点，镗孔至 Z 点，延时暂停，时间由参数"P"设定，单位为毫秒（ms），然后以进给速度返回至 R 点，G98 方式最后还要返回至初始点。该循环指令适用于精镗孔加工。

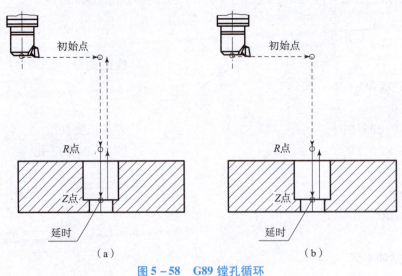

图 5-58　G89 镗孔循环

(a) G89 (G98); (b) G89 (G99)

【例】如图 5-59 所示零件，在立式数控铣床上进行钻孔加工，试编写加工程序。

O6008;

G17 G21 G40 G49 G54 G80 G90;

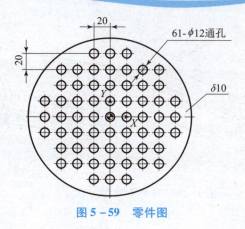

图 5-59 零件图

```
G00 X200 Y200 Z200;
Z50 M03 S600;
G01 X40 Y80 Z20 M08 F1000;
G99 G81 G91 X-20 Z-18 R-17 F40 K3;
X-40 Y-20;
X20 K6;
Y-20;
X-20 K6;
X-20 Y-20;
X20 K8;
Y-20;
X-20 K8;
Y-20;
X20 K8;
X-20 Y-20;
X-20 K6;
Y-20;
X20 K6;
X-40 Y-20;
X-20 K2;
G80 M09;
G90 G00 X200 Y200 Z200;
M30;
```

5.2.9 子程序（M98/M99）

有的零件上面有几处待加工轮廓完全相同，如图 5-60 所示，此时可以将相同轮廓的加工编写成一个子程序，然后在主程序中多次调用这个子程序，这样可以简化编程，也使程序结构显得简单明了。

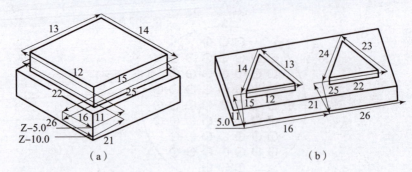

图 5-60 工件上有相同的加工内容

(a) 分层铣削；(b) 铣削相同形状

调用子程序的程序叫作主程序。子程序的编号与一般程序基本相同，只是以程序结束字 M99 表示子程序结束，并返回到调用子程序的主程序中。

1. 子程序的调用格式

常用的子程序调用格式有以下几种：

1) M98 P××××××××；

程序中，P 后面的前 4 位为重复调用次数，省略时为调用一次；后 4 位为子程序号。

2) M98 P×××× L××××；

程序中，P 后面的 4 位为子程序号；L 后面的 4 位为重复调用次数，省略时为调用一次。

2. 子程序的嵌套

子程序调用另一个子程序，称为子程序的嵌套。

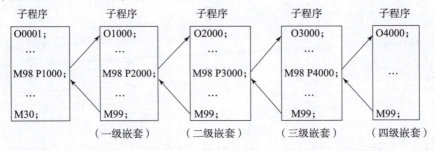

3. 子程序的应用

【例】如图 5-61 所示，钻削 5 组完全相同的孔，各组孔的形状及要求完全相同，试编写加工程序。把一组孔的加工程序编写成子程序，在主程序中调用 5 次。

```
O6010;                                    主程序
G92 X200 Y200 Z300;
G00 X30 Y20 M03 S600;
Z100 M08;
M98 P6011;
G90 G00 Y-20;
M98 P6011;
G90 G00 X0 Y0;
```

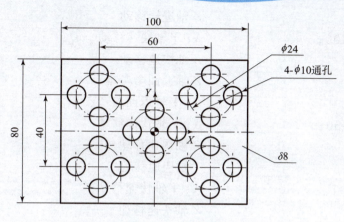

图 5-61 零件图

```
M98 P6011;
G90 G00 X-30 Y20;
M98 P6011;
G90 G00 Y-20;
M98 P6011;
G90 G00 Z300 M09;
X200 Y200 M05;
M30;
O6011;                                         子程序
G99 G91 G81 X12 Z-16 R-97 F50;
X-12 Y12;
X-12 Y-12;
G98 X12 Y-12;
M99;
```

4. 特殊用法

(1) 在子程序的结束段，如果用"P"指定一个顺序号，则不返回到调用程序段之后的程序段，而是返回到由"P"指定顺序号的程序段，如图 5-62（a）所示。

(2) 将 M99 用在主程序中，在执行到 M99 时，会返回到主程序的第一个程序段，再次执行该程序，并将一直重复执行，除非按下机床操作面板上的"RESET"键或"复位"按钮，自动运行才会被终止，这种方法常用于数控铣床或加工中心开机后的热机程序。

热机程序：
```
O6020;
G91 G28 Z0;              Z 轴返回参考点
G28 X0 Y0;               X、Y 轴返回参考点
M03 S200;                主轴正转
G01 X-500 F300;          X 轴进给移动
Y-350;                   Y 轴进给移动
```

```
Z -400;                        Z 轴进给移动
G00 Z300 X400;                 X、Y 轴快速移动
Y300;                          Z 轴快速移动
G28 Z0;                        Z 轴返回参考点
G28 X0 Y0;                     X、Y 轴返回参考点
X -500 Y -350;                 X、Y 轴快速移动
Z -350;                        Z 轴快速移动
Y350;                          Y 轴快速移动
X500 Y -350;                   X、Y 轴快速移动
Z350;                          Z 轴快速移动
M99;                           返回第一段再次执行
```

(3) 程序段跳过"/"符号与 M99 连用。在主程序中，将"/"放在程序段开头时，若未按下"遇/跳过"按钮，则执行该程序段；若按下"遇/跳过"按钮，其指示灯亮，并且该程序段被跳过，不予执行。应用这种控制方式，可以多次重复加工某一部分轮廓。如图 5 - 62（b）所示，当跳过开关断开时，返回 N0050 程序段；当跳过开关接通时，不执行 N0100 段程序段，而执行其后的程序段。

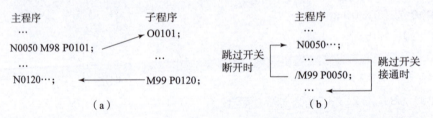

图 5 - 62 用"P"指定返回位置及跳过符号"/"与 M99 连用
(a) 子程序用"P"指定返回位置；(b) 跳过"/"符号与 M99 连用

5.2.10 坐标系旋转功能（G68/G69）

1. 坐标系旋转功能编程格式

G68 表示启用坐标系旋转功能，G69 表示取消坐标系旋转功能。
指令格式：
G17（G18、G19） G68 α__ β__ R__；
…
…
G69；

程序中 G17（G18、G19）——旋转图形所在平面选择。
α，β——旋转中心绝对坐标值，和选择平面的坐标轴相对应，如：图形旋转平面为 G17，则以"X__Y__"指定其旋转中心位置；
R——旋转角度（逆时针转为正，顺时针转为负）。
坐标旋转功能启动后，所有移动指令将相对于旋转中心旋转相应的角度，因此整个几何

图形将旋转一个角度。如图 5-63 所示，用 G68 指令进行 45°旋转后，刀具并不沿程序中的轨迹（ABCDA 实线部分）走刀，而是沿坐标系旋转后的轨迹（A'B'C'D'A'虚线部分）走刀。在有刀具补偿的情况下，通常先旋转，然后再进行刀补（刀具半径补偿、长度补偿）。

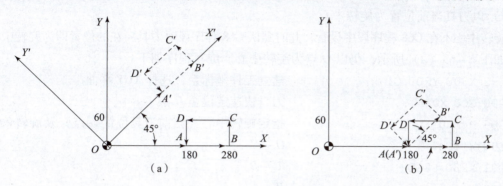

图 5-63　G68 坐标系旋转

(a) 绝对坐标指定旋转中心；(b) 增量坐标指定旋转中心

2. 旋转中心的指定

1）旋转中心由绝对坐标指定

如图 5-63（a）所示，以 O 点为旋转中心，用绝对坐标进行指定。编写程序如下：

G92 X300 Y200 G17;	建立工件坐标系，选择 XOY 平面
G90 G00 X0 Y0;	刀具快速定位至 O 点
G68 X0 Y0 R45.0;	指定旋转中心坐标及旋转角度
G00 X180;	O→A'
G01 X280 F200;	A'→B'
Y60;	B'→C'
X180;	C'→D'
Y0;	D'→A'
G00 X0;	A'→O
G69;	坐标系旋转取消

2）旋转中心由增量坐标指定

在 G68 之后、绝对指令之前，增量值指令的旋转中心是刀具位置。

如图 5-63（b）所示，以 A（A'）点为旋转中心，用增量坐标进行指定。编写程序如下：

G92 X300 Y200 G17;	建立工件坐标系，选择 XOY 平面
G90 G00 X0 Y0;	刀具快速定位至 O 点
G68 R45.0;	指定旋转角度
G91 X180 Y0;	指定旋转中心为 A 点
G01 X100 F200;	A'→B'
G90 Y60;	B'→C'
X180;	C'→D'

Y0;	
G00 X0;	$D'\to A'$
G69;	$A'\to O$
	坐标系旋转取消

3）以刀具当前位置为旋转中心

旋转中心不在 G68 程序段中设置，此时默认 G68 程序段时刀具所在的位置即为旋转中心。

如图 5-63（a）所示，仍以 O 点为旋转中心。编写程序如下：

G92 X300 Y200 G17;	建立工件坐标系，选择 XOY 平面
G90 G00 X0 Y0;	刀具快速定位至 O 点
G68 R45.0;	指定旋转中心（当前刀具位置 O 点）及旋转角度
G00 X180;	$O\to A'$
G01 X280 F200;	$A'\to B'$
Y60;	$B'\to C'$
X180;	$C'\to D'$
Y0;	$D'\to A'$
G00 X0;	$A'\to O$
G69;	坐标系旋转取消

3. 坐标系旋转指令的应用

如果工件有多个相同的加工图形，则可将一个图形的加工程序编写为子程序，然后在主程序的旋转指令中调用，这样可使编程过程简化，并且可以提高编程效率，节省系统存储空间。

【例】如图 5-64 所示，加工 3 个周向均布的腰形通槽，工件厚为 20mm，铣刀直径为 ϕ20mm，刀具半径补偿号为 D01，刀具长度补偿号为 H01，以工件上表面中心为编程原点，试编写加工程序。

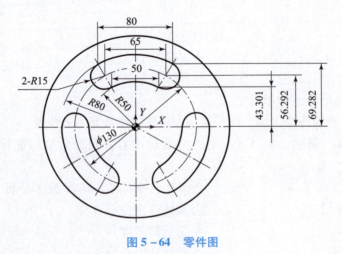

图 5-64 零件图

主程序如下：
O6009;
G17 G21 G40 G49 G54 G80 G90;

```
G00 X0 Y0;
G43 Z50 H01 M03 S500;
M98 P6019;                        调用子程序
G68 R120;
M98 P6019;                        调用子程序
G69;
G68 R-120;
M98 P6019;                        调用子程序
G69 M05;
G00 X300 Y200 Z300 G40 G49;
M30;
```

子程序如下：

```
O6019;
G41 X25 Y43.301 D01;
G01 Z3 F800 M08;
Z-25 F120;
G03 X40 Y69.282 I7.5 J12.991 F60;
X-40 R80;
X-25 Y43.301 I-7.5 J-12.991;
G02 X25 R50;
G00 Z50 M09;
X0 Y0;
M99;
```

5.2.11 极坐标指令（G16/G15）

1. 极坐标指令的格式

G15——取消极坐标指令；

G16——使用极坐标指令。

功能：终点的坐标值可以用极坐标（半径和角度）输入。角度的正向是所选平面的第一轴正向的逆时针转向，而负向是沿顺时针转动的方向。半径和角度两者可以用绝对编程指令（G90）或增量编程指令（G91）指定。

指令格式

G16;

…

G15;

说明：

（1）设定工件坐标系零点作为极坐标系的原点。用绝对编程指令指定半径（零点和编程点之间的距离）。

（2）设定当前位置作为极坐标系的原点。用增量编程指令指定半径（当前位置和编程点之间的距离）。

（3）用绝对编程指令指定角度和半径。在相应程序中，X 表示半径值，Y 表示角度值。

（4）用增量编程指令指定角度、用绝对编程指令指定极径。G90、G91 混合编程。

（5）限制：在极坐标方式中，对于圆弧插补（G02）或螺旋线切削（G03）用"R"指定半径。在极坐标方式中不能指定任意角度倒角和拐角圆弧过渡。

格式：G16；

…

G15；

说明：

（1）通常情况下，工件上特征点的位置采用直角坐标系（X，Y，Z）表示，当一个工件尺寸以到一个固定点（极点）的半径和角度来表示时，通常使用极坐标系比较方便。如图 5-65 所示。

（2）极点：一般极点位置是相对于当前工件坐标系的零点位置。

（3）极坐标半径 RP（简称极半径）：极坐标半径定义该点到极点的距离，模态有效。

（4）极坐标角度 AP（简称极点）：极角是指与所在平面中的横坐标轴之间的夹角（比如 XOY 平面中的 X 轴）。该角度有正负之分，逆时针为正，顺时针为负；模态有效。

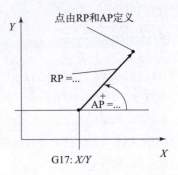

图 5-65 极坐标半径和极角

2. 极坐标指令编程应用

【例】加工如图 5-66 所示正六边形，设工件编程原点在正六边形图形上表面中心，坐标系为 G54。

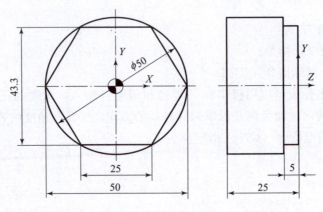

图 5-66 正六边形

铣削正六边体的参考程序：

```
G90 G40 G17 G15 G0 Z100;
G54 X35 Y0;
```

```
G43 Z10 H1;
M03 S400;
M08;
G01 Z-5 F300;
G42 G01 X25 Y0 D1 F400;
G16;
Y60;
Y120;
Y180;
Y240;
Y300;
Y360;
G15;
G40 G01 X35 Y0;
G0 Z10;
G49;
M30;
```

5.2.12 比例镜像指令

1. 可编程镜像指令（G50.1/G51.1）

可编程镜像指令格式：

```
G51.1 X__  Y__  Z__;
…
G50.1;
```

说明：

G51.1——建立可编程镜像指令，模态指令；

G50.1——取消可编程镜像指令，模态指令，默认值；

X，Y，Z——镜像中心的坐标值或镜像轴。

2. 可编程比例缩放指令（G50/G51）

（1）可编程等比例缩放指令格式：

```
G51 X__  Y__  Z__  P__;
…
G50;
```

（2）可编程不等比例缩放指令格式：

```
G51 X__  Y__  Z__  I__  J__  K__ ;
…
G50;
```

说明：

①程序中的 X、Y、Z 为缩放中心的坐标值，P 为缩放比例，I、J、K 为 X、Y、Z 轴对应的缩放比例。

②G51 可编程比例缩放指令必须在单独一个程序段中；在有刀具补偿的情况下先进行缩放，然后再进行刀具半径补偿和刀具长度补偿。

③G50 和 G51 为模态指令，可相互注销；G50 为默认值。

3. 比例缩放编程举例

【例】加工如图 5-67 所示零件。

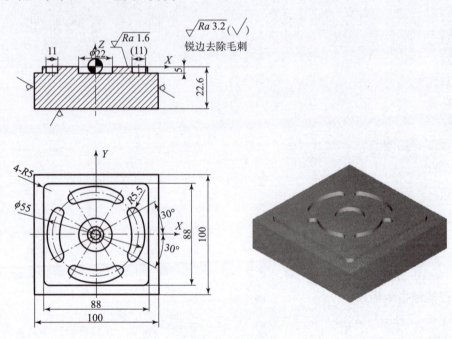

图 5-67 零件图

加工参考程序：
O0001;
G54 S600 M03 T01;　　　　　　　主程序名（φ80mm 面铣刀铣平面）
G00 X-100 Y-15;
Z0.2;
G01 X100 F120;
Y60 F2000;
X-100 F120;
X-100 Y-15 F2000;
Z0;
S800 M03;
G01 X100 F80;
Y60 F2000;
X-100 F80;

```
G00 Z100;
X-100 Y0 M05;
M30;
O0003;                          主程序名（铣内圆）
G56 S1000 M03 T03;
G00 X0 Y0 Z10;
G01 Z-2.8 F100;
X5.8 F150;
G03 I-5.8 J0;
S1200 M03;
G01 Z-3 F120;
X6;
G03 I-6 J0;
G01 X0 Y0;
G00 Z100 M05;
M30;
O0004;                          主程序名（铣4个圆弧槽）
G56 G69 G40 G50.1 S1000 M03 T03;
G00 X0 Y0 Z10;
M98 P0044;
G68 X0 Y0 R90;
M98 P0044;
G69;
G51.1 X0;
M98 P0044;
G50.1 X0;
G68 X0 Y0 R270;
M98 P0044;
G69;
M05;
M30;
O0044;                          子程序名（铣圆弧槽）
S1000 M03;
G00 X22.5 Y-10;
G00 G42 D01 Y0;
G01 Z-2.8 F100;
G03 X19.486 Y11.25 R22.5 F150;
G02 X29.012 Y16.75 R-5.5;
```

```
G02 X29.012 Y-16.75 R33.5;
G02 X19.486 Y-11.25 R-5.5;
G03 X22.5 Y0 R22.5;
G00 Z10;
G00 G40 X22.5 Y-10;
G00 G42 D02 Y0;
S1200 M03;
G01 Z-3 F120;
G03 X19.486 Y11.25 R22.5;
G02 X29.012 Y16.75 R-5.5;
G02 X29.012 Y-16.75 R33.5;
G02 X19.486 Y-11.25 R-5.5;
G03 X22.5 Y0 R22.5;
G00 Z10;
G00 G40 X0 Y0;
M99;
```

5.3 数控铣削加工编程综合实例

加工如图 5-68 所示的支座零件,已知材料为 45 钢,底面及外轮廓已加工,生产性质为小批量生产。试进行数控加工工艺分析,确定加工方案,并编制数控加工工艺文件。

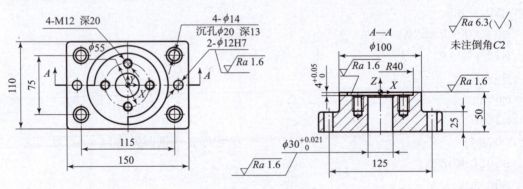

图 5-68 编程零件图

一、工艺分析

1. 分析图纸,确定数控加工内容

该零件的底面及外轮廓均已加工,待加工的内容有:顶面、螺钉沉孔、φ12mm 及

φ30mm 圆孔、带缺口凹槽和螺纹孔，其中顶面、φ12mm 及 φ30mm 圆孔和凹槽底面表面粗糙度要求较高，φ12mm 及 φ30mm 圆孔和凹槽的尺寸精度要求较高。

2. 确定机床和数控系统

如果在一道工序中加工以上部位，达到各项精度要求，需要采用钻扩孔、锪沉孔、铰孔、粗精铣、粗精镗、铣缺口和攻丝等加工方法，所需的刀具较多。分析各加工均可采用向下走刀方式，故加工设备应选择立式加工中心。现选择国产 KVC650E 立式加工中心，该机床主要规格参数如下：

工作台尺寸（宽×长）：460mm × 1 000mm；

工作台行程（X – Y – Z 向）：650mm – 460mm – 550mm；

转速范围：20 ~ 8 000r/min；

主电动机功率：5.5kW；

刀库容量（斗笠式）：16 把。

KVC650E 立式加工中心采用 FANUC 0i Mate MC 数控系统控制，FANUC 交流伺服电动机进给驱动，主轴采用 FANUC 的 β:16/10 000 大扭矩主电动机直连，机床可靠性高，能够满足本零件的加工需求。

3. 工件的安装和夹具的确定

该零件底部外形为长方形，上部为圆形，且底部及周边均已加工，零件标注无形位公差，故采用平口虎钳进行装夹。虎钳钳口夹持工件长度150mm 的两面，底面用垫板支撑，如图 5 – 69 所示。

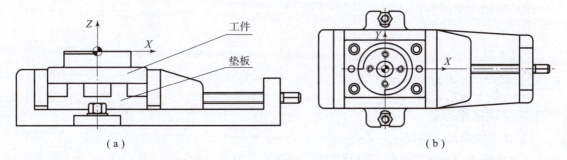

图 5 – 69 工件装夹简图

4. 刀具的确定

上表面的铣削采用面铣刀，上表面为 φ100mm 的圆形，尺寸不大，故其粗、精铣都使用直径为 φ125mm 的端面铣刀；镗 φ30mm 的孔时，先用 φ11.5mm 的麻花钻钻孔，再用 φ27mm 的锥柄麻花钻扩孔，然后用镗刀粗镗和精镗，因为是小批量生产，故可选用单刃可调镗刀；R40mm 缺口槽底面较宽，带有缺口，用 φ20mm 的立铣刀对孔和缺口进行粗、精加工；4 – φ14mm 通孔为螺钉穿孔，先用 φ11.5mm 的麻花钻钻孔，再用 φ14mm 的直柄麻花钻扩至尺寸，其沉孔用 φ20mm 的锪钻加工；2 – φ12H7 孔的加工，先用 φ11.5mm 的直柄麻花钻打出底孔，再用 φ12H7 的直柄铰刀铰孔；4 – M12 的螺纹孔加工，先用 φ10.3mm 的直柄麻花钻打底孔，然后用 M12 的机用丝锥攻丝。以上各孔最初均用 φ2mm 的中心钻打出孔位眼，孔口用倒角刀进行倒角处理。

5. 工件加工方案的确定

上表面粗糙度为 1.6μm，采用粗铣→精铣的加工方法；φ30mm 内孔毛坯为实体，采用中心钻钻→扩→粗镗→精镗的加工方法；R40mm 凹槽及缺口，底面要求较高，但整体刮削较困难，采用立铣刀粗铣→精铣的加工方法；沉孔采用中心钻钻→锪→倒角进行加工，销孔采用中心钻钻→倒角→铰进行加工，螺纹孔采用中心钻钻→倒角→攻丝进行加工。

加工顺序按照先面后孔、先粗后精的原则，确定如下：粗铣顶面→钻孔位眼→钻各处通孔→扩中间大孔→粗铣凹槽及缺口→钻螺纹底孔→粗镗中间孔→扩螺钉孔→锪沉孔→孔口倒角→精铣顶面→精镗中间孔→精铣凹槽及缺口→铰销孔→攻丝。

二、数值处理

1. 编程原点的确定

编程原点应尽量选择在零件的设计基准或工艺基准上，且使编程简单、尺寸换算少和引起的加工误差小。本次加工零件的大多数构成要素为对称分布，所以将编程原点定在工件上表面大孔中心位置，尺寸确定非常容易，如图 5-69 所示。

2. 确定并绘制走刀路线

合理地选择走刀路线不但可以提高切削效率，还可以提高零件的表面精度，在设计走刀路线时，应重点考虑保证零件的加工精度和表面粗糙度的要求，同时要使走刀路线短、空刀时间少、数值计算简单，这样既可简化编程，又可提高加工效率。

具体设计各工步的走刀路线时，还要重点考虑进刀、退刀的方式，切入、切出的位置，以及下刀、抬刀的位置，进行必要的坐标计算，并绘制走刀路线图，以便于编程时使用。

图形标识含义：

⊙：抬刀；

⊗：下刀；

◐：编程原点；

——▸：加工进给；

┄┄▸：快速移动。

1）顶面铣削走刀路线

顶面采用 φ120mm 的面铣刀进行加工，而顶面尺寸为 φ100mm，故以 X 向中心线为加工时的走刀轨迹，如图 5-70 所示，起始高度定在 Z100 处，顶面粗铣后留余量 0.5mm。

2）铣凹槽及缺口走刀路线

粗、精铣均用 φ20mm 的立铣刀，粗铣如图 5-71（a）所示，先沿轨迹 A 粗铣内部，边壁及底面留余量 0.5mm，采用逆铣加工，再沿轨迹 B 粗铣缺口，两处均取消刀具半径补偿；精铣如图 5-71（b）所示，先沿轨迹 A 精铣外轮廓，采用顺铣加工，刀具半径左补偿，再沿轨迹 B 精铣内部及缺口，取消刀具半径补偿。

精铣加工时，沿轨迹 A 走刀后的已加工区域如图 5-71（c）所示，剩余的部分不是很规则，其精铣走刀路线是通过作图设计出来的。

粗、精铣各基点坐标计算如图 5-71（d）所示。

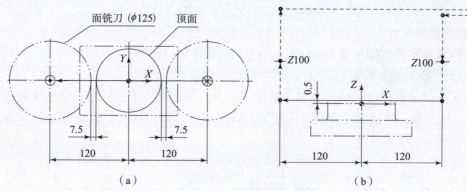

图 5-70 顶面铣削走刀路线
(a) X、Y 轴方向走刀路线；(b) Z 轴方向走刀路线

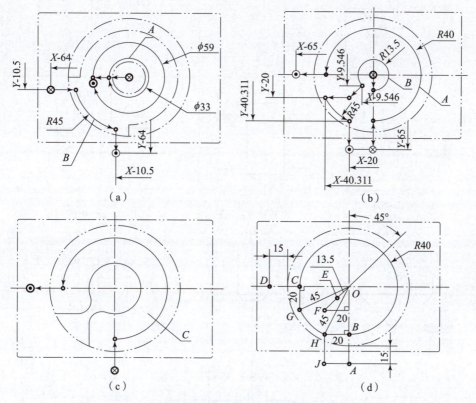

图 5-71 凹槽及缺口铣削走刀路线及坐标计算
(a) X、Y 轴方向粗铣走刀路线；(b) X、Y 轴方向精铣走刀路线；
(c) 沿精铣轨迹 A 加工后的区域；(d) 粗、精铣坐标计算

$$Y_A = -(40+15) = -55$$
$$X_D = -(40+15) = -55$$
$$X_E = -\sin 45° \times 13.5 = -9.546$$
$$Y_E = -\cos 45° \times 13.5 = -9.546$$
$$X_G = -(45^2 - 20^2)^{0.5} = -40.311$$

$$Y_H = -(45^2 - 20^2)^{0.5} = -40.311$$

3) 孔加工循环尺寸

参考点选取在零件实体上方 5mm 处，Z 点位置如图 5-72 所示。

3. 起刀点、换刀点和对刀点的确定

各加工工步起刀点位置的确定，要注意保证不要与工件发生干涉。粗、精铣顶面的起刀点详见图 5-71；粗、精铣凹槽及缺口的起刀点详见图 5-71；孔加工循环的起刀点为初始点位置，详见图 5-71 和图 5-72。

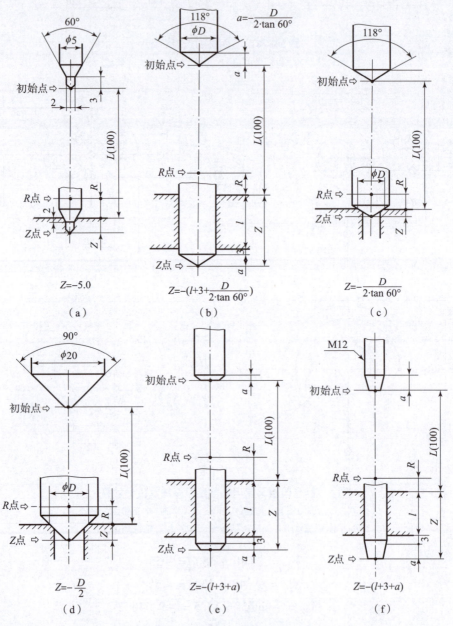

图 5-72 孔加工固定循环

(a) 钻中心孔；(b) 钻孔；(c) 用钻头倒角；(d) 用倒角刀倒角；(e) 铰孔；(f) 攻螺纹

KVC650E 立式加工中心的换刀点在机床 Z 轴原点处，使用换刀指令 M06 时，系统调用换刀宏程序，Z 轴自动返回至机床换刀原点。

对刀点是指通过对刀确定刀具与工件相对位置的基准点，该零件加工的对刀点确定在工件的中心位置，即编程原点处。

三、编写数控加工技术文件

1. 工序卡片的编制

根据前面工艺分析所确定的数控加工方案，编制该零件的数控加工工序卡，见表 5-8。

表 5-8　数控加工工序卡

（单位）		数控加工工序卡片		产品型号	零件名称	材料	零件图号
					支座	45钢	
工序号	程序编号	夹具名称		夹具编号	使用设备		车间
	O6100	平口虎钳			KVC650E		数控
工步号	工步内容		刀具号	刀具规格 /mm	主轴转速/ (r·min^{-1})	进给速度/ (mm·min^{-1})	背吃刀量 /mm	备注
1	粗铣顶面		T01	端面铣刀 φ125	240	300	2.5	
2	钻孔位眼		T02	中心钻 φ2	800	100	2	
3	钻各处通孔至 φ11.5mm		T03	麻花钻 φ11.5	500	100		
4	扩孔（φ30mm）至 φ27mm		T04	麻花钻 φ27	300	80		
5	粗铣凹槽及缺口		T05	2刃立铣刀 φ20	400	80	4	
6	钻 4-M12 底孔至 φ10.3mm		T06	麻花钻 φ10.3	600	110		
7	粗镗孔 φ30mm 至 φ29.4mm		T07	粗镗刀 φ29.4	700	120	1.2	
8	扩 4-φ14mm 通孔至尺寸		T08	麻花钻 φ14	400	90		
9	锪 4-φ20mm 沉孔至尺寸		T09	锪钻 φ20	350	85		
10	φ30mm 孔口倒角		T10	90°锪钻 φ40	400	100		
11	沉孔孔口倒角		T04	麻花钻 φ27	400	100		
12	销孔孔口倒角		T08	麻花钻 φ14	400	100		
13	精铣顶面		T01	端面铣刀 φ125	320	240	0.5	
14	精镗 φ30mm 孔至尺寸		T11	微调镗刀 φ30	1000	70	0.3	
15	精铣凹槽及缺口		T12	4刃立铣刀 φ20	700	100	0.5	
16	铰 2-φ12H7 孔		T13	铰刀 φ12	200	50	0.25	
17	攻 4-M12 螺纹		T14	丝锥 M12	200	350		
编制			审核		批准		共1页	第1页

2. 刀具卡片的编制

该零件数控加工刀具卡见表5-9。

表 5-9 数控加工刀具卡

（单位）		数控加工刀具卡片		产品型号	零件名称	材料	零件图号	工序号	程序编号
					支座	45钢			O6100
工步号	刀具号	刀具规格/mm		刀柄型号		直径D/mm	长度L/mm	补偿值/mm	备注
1	T01	端面铣刀 φ125		JT40—XD40—60		φ125			
2	T02	中心钻 φ2		JT40—Z10—45		φ2			J216
3	T03	麻花钻 φ11.5		JT40—Z18—45		φ11.5			J2116
4	T04	麻花钻 φ27		JT40—M3—75		φ27			
5	T05	2刃立铣刀 φ20		JT40—QC2—75		φ20			
6	T06	麻花钻 φ10.3		JT40—Z18—45		φ10.3			J2116
7	T07	粗镗刀 φ29.4		JT40—TQC25—120		φ29.4			
8	T08	麻花钻 φ14		JT40—Z18—45		φ14			J2116
9	T09	锪钻 φ20		JT40—M2—50		φ20			
10	T10	90°锪钻 φ40		JT40—M3—75		φ40			
11	T11	微调镗刀 φ30		JT10—F223		φ30			
12	T12	4刃立铣刀 φ20		JT40—QC2—75		φ20			
13	T13	铰刀 φ12		JT40—M1—30		φ12			
14	T14	丝锥 M12		JT40—G3		M12			
编制			审核			批准		共1页	第1页

四、编写零件的数控加工程序

该零件数控加工程序见表5-10。

表 5-10 数控加工程序单

（单位）	数控加工程序单	产品型号	零件图号	零件名称	工序号	程序编号	编制（日期）
				支　座		O6100	

序号	程序内容	程序说明	
1	O6100；	程序名	
2	G17 G21 G40 G49 G54 G80 G90；	系统初始化	
3	T01 M06；	换 T01 端面铣刀（φ125mm）	粗铣顶面程序
4	G00 X120 Y0；	快速移至工件上方	
5	M03 S240；	主轴正转	
6	G43 Z100 H01；	至安全高度，刀具长度补偿	
7	Z0.5；	至吃刀深度	
8	G01 X-120 F300；	铣削顶面	
9	G00 Z100 M05；	退离工件，主轴停	
10	T02 M06；	换 T02 中心钻（φ2mm）	钻孔位眼程序
11	G00 X57.5 Y37.5；	快速移至孔上方	
12	M03 S800；	主轴正转	
13	G43 Z100 H02；	至安全高度，刀具长度补偿	
14	G99 G81 Z-30 R-20 F100；	钻孔循环，刀具返回 R 点	
15	X62.5 Y0；	钻孔循环，刀具返回 R 点	
16	G98 X57.5 Y-37.5；	钻孔循环，刀具返回初始点	
17	G99 X-57.5 Y37.5；	钻孔循环，刀具返回 R 点	
18	X-62.5 Y0；	钻孔循环，刀具返回 R 点	
19	G98 X-57.5 Y-37.5；	钻孔循环，刀具返回初始点	
20	X0 Y0 Z-5 R5；	钻孔循环，刀具返回初始点	
21	G80 M05；	取消循环，主轴停	
22	T03 M06；	换 T03 麻花钻（φ11.5mm）	钻各处通孔至 φ11.5mm 程序
23	G00 X57.5 Y37.5；	快速移至孔上方	
24	M03 S500；	主轴正转	
25	G43 Z100 H03；	至安全高度，刀具长度补偿	
26	G99 G81 Z-55 R-20 F100；	钻孔循环，刀具返回 R 点	
27	X62.5 Y0；	钻孔循环，刀具返回 R 点	
28	G98 X57.5 Y-37.5；	钻孔循环，刀具返回初始点	
29	G99 X-57.5 Y37.5；	钻孔循环，刀具返回 R 点	
30	X-62.5 Y0；	钻孔循环，刀具返回 R 点	
31	G98 X-57.5 Y-37.5；	钻孔循环，刀具返回初始点	
32	X0 Y0 R5；	钻孔循环，刀具返回初始点	
33	G80 M05；	取消循环，主轴停	

续表

(单位)	数控加工程序单	产品型号	零件图号	零件名称	工序号	程序编号	编制（日期）
				支　座		O6100	

序号	程序内容	程序说明	
34	T04 M06;	换 T04 麻花钻（φ27mm）	扩孔（φ30mm）至 φ27mm 程序
35	G00 X0 Y0;	快速移至孔上方	
36	M03 S300;	主轴正转	
37	G43 Z100 H04;	至安全高度，刀具长度补偿	
38	G98 G81 Z-60 R5 F80;	钻孔循环，刀具返回初始点	
39	G80 M05;	取消循环，主轴停	
40	T05 M06;	换 T05 立铣刀（φ20mm）	粗铣凹槽及缺口程序
41	G00 X0 Y0;	快速移至轨迹 A 上方	
42	M03 S400;	主轴正转	
43	G43 Z5 H05;	靠近工件，刀具长度补偿	
44	G01 Z-3.5 F1000;	至吃刀深度	
45	X-16.5 F80;	直线插补	
46	G02 I16.5;	加工 φ33mm 整圆	
47	G01 X29.5;	直线插补	
48	G02 I29.5;	加工 φ59mm 整圆	
49	G00 Z5;	抬刀	
50	X-64 Y-10.5;	移至轨迹 B 起点	
51	G01 Z-3.5 F1000;	至吃刀深度	
52	X-43.758 Y-10.5 F80;	直线插补	
53	G03 X-10.5 Y-43.758 R45;	加工 R45mm 圆弧	
54	G01 Y-64;	直线插补	
55	G00 Z100 M05;	抬刀离开，主轴停	
56	T06 M06;	换 T06 麻花钻（φ10.3mm）	钻 4-M12 底孔程序
57	G00 X27.5 Y0;	快速移至孔上方	
58	M03 S600;	主轴正转	
59	G43 Z100 H06;	至安全高度，刀具长度补偿	
60	G99 G81 Z-35 R2 F110;	钻孔循环，刀具返回 R 点	
61	X0 Y-27.5;	钻孔循环，刀具返回 R 点	
62	X-27.5 Y0;	钻孔循环，刀具返回 R 点	
63	G98 X0 Y27.5;	钻孔循环，刀具返回初始点	
64	G80 M05;	取消循环，主轴停	

续表

（单位）	数控加工程序单	产品型号	零件图号	零件名称	工序号	程序编号	编制（日期）
				支　座		06100	

序号	程序内容	程序说明	
65	T07 M06；	换 T07 粗镗刀（φ29.4mm）	粗镗孔 φ30mm 程序
66	G00 X0 Y0；	快速移至孔上方	
67	M03 S700；	主轴正转	
68	G43 Z100 H07；	至安全高度，刀具长度补偿	
69	G98 G86 Z－53 R0 F120；	镗孔循环，刀具返回初始点	
70	G80 M05；	取消循环，主轴停	
71	T08 M06；	换 T08 麻花钻（φ14mm）	扩 4－φ14mm 通孔程序
72	G00 X57.5 Y37.5；	快速移至孔上方	
73	M03 S400；	主轴正转	
74	G43 Z100 H08；	至安全高度，刀具长度补偿	
75	G99 G81 Z－57 R－20 F90；	钻孔循环，刀具返回 R 点	
76	Y－37.5；	钻孔循环，刀具返回 R 点	
77	X－57.5；	钻孔循环，刀具返回 R 点	
78	G98 Y37.5；	钻孔循环，刀具返回初始点	
79	G80 M05；	取消循环，主轴停	
80	T09 M06；	换 T09 锪钻（φ20mm）	锪 4－φ20mm 沉孔程序
81	G00 X57.5 Y37.5；	快速移至孔上方	
82	M03 S350；	主轴正转	
83	G43 Z100 H09；	至安全高度，刀具长度补偿	
84	G98 G82 Z－38 R－20 P1000 F85；	钻孔循环，刀具返回初始点	
85	Y－37.5；	钻孔循环，刀具返回初始点	
86	X－57.5；	钻孔循环，刀具返回初始点	
87	Y37.5；	钻孔循环，刀具返回初始点	
88	G80 M05；	取消循环，主轴停	
89	T10 M06；	换 T10 90°锪钻（φ40mm）	φ30mm 孔口倒角程序
90	G00 X0 Y0；	快速移至孔上方	
91	M03 S400；	主轴正转	
92	G43 Z100 H10；	至安全高度，刀具长度补偿	
93	G98 G82 Z－21 R－14 P1000 F100；	钻孔循环，刀具返回初始点	
94	G80 M05；	取消循环，主轴停	

续表

(单位)	数控加工程序单	产品型号	零件图号	零件名称	工序号	程序编号	编制（日期）
				支座		O6100	

序号	程序内容	程序说明	
95	T04 M06;	换T04麻花钻（ϕ27mm）	
96	G00 X57.5 Y37.5;	快速移至孔上方	
97	M03 S400;	主轴正转	
98	G43 Z100 H04;	至安全高度，刀具长度补偿	
99	G98 G82 Z-31.35 R-26 P1000 F100;	钻孔循环，刀具返回初始点	
100	Y-37.5;	钻孔循环，刀具返回初始点	沉孔孔口倒角程序
101	X-57.5;	钻孔循环，刀具返回初始点	
102	Y37.5;	钻孔循环，刀具返回初始点	
103	G99 X27.5 Y0 Z-8 R0;	钻孔循环，刀具返回R点	
104	X0 Y-27.5;	钻孔循环，刀具返回R点	
105	X-27.5 Y0;	钻孔循环，刀具返回R点	
106	G98 X0 Y27.5;	钻孔循环，刀具返回初始点	
107	G80 M05;	取消循环，主轴停	
108	T08 M06;	换T04麻花钻（ϕ14mm）	
109	G00 X62.5 Y0;	快速移至孔上方	
110	M03 S400;	主轴正转	销孔孔口倒角程序
111	G43 Z100 H08;	至安全高度，刀具长度补偿	
112	G98 G82 Z-28.9 R-24 P1000 F100;	钻孔循环，刀具返回初始点	
113	X-62.5;	钻孔循环，刀具返回初始点	
114	G80 M05;	取消循环，主轴停	
115	T01 M06;	换T01端面铣刀（ϕ125mm）	
116	G00 X120 Y0;	快速移至工件上方	
117	M03 S320;	主轴正转	精铣顶面程序
118	G43 Z100 H01;	至安全高度，刀具长度补偿	
119	Z0.5;	至吃刀深度	
120	G01 X-120 F240;	铣削顶面	
121	G00 Z100 M05;	退离工件，主轴停	

第 5 章　数控铣削工艺与编程

续表

（单位）	数控加工程序单	产品型号	零件图号	零件名称	工序号	程序编号	编制（日期）
				支　座		O6100	

序号	程序内容	程序说明	
122	T11 M06;	换 T11 微调镗刀（ϕ30mm）	精镗 ϕ30mm 孔程序
123	G00 X0 Y0;	快速移至孔上方	
124	M03 S1000;	主轴正转	
125	G43 Z100 H11;	至安全高度，刀具长度补偿	
126	G98 G88 Z-55 R0 F70;	镗孔循环，手动返回初始点	
127	G80 M05;	取消循环，主轴停	
128	T12 M06;	换 T12 立铣刀（ϕ20mm）	精铣凹槽及缺口程序
129	G00 X0 Y-100;	快速移至下刀点	
130	M03 S700;	主轴正转	
131	G43 Z5 H12;	靠近工件，刀具长度补偿	
132	G01 Z-3.975 F1000;	至吃刀深度	
133	G41 X0 Y-65 D01;	至轨迹 A 起点位置，刀具半径左补偿	
134	Y-40 F100;	直线插补	
135	G03 X-40 Y0 J40;	R40mm 圆弧	
136	G01 X-65;	直线插补	
137	G00 Z5;	快速抬刀	
138	X0 Y0;	至轨迹 B 起点上方	
139	G01 Z-3.975 F1000;	至吃刀深度	
140	Y-13.5 F100;	直线插补	
141	G03 X-9.546 Y-9.546 J13.5;	加工 R13.5mm 圆弧	
142	G01 X-20 Y-20;	直线插补	
143	X-40.311;	直线插补	
144	G03 X-20 Y-40.311 R45;	加工 R45mm 圆弧	
145	G01 Y-65;	直线插补	
146	G00 G40 Y-100 M05;	取消半径补偿，主轴停	

续表

（单位）	数控加工程序单	产品型号	零件图号	零件名称	工序号	程序编号	编制（日期）
				支座		O6100	

序号	程序内容	程序说明	
147	T13 M06;	换 T13 铰刀（φ12H7）	铰 2 - φ12H7 孔程序
148	G00 X62.5 Y0;	快速移至孔上方	
149	M03 S200;	主轴正转	
150	G43 Z100 H13;	至安全高度，刀具长度补偿	
151	G98 G85 Z-55 R-20 F50;	钻孔循环，刀具返回初始点	
152	X-62.5;	钻孔循环，刀具返回初始点	
153	G80 M05;	取消循环，主轴停	
154	T14 M06;	换 T14 丝锥（M12）	攻 4 - M12 螺纹程序
155	G00 X27.5 Y0;	快速移至孔上方	
156	M03 S200;	主轴正转	
157	G43 Z100 H14;	至安全高度，刀具长度补偿	
158	G99 G84 Z-27 R10 P500 F350;	攻丝循环，刀具返回 R 点	
159	X0 Y-27.5;	攻丝循环，刀具返回 R 点	
160	X-27.5 Y0;	攻丝循环，刀具返回 R 点	
161	G98 X0 Y27.5;	攻丝循环，刀具返回初始点	
162	G80 M05;	取消循环，主轴停	
163	G91 G28 X0 Y0 Z0;	各轴回参考点	
164	M30;	程序结束	

练习与思考题

1. 简述顺铣和逆铣的优缺点，并具体说明数控铣削加工中如何选择顺、逆铣。
2. 简述数控铣削加工中如何选择立铣刀的相关参数。
3. 简述数控铣削加工中如何选择端铣刀的相关参数。
4. 数控铣削加工中工件坐标系的设定指令 G92 和 G54 有何区别？
5. 数控铣削加工中为什么要进行刀具补偿？
6. 数控铣削加工中使用刀具半径补偿有何意义？写出建立刀具半径补偿和撤销刀具半径补偿的正确编程格式（FANUC 系统为例）。
7. 简述数控铣削加工中刀具长度补偿设定的三种方式。

8. 简述子程序的定义、使用子程序的意义、子程序的调用格式及子程序与主程序的区别。

9. 综合练习

如图 5-73 所示，毛坯材料为 45 钢，毛坯尺寸为 100mm×80mm×27mm，四周及底面已经完成加工。

（1）编制该零件的数控铣削加工工艺。

（2）编制该零件的数控铣削加工程序。

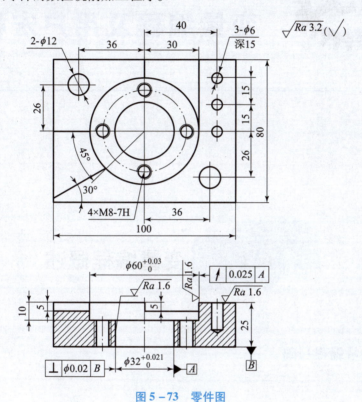

图 5-73 零件图

第 6 章 变量编程及用户宏程序

6.1 变量编程概述

6.1.1 变量编程基础

1. 基本定义

用户宏程序是指用户为了完成某一机能，采用变量、算术或逻辑运算和控制转移等命令编写的一种专用程序，加工程序通过宏程序调用指令，即可使用其定义的功能，从而简化程序的编制和提高编程效率。使用宏程序编程为程序开发提供了一种新的方式，这也使得用户手工编程更加灵活、方便。在实际使用中，宏程序可用于定义复杂曲线的加工，如椭圆、抛物线等曲线的走刀轨迹，也可用于定义一组相似的加工轨迹，通过改变变量值，简化程序的编制。

用户宏程序有 A、B 两类，本部分将以 FANUC 系统 B 类宏程序为例进行介绍。

2. 变量及类型

普通数控加工程序直接用数值指定 G 代码和移动距离等，如："G01 X60 Y－80 F100;"，使用用户宏程序时，数值可以直接指定或用变量指定，如："G01 X#1 Y－#2 F100;"，当用变量指定时，变量值可通过程序或用 MDI 面板上的操作改变。

1）变量的表示及引用

变量用变量符号（#）和后面的变量号表示，变量号可以是数字，如#12、#108 等，也可以用一个带方括号的表达式指定变量号，如# [5＋#1－#2]。当把变量用在指令地址符之

后时,变量就是地址的指令值,即引用了一个变量。例如:

S#9:当#9 = 650 时,即表示 S650。

Y - #1:当#1 = 50 时,即表示 Y - 50.0。

G#3:当#3 = 3 时,即表示 G3。

2) 变量的类型

变量根据变量号可以分成 4 种类型,见表 6 - 1。

表 6 - 1 变量的类型

变量号	变量类型	功能
#0	空变量	该变量总是空,没有值能赋给该变量
#1 ~ #33	局部变量	只能用在宏程序中存储数据,例如,运算结果。当断电时,局部变量被初始化为空。调用宏程序时,自变量对局部变量赋值
#100 ~ #199 #500 ~ #999	公共变量	在不同的宏程序中的意义相同。当断电时,变量#100 ~ #199 初始化为空;变量#500 ~ #999 的数据保存,即使断电也不丢失
#1000 ~	系统变量	用于读和写 CNC 运行时各种数据的变化,例如刀具的当前位置和补偿值

3. 变量赋值

变量的赋值方法有直接赋值和引数赋值。

1) 直接赋值

变量可以在操作面板上用"MDI"方式直接赋值,也可在程序中以等式方式赋值,但等号左边不能用表达式。B 类宏程序的赋值为带小数点的值。在实际编程中,大多采用在程序中以等式方式赋值的方法,如:

#100 = 100.0;

#100 = 30.0 + 20.0;

2) 引数赋值

宏程序以子程序方式出现,所用的变量可在宏程序调用时赋值,如:

G65 P1000 X100.0 Y30.0 Z20.0 F100.0;

该处的"X""Y""Z"不代表坐标字,"F"也不代表进给字,而是对应于宏程序中的变量号,变量的具体数值由引数后的数值决定。引数宏程序中引数与变量号的对应关系有两种,见表 6 - 2 和表 6 - 3。这两种方法可以混用,其中,G、L、N、O、P 不能作为引数代替变量赋值。

表 6 - 2 引数与变量号的对应关系(变量赋值方法 I)

引数	变量	引数	变量	引数	变量	引数	变量
A	#1	H	#11	R	#18	X	#24
B	#2	I	#4	S	#19	Y	#25
C	#3	J	#5	T	#20	Z	#26
D	#7	K	#6	U	#21		
E	#8	M	#13	V	#22		
F	#9	Q	#17	W	#23		

表 6-3 引数与变量号的对应关系（变量赋值方法 Ⅱ）

引数	变量	引数	变量	引数	变量	引数	变量
A	#1	I_3	#10	I_6	#19	I_9	#28
B	#2	J_3	#11	J_6	#20	J_9	#29
C	#3	K_3	#12	K_6	#21	K_9	#30
I_1	#4	I_4	#13	I_7	#22	I_{10}	#31
J_1	#5	J_4	#14	J_7	#23	J_{10}	#32
K_1	#6	K_4	#15	K_7	#24	K_{10}	#33
I_2	#7	I_5	#16	I_8	#25		
J_2	#8	J_5	#17	J_8	#26		
K_2	#9	K_5	#18	K_8	#27		

注意：在表 6-3 中，I、J 和 K 的下标用于确定自变量赋值的顺序，并不写在实际命令中，如：

G65 P0030 A50.0 I40.0 J100.0 K0 I20.0 J10.0 K40.0;

经赋值后 #1 = 50.0，#4 = 40.0，#5 = 100.0，#6 = 0，#7 = 20.0，#8 = 10.0，#9 = 40.0，如：

G65 P0030 A50.0 D40.0 I100.0 K0 I20.0;

经赋值后，I20.0 与 D40.0 同时分配给变量 #7，则后一个 #7 有效，所以变量 #7 = 20.0，其余同上。

4. 运算符与表达式

B 类宏程序的运算指令与 A 类宏程序的运算指令有很大的区别，它的运算类似于数学运算，仍用各种数学符号来表示，常用的运算格式指令见表 6-4。

表 6-4 常用的运算格式指令

运算功能	格式	说明	举例
赋值，替换	#i = #j		#101 = #1
加法	#i = #j + #k	四则运算	#102 = #2 + 20
减法	#i = #j - #k		#101 = #102 - #103
乘法	#i = #j * #k		#101 = #102 * #103
除法	#i = #j / #k		#103 = #2 / #11
正弦函数	#i = SIN[#j]	角度单位为"度"，如：60°30′表示为 60.5°	#101 = #4 * SIN[#103]
反正弦函数	#i = ASIN[#j]		#101 = ASIN[#102]
余弦函数	#i = COS[#j]		#102 = COS[#103]
反余弦函数	#i = ACOS[#j]		#101 = ACOS[#102]/[#103]
正切函数	#i = TAN[#j]		#11 = TAN[#8]
反正切函数	#i = ATAN[#j]		#101 = ATAN[#102]/[#103]

第 6 章　变量编程及用户宏程序

续表

运算功能	格式	说明	举例
平方根	#i = SQRT[#j]		#102 = SQRT[#103]
绝对值	#i = ABS[#j]		#101 = ABS[#103]
四舍五入	#i = ROUND[#j]		#2 = ROUND[#1]
自然对数	#i = LN[#j]		#1 = LN[#3]
指数函数	#i = EXP[#j]		#1 = EXP[#2]
或	#i = #jOR#k	逻辑运算对二进制数逐位进行	#101 = #102 OR #103
异或	#i = #jXOR#k		#101 = #102 XOR #103
与	#i = #jAND#k		#101 = #102 AND #103

运算优先次序如下：

（1）函数；

（2）乘、除、逻辑与（*、/、AND）；

（3）加、减、逻辑或、逻辑异或（+、-、OR、XOR）。

如：#1 = #2 + #3 * SIN [#4] 的运算次序为先正弦，再乘，最后相加。

括号"[ ]"用于改变运算次序，括号内的运算先进行。

函数 SIN、COS 等的角度单位是度，分和秒要换算成带小数点的度。如 90°30′表示为 90.5°，30°18′表示为 30.3°。

6.1.2　变量编程的控制方式

在程序中，使用某些控制语句可以改变程序的流向，通常有以下 3 种转移格式可供使用。

1. 无条件转移（GOTO 语句）

转移到标有顺序号 n 的程序段。

语句格式：

GOTO n；

程序中　n——程序段顺序号，可用常数（1～99999）或变量表达式指定。

例如：

GOTO 1；

GOTO #10；

2. 条件转移（IF 语句）

语句格式有以下两种类型：

（1）IF [条件表达式] GOTO n；

如果指定的条件表达式满足，则转移到标有顺序号 n 的程序段；如果指定的条件表达式不满足，则执行下一个程序段。

编程：如果变量#1 的值大于 10，转移到顺序号 N2 的程序段，否则执行下一程序段。

207

IF［#1 GT 10］GOTO 2；
G01 Z#12；
…
N2 G00 G91 X10.0；
…

2）IF［条件表达式］THEN …；
如果条件表达式满足，则执行预先决定的宏程序语句，且只执行一个宏程序语句。
编程：如果变量#1 和#2 的值相同，则将 1 赋值给变量#3。
IF［#1 EQ #2］THEN #3 =1；
条件表达式必须包括运算符，运算符插在两上变量中间或变量和常数中间，并且用括号［］封闭，表达式可以替代变量。运算符由两个字母组成，用于两个值的比较。条件式及其含义见表 6 – 5。

表 6 – 5　条件式及其含义

条件式	含义	示例
#I EQ #j	等于（=）	IF［#5 EQ #6］GOTO 300；
#i NE #j	不等于（≠）	IF［#5 NE 100］GOTO 300；
#i GT #j	大于（>）	IF［#6 GT #7］GOTO 100；
#i GE #j	大于等于（≥）	IF［#8 GE 100］GOTO 100；
#i LT #j	小于（<）	IF［#9 LT #10］GOTO 200；
#i LE #j	小于等于（≤）	IF［#11 LE 100］GOTO 200；

【例】计算自然数 50 ~ 100 的和。

O6011；	
#1 =0；	变量#1 保存累加的和，初始值赋值为 0
#2 =50；	变量#2 保存被加数，初始值赋值为 50
N1 IF［#2 GT 100］GOTO 2；	当被加数大于 100 时转移到 N2
#1 = #1 + #2；	计算两数的和
#2 = #2 +1；	下一个被加数
GOTO 1；	转到 N1
N2 M30；	程序结束

3. 循环（WHILE 语句）

当条件表达式满足时，执行从 DO 到 END 之间的程序，否则转到执行 END 之后的程序段。

语句格式：
WHILE［条件表达式］DO m；
…
END m；

第6章 变量编程及用户宏程序

…

程序中 m——用于指定程序循环执行范围的标记号，只能使用数字1、2和3。

上例也可以编写成以下宏程序：

O6011;
#1 =0;
#2 =50;
WHILE [#2 LE 100] DO 2;
#1 = #1 +#2;
#2 = #2 +1;
END 2;
M30;

4. 用户宏调用

宏程序有许多种调用方式，下面以在主程序中用G65指令调用宏程序为例进行介绍。

当主程序中使用G65时，以地址P指定的用户宏程序被调用，数据（自变量）被传递到用户宏程序体中。

指令格式：

G65 P__ L__ <自变量赋值>;

程序中 P——用于指定调用的宏程序号，如：P9022表示调用的宏程序号为O9022；
　　　L——用于指定宏程序的重复调用次数，如果省略，则表示只调用一次；
　　　<自变量赋值>——用于对宏程序中使用的自变量（局部变量）进行赋值。

例如：

主程序调用宏程序O6100一次，变量赋值：#2 =2.5，#24 =100。

主程序：　　　　　　　　　　宏程序：
O6011;　　　　　　　　　　　O9100;
…　　　　　　　　　　　　　…
G65 P9100 X100.0 B2.5;　　　#100 = #24/#2;
…　　　　　　　　　　　　　G01 X#100 F85;
　　　　　　　　　　　　　　…
　　　　　　　　　　　　　　M99;

M99用于表示用户宏程序的结束，即将用户宏程序当作子程序来调用。

6.2 变量编程及用户宏程序应用举例

【例】 加工如图6-1所示一长轴为60mm、短轴为40mm的椭圆内轮廓，如图6-1所示,铣刀直径为 $\phi 20$mm,假设内腔已进行过粗加工。

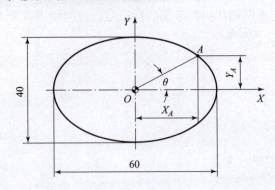

图 6-1 椭圆轨迹

在加工一些由数学表达式给出的非圆曲线轮廓时,如果采用轮廓节点计算出逼近直线和圆弧的每一个节点来编制加工程序,不但计算烦琐,而且程序段数目会很大;如果采用编程软件来生成加工程序,程序长度也将很长,对程序的阅读和修改都很不方便。这时如果采用用户宏程序编程,不但编程简单,而且程序段也很短。

根据椭圆参数方程,可知椭圆上任意一点 A 的坐标为

$$X_A = a\cos\theta$$
$$Y_A = b\sin\theta$$

式中 a——椭圆的长半轴;
   b——椭圆的短半轴;
   θ——椭圆的离心角($0 \leq \theta < 2\pi$)。

变量设置如下:

A(#1):椭圆的长半轴 a;
B(#2):椭圆的短半轴 b;
C(#3):椭圆的离心角 θ 每步递增角度,单位为(°);
D(#7):铣刀直径;
H(#11):吃刀深度。

主程序:

O6012;
G00 G54 G90 X0 Y0 M03 S1000; 刀具快速移至工件中心,主轴正转
Z20 M08; 刀具靠近工件,冷却液开
G65 P9012 A30 B20 C1 D10 H-5; 调用宏程序,给变量赋值
G00 Z100 M09; 退离工件,冷却液关
G91 G28 Z0; 返回参考点
M30; 程序结束

子程序:

O9012;
G00 X[#1-#7/2-3]; 移至起点上方

```
G01 Z[#11] F500;                 进给至吃刀深度
#17 = 0;                         离心角赋初值为 0
N10 #24 = #1 * COS[#17];         X 坐标计算表达式
#25 = #2 * SIN[#17];             Y 坐标计算表达式
G01 G41 X#24 Y#25 D01 F150;      两轴联动进给，刀具半径补偿
#17 = #17 + #3;                  离心角每次增加一个每步递增角度
IF [#17 LT 360] GOTO 10;         离心角不足 360°，转至 N10 段，否则执行下一段
G00 G40 X0 Y0;                   退回工件中心
M99;                             宏程序调用结束
```

【例】在立式加工中心上用球头铣刀对孔口倒圆角，如图 6 – 2 所示，假设内孔 φ30mm 已加工，现用 φ12mm 的球头铣刀对孔口倒 R5mm 的圆角，试编写加工程序。

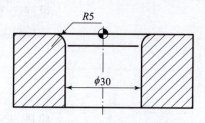

图 6 – 2　孔口倒圆角

以内孔中心线与上表面的交点为编程原点，绘制出球头铣刀在角度为 θ 时的中心位置，如图 6 – 3 所示，写出其坐标表达式：

$$X = (D/2 + r) - (R + r) \times \sin\theta$$
$$Z = (R + r) \times \cos\theta - r$$

式中　D——内孔直径；
　　　R——球头铣刀半径；
　　　r——圆角半径；
　　　θ——沿圆弧进刀步距角。

这些尺寸均用变量表达，即该程序也可用于其他尺寸内孔的倒圆角。

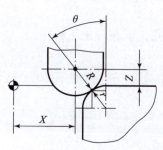

图 6 – 3　球头铣刀中心位置

将各尺寸设置为以下变量：
A（#1）：内孔直径 D；

B（#2）：球头铣刀半径 R；
C（#3）：圆角半径 r；
D（#7）：进刀步距角 θ，单位为度（°）。
主程序：

```
O6013;
G00 G90 G17 G54 X0 Y0;              刀具快速移至工件中心
G43 Z50 H02;                         刀具长度补偿
M03 S800;                            主轴正转
Z0 M08;                              冷却液开
G65 P9013 A30 B6 C5 D2;              调用宏程序
G00 Z100 M09;                        退离工件，冷却液关
G28 G91 Z0;                          返回参考点
M30;                                 程序结束
```

宏程序：

```
O9013;
#101 = #1/2 - #2 - 2;                将靠近孔壁的 X 值赋值给#101
#102 = #7;                           将进刀步距角赋值给#102
G01 X#101 F1000;                     刀具靠近孔壁
WHILE [#102 LE 90] DO 1;             WHILE 循环语句
#103 = #1/2 + #3 - [#2 + #3] * SIN[#102];   X 坐标表达式，赋值给#103
#104 = [#2 + #3] * COS[#102] - #3;   Z 坐标表达式，赋值给#104
G01 Z#104 F500;                      Z 向进刀
X#103 F100;                          进给至轨迹起点
G02 I-#103;                          铣削整圆
G00 X#101;                           退回
#102 = #102 + #7;                    计算下一进刀角度
END 1;
M99;
```

【例】钻削如图 6-4 所示的孔，试编写加工程序。

变量设置：
X（#24）：孔的 X 坐标；
Y（#25）：孔的 Y 坐标；
A（#1）：每行钻孔累计数；
B（#2）：累计钻孔总数。
主程序：

```
O6014;
G00 G90 G54 X0 Y0;
G43 Z100 H01;
```

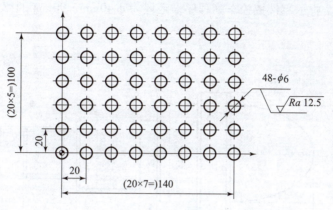

图 6-4 孔位置图

```
M03 S600;
M08;
G65 P9014 X0 Y-20 A0 B0;
G91 G28 Z0;
M30;
```

子程序：

```
O9014;
N10 #25 = #25 +20;
WHILE [#1 LE 8] DO 1;
G99 G81 X#24 Y#25 Z-8 R3 F80;
#24 = #24 +20;
#1 = #1 +1;
#2 = #2 +1;
END 1;
#1 = 0;
#24 = 0;
IF [#2 LE 48] GOTO 10;
M99;
```

练习与思考题

1. 何谓用户宏程序？使用用户宏程序有什么意义？
2. B 类用户宏程序的常用变量有哪些？各有什么特点？
3. 试解释 G65 程序段的功能。
4. 简述子程序调用和用户宏程序调用之间有何区别？

5. 编写图6-5所示零件数控车削程序。毛坯为ϕ40mm×90mm的棒料,材料为45钢,小批量生产。

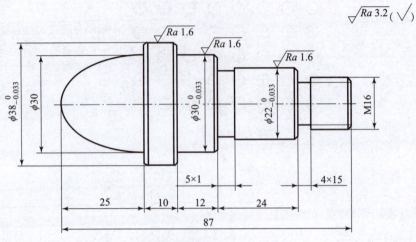

技术要求
1. 未注倒角全部为$C1$。
2. 锐边去毛刺。
3. 不允许套螺纹。

图6-5 零件图

第 7 章 数控电火花加工技术

7.1 数控电火花加工概述

电火花加工是在加工过程中,使工具与工件之间不断产生脉冲性的火花放电,靠放电时局部、瞬时产生的高温把金属蚀除,以获得所需要的形状和尺寸。因放电过程中可看见火花,故称为电火花加工,日、英、美又称为放电加工(Electrical Discharge Machining,EDM),俄罗斯也称电蚀加工。电火花加工主要用于加工具有复杂形状的型孔与型腔的模具和零件;加工各种硬、脆材料,如硬质合金和淬火钢等;加工深细孔、异形孔、深槽、窄缝和切割薄片等;加工各种成形刀具、样板与螺纹环规等工具和量具。

7.1.1 数控电火花加工原理

电火花加工是在一定的介质中,通过工具电极和工件电极之间脉冲放电的电蚀作用,对工件进行加工的方法。电火花加工的原理如图 7-1 所示。工件 1 与工具 4 分别和脉冲电源 2 的正、负极连接。自动进给调节装置 3 (此处为液压油缸和活塞) 使工具和工件之间一直保持适当的放电间隙,当脉冲电压加到两极(工件 1 与工具 4)之间时,便将工件与工具之间间隙最小处或绝缘强度最弱处击穿,在该局部产生火花放电,在放电的微细通道中瞬时集中大量的热能,温度可高达 10 000℃以上,压力也有急剧变化,从而使这一点工作表面局部微量的金属材料立刻熔化、气化,并爆炸式地飞溅到工作液中,迅速冷凝,形成固体的金属微粒,被工作液带走。这时在工件表面便留下一个微小的凹坑痕迹,放电短暂停歇,两电极间工作液恢复绝缘状态。紧接着，下一个脉冲电压又在两电极相对接近的另一点处击穿，产生火花放电，重复上述过程。这样，虽然每个脉冲放电蚀除的金属量极少，但因每秒有成千上万次脉冲放电作用，就能蚀除较多的金属，具有一定的生产率。在保持工具电极与工件之间恒定放电间隙的条件下，一边蚀除工件，一边使工具电极不断地向工件进给，最后便加工出与工具电极形状相对应的形状来。因此，只要改变工具电极的形状和工具电极与工件之间的相对运动方式，就能加工出各种复杂的型面。

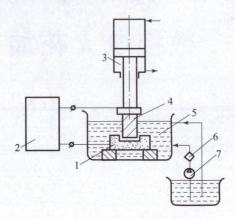

图 7-1 电火花加工原理示意图

1—工件；2—脉冲电源；3—自动进给调节装置；4—工具；5—工作液；6—过滤器；7—工作液泵

电火花加工的原理是基于工具电极和工件电极脉冲性火花放电时的电腐蚀现象来蚀除金属，对工件进行尺寸加工，以达到工件尺寸形状、表面质量等预定的要求。

2. 数控电火花加工的基本条件

实现电火花加工，应具备以下条件：

（1）工具电极和工件电极之间必须保持合理的距离。在该距离范围内，既可以满足脉冲电压不断击穿介质，产生火花放电，又可以适应在火花通道熄灭后介质消电离以及排出蚀除产物的要求。若两电极距离过大，则脉冲电压不能击穿介质、不能产生火花放电，若两电极短路，则在两电极间没有脉冲能量消耗，也不可能实现电腐蚀加工。

（2）两电极之间必须充入介质。在进行电火花加工时，两电极间为液体介质（专用工作液或工业煤油）；在进行材料电火花表面强化时，两电极间为气体介质。

（3）两电极间的脉冲能量密度应足够大。在火花通道形成后，脉冲电压变化不大，因此，通道的电流密度可以表示通道的能量密度。能量密度足够大，才可以使被加工材料局部熔化或气化，从而在被加工材料表面形成一个腐蚀痕（凹坑），实现电火花加工。放电通道必须具有足够大的峰值电流，通道才可以在脉冲期间得到维持。

（4）放电必须是短时间的脉冲放电。由于放电时间短，使放电时产生的热能来不及在被加工材料内部扩散，从而把能量作用局限在很小范围内，保持火花放电的冷极特性。

（5）脉冲放电需重复多次进行，并且多次脉冲放电在时间和空间上是分散的。这里包含两个方面的含义：其一，时间上相邻的两个脉冲不在同一点上形成通道；其二，若在一定时间范围内脉冲放电集中发生在某一区域，则在另一段时间内，脉冲放电应转移到另一区域。只有如此，才能避免积炭现象，进而避免发生电弧和局部烧伤。

第 7 章 数控电火花加工技术

(6) 脉冲放电后的电蚀产物必须及时排放至放电间隙之外,使重复性放电顺利进行。

在电火花加工的生产实际中,上述过程通过两个途径完成。一方面,火花放电以及电腐蚀过程本身具备将蚀除产物排离的固有特性,蚀除产物以外的其余放电产物(如介质的汽化物)亦可以促进上述过程;另一方面,还必须利用一些人为的辅助工艺措施,例如工作液的循环过滤,加工中采用的冲、抽油措施,等等。

3. 数控电火花加工机床的组成及作用

要实现电火花加工过程,机床必须具备三个要素,即:脉冲电源;机械部分和自动控制系统;工作液过滤与循环系统。

1) 脉冲电源

加在放电间隙上的电压必须是脉冲的,否则放电将成为连续的电弧。所谓脉冲电源,实际就是一种电气线路或装置,它们能发出具有足够能量的脉冲电压。

2) 机械部分和自动控制系统

其作用是维持工具电极和工件之间有一适当的放电间隙,并在线调整。

3) 工作液过滤与循环系统

工作液的作用是使能量集中,强化加工过程,带走放电时所产生的热量和电蚀产物。工作液系统包括工作液的储存冷却系统、循环系统及其调节与保护系统、过滤系统以及利用工作液的强迫循环系统。

上述三要素,有时也称为电火花加工机床的三大件,它们组成了电火花加工机床这一统一体,以满足加工工艺的要求。

7.1.2 数控电火花加工的特点

与传统的金属切削加工相比,数控电火花加工具有以下特点。

(1) 采用电火花加工零件,由于电火花放电的电流密度很高,产生的高温足以熔化和气化任何导电材料。因此,可以加工任何硬、脆、软、黏或高熔点金属材料,包括热处理后的钢制零件。这样利用电火花对零件加工成形后可不受热处理后变形的影响,从而提高了零件的加工精度。

(2) 电火花加工由于不是靠刀具的机械方法去除,故加工时无任何机械力作用,也无任何因素限制。因此,可以用来加工小孔、窄槽及各种复杂形状的型孔及型腔以及利用一般加工方法难以加工的零件,给零件加工提供了方便。

(3) 电脉冲参数可以任意调节,故在同一台机床上可对零件进行粗、半精、精加工及连续加工,从而提高了工作效率。

(4) 电火花加工是直接用电能加工,便于实现生产中的自动控制及加工。

(5) 电火花加工由于能加工硬质合金零件成形,为制造硬质合金零件、提高零件的使用寿命及提高零件的耐用度创造了条件。

(6) 采用电火花加工零件,操作方便,加工后的零件精度高,表面粗糙度可达 $Ra1.25\mu m$。因此,利用电火花加工后的零件,由钳工稍加修整后即可以装配使用。

7.1.3 数控电火花加工的分类

电火花加工按工具电极与工件相对运动的方式和用途不同,大致可分为电火花成形加工、电火花线切割加工、电火花磨削加工、电火花同步共轭回转加工、电火花高速小孔加工、电火花表面强化与刻字加工等六大类。前五类属于电火花成形和尺寸加工,是用于零件形状和尺寸改变的加工方法;最后一类属于表面加工方法,用于改变或改善零件表面的性质。其中电火花线切割加工约占电火花加工的60%,电火花成形加工约占30%。随着电火花加工工艺的蓬勃发展,线切割加工已成为先进工艺制作的标志。各类电火花加工的特点和用途见表7-1。

表7-1 各类电火花加工的特点和用途

类别	特点	用途
电火花成形加工	1. 工具为与被加工表面有相同截面的成形电极; 2. 工具与工件之间只有一个相对进给运动	型腔加工; 穿孔加工
电火花线切割加工	1. 工具为线状电极轴向的运动; 2. 工具沿线状电极轴向运动,工件在水平面做进给运动	切割各种直纹面零件; 下料、裁边和窄缝加工
电火花磨削加工	1. 工具与工件有相对旋转运动; 2. 工具与工件有径向和轴向的进给运动	加工外圆、小模数滚刀; 加工精度高、表面粗糙度值小的小孔
电火花同步共轭回转加工	1. 成形工具与工件都做旋转运动,但二者角速度相等或成整数倍,而相对应的放电点有径向相对运动; 2. 工具相对工件可做纵、横向进给运动	以同步回转、展成回转、倍角速度回转等加工各种复杂型面类零件,如高精度的异形齿轮、精密螺纹环规,高精度、高对称度及表面粗糙度值小的内、外回转体零件
电火花高速小孔加工	1. 采用细管电极,管内冲入高压水基工作液; 2. 细管电极旋转; 3. 细管电极和工件有一个相对进给运动	线切割穿丝预孔; 深径比很大的小孔
电火花表面强化与刻字加工	1. 工具在工件表面上振动; 2. 工件相对工具移动	模具刃口,刀、量具刃口表面强化和镀覆; 电火花刻字、打印记

著名的电火花机床有GF阿奇夏米尔电火花机床(阿奇电火花机床、夏米尔电火花机床、米克朗电火花机床)、孚尔默电火花机床、安德数字电火花机床、北京凝华电火花机床、汉川电火花机床、团结普瑞玛电火花机床、宝玛数控电火花机床、苏州三光电火花机床、苏州金光电火花机床、迪蒙卡特电火花机床、力丰电火花机床、火花集团电火花机床、三星电火花机床、华科数控电火花机床和伊斯沃电火花机床等。

7.2 数控电火花线切割加工基础

电火花线切割加工（Wire Cut EDM，WEDM）是在电火花加工基础上发展起来的一种新的工艺形式，是用线状电极（钼丝或铜丝）靠火花放电对工件进行切割，故称为电火花线切割加工，有时简称线切割加工。其最早产生于苏联。

7.2.1 数控电火花线切割加工原理

电火花线切割加工的基本原理是利用移动的细小金属导线（铜丝或钼丝）作电极，对工件进行脉冲火花放电，通过计算机进给来控制系统。其配合一定浓度的水基乳化液进行冷却排屑，就可以对工件进行图形加工。

电火花线切割加工时，在电极丝和工件上加高频脉冲电源，使电极丝和工件之间脉冲放电，产生高温，使金属熔化或气化，从而得到需要的工件。

如图7-2所示，工件接脉冲电源的正极，电极丝接负极。加上高频脉冲电源后，在工件与电极丝之间产生很强的脉冲电场，使其间的介质被电离击穿，产生脉冲放电。由于放电的时间很短（$10^{-6} \sim 10^{-5}$ s），放电间隙小（0.01mm左右），且发生在放电区的小点上，能量高度集中，放电区温度高达10 000℃～12 000℃，使工件上的金属材料熔化，甚至气化。由于熔化或气化的都是在瞬间进行的，故具有爆炸的性质，即在爆炸力的作用下，将熔化金属材料抛出，或被液体介质冲走。工作台相对电极丝按预定的要求运动，就可以加工出要求形状的工件。因此，数控电火花加工过程中至少包含以下三个条件：

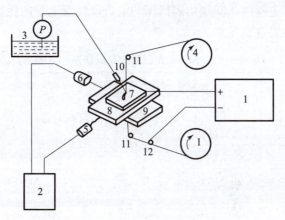

图7-2　线切割加工原理

1—脉冲电源；2—控制装置；3—工作液箱；4—走丝机构；5，6—步进电动机；
7—加工工件；8，9—纵横向拖板；10—喷嘴；11—电极丝导向器；12—电源进电柱

(1) 必须在工件与工具之间加上脉冲电源；

(2) 工具电极做轴向运动；

(3) 工件相对工具电极做进给运动。

电火花线切割加工中，电极丝同样要受到电腐蚀作用，为了获得较好的表面质量和高的尺寸精度，电极丝受到的电腐蚀应尽可能小。由电腐蚀作用原理可知：电极丝接脉冲电源的负极，工件接正极，这样电极丝受到的电腐蚀最小；同时电极丝必须做轴向移动，以避免电极丝局部过度腐蚀；还需向放电间隙注入大量液体工作介质，以使电极丝得到充分冷却。另一方面，两个电脉冲之间必须有足够的间隔时间，以确保电极丝和工件之间的脉冲放电是火花放电而不是电弧放电。

7.2.2 数控电火花线切割加工的分类和特点

1. 数控电火花线切割加工的分类

1）按控制方式分

按控制方式主要分为靠模仿型控制、光电跟踪控制、数字程序控制和微机控制等。

靠模仿型控制、光电跟踪控制的电火花线切割机床现在已经很少使用，取而代之的主要是数字程序控制、微机控制的控制方式。其中，快走丝线切割主要有台式单板机和柜式工控机两种。台式单板机主要以 3B 程序控制，个别的还用 4B 或 5B 格式。柜式工控机是近代网络化的必然产物，采用的是国际标准化程序 ISO 代码，是以 CPU 为依据的控制系统方式。慢走丝线切割的控制方式是以柜式工控机为主，极个别的是全智能化操作系统。国产的慢走丝一般是半自动控制方式，而国外进口机大部分是全自动控制方式，其采用去离子水作为工作液，只有在特殊精加工时才采用绝缘性能较好的煤油。

2）按走丝速度分

按走丝速度主要分为低速走丝方式（俗称慢走丝 WEDM – LS）和高速走丝方式（俗称快走丝 WEDM – HS）。高速走丝电火花线切割机床的电极丝做高速往复运动，是我国生产和使用的主要机型；低速走丝电火花线切割机床的电极丝做低速单向运动，是国外生产和使用的主要机型。二者的主要区别见表 7 – 2。

表 7 – 2 高速走丝和低速走丝电火花线切割机床的主要区别

项目	高速走丝电火花线切割机床	低速走丝电火花线切割机床
走丝速度/$(m \cdot s^{-1})$	6 ~ 11	0.015 ~ 0.25
走丝方向	往复运动	单向运动
放电间隙/mm	约 0.01	0.02 ~ 0.05
切割速度/$(mm^2 \cdot min^{-1})$	20 ~ 160	20 ~ 240
工作液	线切割乳化液、水基工作液	去离子水
加工精度/mm	0.005 ~ 0.015	0.002 ~ 0.005
表面粗糙度 Ra/μm	3.2 ~ 1.6	1.6 ~ 0.8

续表

项目	高速走丝电火花线切割机床	低速走丝电火花线切割机床
电极丝材料、规格	$\phi 0.06 \sim \phi 0.25$ mm 的钼丝或钨钼合金	$\phi 0.07 \sim \phi 0.3$ mm 的铜、钨、钼丝，常用 $\phi 0.2$ mm 铜丝
电极丝损耗	约 0.005 mm（加工 $10^4 mm^2$）	不计
重复精度/mm	± 0.01	± 0.002

3）按加工尺寸范围分

按加工尺寸范围主要分大、中、小型以及普通型与专用型等。

2. 数控电火花线切割加工的特点

数控电火花线切割加工除了具有电火花加工的所有特点之外，还有其特殊的加工特点。

（1）省掉了成形的工具电极，大大降低了成形工具电极的设计和制造费用，缩短了生产时间，加工周期短，对新产品的试制很有意义。

（2）由于采用移动的长电极丝进行加工，使单位长度电极丝的损耗较少，从而对加工精度的影响比较小，特别是在低速走丝切割加工时，电极丝损耗对加工精度的影响更小。

（3）采用数控电火花线切割加工冲模时，可以实现凸、凹模一次加工成形。

数控电火花线切割加工有许多优点，因而在国内外发展较快，被广泛应用于模具加工、电火花成形加工用的电极和新产品试制等。

7.2.3 数控电火花线切割加工工艺基础

1. 数控电火花线切割加工的主要工艺指标

1）切割速度

在保持一定表面粗糙度的切割加工过程中，单位时间内电极丝中心线在工件上切过的面积总和称为切割速度，单位为 mm^2/min。切割速度是反映加工效率的一项重要指标，数值上等于电极丝中心线沿图形加工轨迹的进给速度乘以工件厚度。

2）加工精度

线切割加工后，工件的尺寸精度、形状精度（如直线度、平面度、圆度等）和位置精度（如平行度、垂直度、倾斜度等）称为加工精度。

3）表面粗糙度

线切割加工中的工件表面粗糙度通常用轮廓算术平均值偏差 Ra 值表示。

4）电极丝损耗量

对高速走丝线切割加工，在切割 10 000 mm^2 的面积后电极丝直径的减少量应小于 0.01 mm。

2. 影响工艺指标的主要因素

1）影响切割速度的主要因素

切割速度是反映加工效率的重要指标。影响切割速度的因素很多，主要有极性效应、脉冲电源、线电极、工作液和工件等。

（1）极性效应的影响。

在电火花加工过程中，无论是正极还是负极，都会不同程度地被电蚀，即使是相同的材料，如用钢加工钢，正、负极的电蚀量也是不同的（如果两极材料不同，差异更大）。这种纯粹因正、负极性不同而导致彼此电蚀量不同的现象叫极性效应。一般把工件接脉冲电源正极的加工方式叫"正极性"加工，而把工件接脉冲电源负极的加工方式叫"负极性"加工。

当采用长脉冲（即放电持续时间较长）加工时，负极性加工的切割速度较高，电极丝的损耗较少，适合于零件的粗加工；当采用短脉冲（即放电持续时间较短）加工时，正极性加工的加工精度较高，适合于零件的精加工。

（2）脉冲电源的影响。

脉冲电源对切割速度的影响主要是通过脉冲宽度、脉冲间隔、开路电压、峰值电流、脉冲频率以及脉冲电流上升的速度来实现的。通常适当地增大脉冲宽度、提高脉冲频率和开路电压、增大峰值电流、减小脉冲间隔能提高切割速度，同时脉冲电流上升的速度越快，切割速度越高；反之则会降低切割速度。

（3）线电极的影响。

线电极直径越大，允许通过的电流越大，这时其切割速度也越高，对加工厚工件特别有利；线电极的张紧力越大，加工区域可能产生振动的幅值越少，不易产生短路现象，可节省放电的能量损耗，有利于切割速度的提高；线电极的走丝速度越高，线电极冷却越快，电蚀物排出也越快，则可加大切割电流，以提高切割速度。线电极供电部位的接触电阻越小，加工区间的能量损耗也越小，有利于提高切割速度。

（4）工作液的影响。

在快走丝线切割机床加工中，常使用乳化液作为工作液，而不同种类的乳化液或同种类而浓度不同的乳化液对切割速度都有不同程度的影响，其比较分别见表7-3和表7-4。

表7-3 乳化剂浓度与切割速度的关系

乳化剂浓度/%	脉宽/μs	间隔/μs	电压/V	电流/A	切割速度/(mm^2·min^{-1})
10	40	100	87	1.6~1.7	41
	20	100	85	2.1~2.3	44
18	40	100	87	1.6~1.7	36
	20	200	85	2.1~2.3	37.5

表7-4 乳化剂对切割速度的影响

乳化剂	脉宽/μs	间隔/μs	电压/V	电流/A	切割速度/(mm^2·min^{-1})
Ⅰ	40	100	88	1.7~1.9	37.5
	20	100	86	2.3~2.5	39
Ⅱ	40	100	87	1.6~1.8	32
	20	100	85	2.3~2.5	36
Ⅲ	40	100	87	1.6~1.8	49
	20	100	85	2.3~2.5	51

在慢走丝线切割机床加工中，普遍采用去离子水加导电液作为工作液，使之电阻率降低，有利于切割速度的提高。

(5) 工件的影响。

不同材质的工件，因其导电系数、电蚀物的附着（或排除）程度及加工间隙的绝缘程度不同，对切割速度的影响程度也不同。例如，在同等加工条件下，铝合金件的切割速度是硬质合金件切割速度的 10 倍，是铜的 6 倍，是石墨的 7 倍左右，而磁钢及锡材料件的切割速度则最低。

工件的厚度是直接影响切割速度的重要因素，一般来讲，工件厚度越厚，加工的表面积增大，熔蚀量大，耗能大，切割速度也就越慢。

工件经锻造后，如含有导电系数极低的"夹灰"等异物，可能会大大降低其切割速度，严重时还会导致无法"切割"。

经磨削（如平磨）后的钢质工件，因有剩磁，加工中的电蚀屑可能吸附在割缝中，不易清除，产生无规律的短路现象，也会大大降低其切割速度。

2) 影响切割精度的主要因素

数控线切割的切割精度主要受机械传动精度的影响，除此之外，线电极的直径、放电间隙大小、工作液喷流量大小和喷流角度等也会影响加工精度。

(1) 割缝是影响工件尺寸的重要因素。

除了线电极的直径在理论上为定值，并排除编程计算因素外，割缝大小及其变化将受到脉冲电源的多项电参数、切割速度、工作液的电阻率和工件厚度等多方面的综合影响，在加工中应尽量控制其割缝尺寸趋于稳定。

(2) 线电极的振动是影响加工表面平面度和垂直度的主要因素。

线电极的振动与线电极的张紧力、导轮导向槽或导轮轴承的磨损有着密切的联系。在慢走丝线切割加工中，由于电极丝张力均匀，振动较少，所以加工稳定性、表面粗糙度、精度指标等均较好。若走丝速度过高，将使电极丝的振动加大，会降低精度，使表面粗糙度变差，且易造成断丝。

(3) 工件厚度及材料的影响。

工件材料薄，工作液容易进入并充满放电间隙，对排屑和消电离有利，加工稳定性好。但工件太薄，金属丝易产生抖动，对加工精度和表面粗糙度不利。工件厚，工作液难以进入且充满放电间隙，加工稳定性差，但电极丝不易抖动，因此精度高、表面粗糙度小。

工件材料不同，其熔点、气化点、热导率等都不一样，因而加工效果也不同。例如采用乳化液加工：加工铜、铝、淬火钢时，加工过程稳定，切割速度高；加工不锈钢、磁钢、未淬火高碳钢时，稳定性较差，切割速度较低，表面质量较差；加工硬质合金时，比较稳定，切割速度较低，表面粗糙度较小。

3) 影响表面粗糙度的主要因素

表面粗糙度主要取决于脉冲电源的电参数、加工过程稳定性及工作液的脏污程度，此外，线电极的走丝速度对表面粗糙度的影响也很大。

若脉冲放电的总能量小，则表面粗糙度就小。因此这就要求适当减小放电峰值电流、脉冲宽度，但这样会使切割速度减慢。为了兼顾这些工艺指标，就应提高脉冲电源的重复频率及增加单位时间内的放电次数。

加工过程稳定性对表面粗糙度的影响也很大,为此,要保证储丝筒和导轮的制造和安装精度,控制储丝筒和导轮的轴向及径向跳动,且导轮转动要灵活,并防止导轮跳动和摆动,这样有利于减少工具电极丝的振动,以稳定加工过程。必要时可适当降低工具电极丝的走丝速度,以增加工具电极丝正反换向及走丝时的平稳性。

工作液上下冲水不均匀,会使加工表面产生上下凹凸相间的条纹,精度和表面粗糙度都将变差。适当减小其流量和压力,还可减小线电极的振动,有利于降低表面粗糙度值。

4)工件材料内部残余应力对加工的影响

对热处理后的坯件进行电火花线切割加工时,由于大面积去除金属和切断加工会使材料内部残余应力的相对平衡状态遭到破坏,从而产生很大的变形,破坏了零件的加工精度,甚至在切割过程中材料会突然开裂。减少变形和开裂的措施主要有以下几种:

(1)改善热处理工艺,减少内部残余应力或使应力均匀分布。

(2)采用多次切割的方法。

(3)选择合理的切割路线和切割进刀点,如图7-3所示。

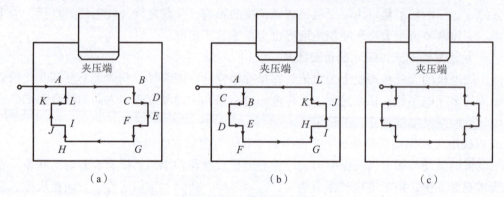

图7-3 切割路线的确定

(a)错误的切割路线;(b)正确的切割路线;(c)高精度的切割路线

(4)对于精度要求较高的零件,应先在毛坯内加工穿丝孔,避免当从毛坯外切入时引起毛坯切开处变形。

(5)减少切割体积,在热处理之前把部分材料切除或预钻孔,使热处理均匀变形。

3. 工件的装夹

1)工件的装夹要求

(1)工件的基准面应清洁毛刺,经过热处理的工件应清除热处理的残留物和氧化皮。

(2)夹具精度要高。工件至少用两个侧面固定在夹具或工作台上,如图7-4所示。

(3)装夹工件的位置要有利于工件的找正,并能满足加工行程的需要,工作台移动时不得与丝架相碰。

(4)装夹工件的作用力要均匀,不得使工件变形或翘起。

(5)批量零件加工时,最好采用专用夹具,以提高效率。

(6)细小、精密、壁薄的工件应固定在辅助工作台或不易变形的辅助夹具上,如图7-5所示。

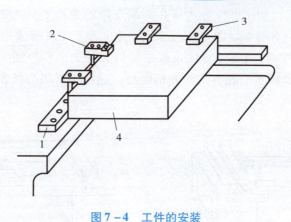

图 7-4 工件的安装

1—工件挡板；2—弹簧压板；3—工件压板；4—工件

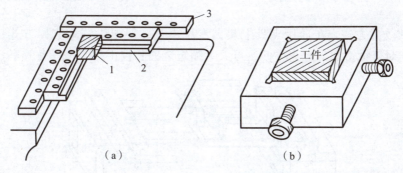

图 7-5 辅助工作台和辅助夹具

（a）辅助工作台；（b）辅助夹具

1—工件；2—辅助工作台；3—工件挡板

2）工件的装夹方式

（1）悬臂支撑方式。如图 7-6 所示，悬臂支撑方式通用性强，装夹方便，但工件平面难与工作台面找平，工件受力时位置易变化。因此，只在工件加工要求低或悬臂部分较小的情况下使用。

（2）两端支撑方式。两端支撑方式是将工件两端固定在夹具上，如图 7-7 所示。这种支撑方式装夹方便，支撑稳定，定位精度高，但不适于小工件的装夹。

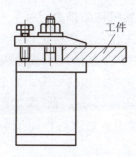

图 7-6 悬臂支撑方式

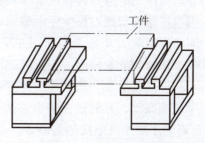

图 7-7 两端支撑方式

(3) 桥式支撑方式。桥式支撑方式是在两端支撑的夹具上,再架上两块支撑垫铁,如图 7-8 所示。此方式通用性强,装夹方便,大、中、小型工件都适用。

(4) 板式支撑方式。板式支撑方式是根据常规工件的形状,制成具有矩形或圆形孔的支撑板夹具,如图 7-9 所示。此方式装夹精度高,适用于常规与批量生产,同时也可增加纵、横方向的定位基准。

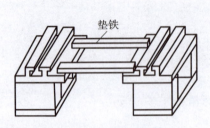

图 7-8　桥式支撑方式

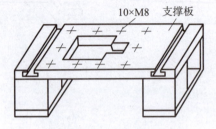

图 7-9　板式支撑方式

(5) 复式支撑方式。在通用夹具上装夹专用夹具,便成为复式支撑方式,如图 7-10 所示。此方式对于批量加工尤为方便,可大大缩短装夹和校正时间,提高效率。

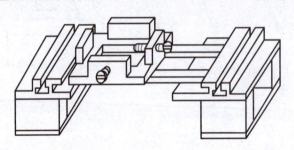

图 7-10　复式支撑方式

4. 提高线切割加工质量的途径

影响线切割加工质量的因素是多方面的,有机床主体(机械及伺服驱动等)方面的,有电参数及其工艺参数选择方面的,也有工艺方法方面的,其他还有如工件(材料、制坯、热处理)、线电极和工作液等诸多方面,所以说,提高其加工质量的途径是一个"系统工程",其中较多影响因素在前面已经讲述过,现从以下几个方面来分析。

1) 减小线电极振动

减小线电极振动的措施有:经常检查和调整线电极张紧机构的张力,对手工绕线的快走丝装置,则应注意在绕线过程中凭手感控制张力进行紧线工作;注意检查导轮支承轴承和导轮上的导向槽根部圆弧 R 是否磨损,并及时更换;加工时,工作液应将线电极圆周均匀包围,当发现工作液喷洒歪斜时,应及时进行检查、调整或更换破损的喷头;加工薄片状工件时,可将多片坯件重叠在一起压紧后加工。为防止薄片未压紧部分受弹性影响而出现凸凹空间,并产生新的振动,有时还需采取多点压紧或多点铆接压紧处理后再加工,工件由薄变"厚"后,有利于减小线电极的振幅。

2) 多次切割

由于线切割加工的特殊性,工件切割后的变形不可避免,加之受工件材料及热处理等因素的影响，有时对较大轮廓，即使采用了从工艺孔开始进行封闭式切割，但仍可能出现芯部（凸模或废芯）被其外框变形收缩而卡死的现象，即使切割变形量不太大，但仍将影响到工件的加工质量，甚至造成工件报废。采用多次切割加工工艺，是提高其加工精度和整体质量的有效措施。多次切割的优点如下：

（1）节省加工时间，提高加工精度。一次切割要满足不变形或极小变形，必须采用非常精细的加工规准，切割速度必然大幅度降低，加工时间可能大大超过多次切割。多次切割工艺是先用高速进行粗切割，再采用中速进行精切割，可大大节省总加工时间。精切割时，因受变形的影响已大大减弱，加工精度也得到保证和提高，一般能使尺寸精度达±0.005mm、凸尖圆角小于0.005mm、表面粗糙度 Ra 小于 0.63μm。

（2）利于修整拐角塌角。多次切割使其能量逐步减小，拐角的塌角经多次修整而得到了较好的控制。

（3）可去除加工表面的切割变质层和显微裂纹。因线切割过程受火花放电的影响，工件材料急剧加热、熔化，又急剧冷却，导致加工表面层的金相组织发生明显变化，会出现不连续、不均匀的变质层和显微裂纹。工件在使用中，变质层会很快磨损，显微裂纹也会扩散和增大，以致大大降低工件（特别是模具）的使用寿命。多次切割因其能量逐步减小，所以这些不利因素也可得到较大的改善。

3）消除凸尖和避免凹坑的方法

在线切割中，工件加工表面上常常会出现一条高出或低于该表面的明显线痕，其外凸形的称为凸尖，内凹形的称为凹坑。这是受到线电极圆弧和水花间隙的影响，在加工轮廓面的交接处产生的。在快走丝时用细电极加工的凸尖很小，而在慢走丝时用粗电极加工的凸尖则较大。在加工实践中，常采用以下方法进行处理：

（1）在确定切割路线时，应尽量安排其交接处位于轮廓的拐角（或其他轮廓线交点位置），并避免在平面中间或圆滑过渡轮廓（如相切位置）上设置交接点。这样，即使加工后出现凸尖，也便于采用多次切割工艺或其他一些加工方法进行去除。

（2）因内表面工件在拐角处产生凹坑现象不十分明显，故一般无须另做处理。而对于无拐角轮廓（如全部轮廓线均相切或整圆孔）工件，当凹坑严重时会造成报废损失。其处理方法除了采用多次切割工艺外，对于切割变形可控制到很小的内表面无拐角工件（如椭圆孔凹模），还可采取预留凸尖（见图 7-11）的方法，将圆滑表面上可能产生的凹坑转嫁到预留的凸尖上。

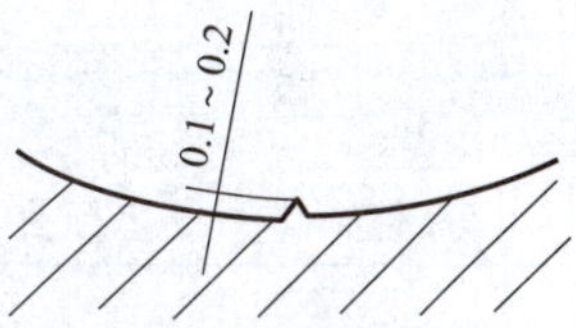

图 7-11 预留凸尖

预留凸尖的位置安排在不重要表面或曲率半径较大的表面上，以便后期用其他方法予以去除，也可采用多次修整式切割法去除。

4）完工件损伤的预防

完工件是指切割完毕后得到的内表面零件和外表面零件。加工过程稍有疏忽或不慎，都可能在加工轮廓的交接处造成损伤，甚至使工件报废。

对于割缝较宽而不太厚的工件，在轮廓切割完毕后，工件（如凸模）或废芯（针对凹模件）会自行掉落，由于工件或废芯上各处的重力不均匀，故一般很难保证垂直下落，如在该瞬间发生歪斜，就会使交接处因意外电蚀而损伤。其常用的预防方法如下：

(1) 在轮廓切割快要结束的适当位置,及时在坯件下放入一备用的等高辅助工作台托住工件或废芯,待线电极返回工艺孔或停机后再取出。

(2) 避免在最后一段轮廓加工结束后就立即切断高频电源(可在加工结束的程序段末尾增加一个停机码),待工件或废芯取出后再返回工艺孔,亦能保证工件不受损伤。

7.3 数控电火花线切割加工编程

数控电火花线切割机床的编程格式主要有两类:3B 格式(或4B 格式)、ISO 代码格式。3B、4B 格式是较早的线切割数控系统的编程格式,随着信息技术的发展,将逐步被淘汰;而 ISO 代码格式是国际标准代码格式,正逐步成为数控电火花线切割机床编程的主流格式。但由于 3B 代码格式应用仍然比较广泛,故目前生产的数控电火花线切割机床一般都能够接受这两种格式的程序。

7.3.1 3B 编程

3B4 格式一般只能用于快走丝线切割,功能少,兼容性差,常采用相对坐标系编程,不具备间隙补偿功能,但其针对性强,通俗易懂。

下面以 3B 格式为例加以介绍。

1. 程序格式

3B 程序格式见表 7-5。表 7-5 中的 B 叫分隔符号,它在程序单上起着把 "X""Y" 和 "J" 数值分隔开的作用。当程序输入控制器时,读入第一个 B 后的数值表示 X 坐标值;读入第二个 B 后的数值表示 Y 坐标值,读入第三个 B 后的数值表示计数长度 J 的值。

表 7-5 3B 程序格式

B	X	B	Y	B	J	Z
分隔符	X 坐标值	分隔符	Y 坐标值	分隔符	计数长度	加工指令

1) X、Y 坐标值的确定

加工圆弧时,程序中的 "X""Y" 是圆弧起点对其圆心的坐标值。加工斜线时,程序中的 "X""Y" 是该斜线段终点对其起点的坐标值,斜线段程序中的 "X""Y" 值允许同时缩小相同的倍数,只要其比值保持不变即可,因为 "X""Y" 值只用来确定斜线的斜率(但 "J" 值不能缩小)。对于与坐标轴重合的线段,其程序中的 "X" 或 "Y" 值均可不必写出或全写为 0。X、Y 坐标值只取其数值,不管正负,其均以 μm 为单位,1μm 以下的按四舍五入计。

2) 计数方向 G 的确定

为保证所要加工的圆弧或线段长度满足要求,线切割机床是通过控制从起点到终点某坐

标轴进给的总长度来达到的。因此，在控制系统中设立了一个计数器 J 进行计数，即将加工该线段的某坐标轴进给总长度 J 数值，预先置入 J 计数器中。加工时，被确定为计数长度的坐标每进给一步，J 计数器就减 1，这样，当 J 计数器减到零时，则表示该圆弧或直线段已加工到终点。加工斜线段时，用进给距离比较长的一个方向作进给长度控制。若线段的终点为 $A(X, Y)$，当 $|Y| > |X|$ 时，计数方向取 G_Y；当 $|Y| < |X|$ 时，计数方向取 G_X。当确定计数方向时，可以 45°为分界线，当斜线在阴影区内时，取 G_Y；反之取 G_X。若斜线正好在 45°线上，则可任意选取 G_X、G_Y，如图 7-12 所示。

加工圆弧计数方向的选取，应看圆弧终点的情况而定，从理论上来分析，应该是当加工圆弧达到终点时，走最后一步的是哪个坐标，就应选该坐标作计数方向，这很麻烦，因此以 45°线为界（见图 7-13），若圆弧终点坐标为 $B(X, Y)$，当 $|X| < |Y|$ 时，即终点在阴影区内，计数方向取 G_X；当 $|X| > |Y|$ 时，计数方向取 G_Y；当终点在 45°线上时，可任意选取 G_X、G_Y。

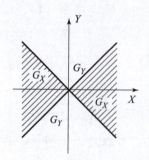 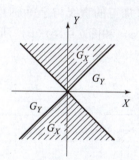

图 7-12　斜线段计数方向选择　　　　　图 7-13　圆弧计数方向选择

3）计数长度 J 的确定

当计数方向确定后，计数长度 J 应取为计数方向从起点到终点的总距离，即圆弧或直线段在计数方向坐标轴上投影长度的总和。

对于斜线：如图 7-14（a）所示，取 $J = X_e$；如图 7-14（b）所示，取 $J = Y_e$ 即可。

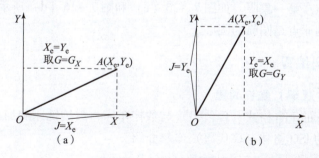

图 7-14　斜线 J 的确定

对于圆弧，它可能跨越几个象限，如图 7-15 所示的圆弧都是从 A 加工到 B，图 7-15（a）为 G_X，$J = J_{X1} + J_{X2}$；图 7-15（b）为 G_Y，$J = J_{Y1} + J_{Y2} + J_{Y3}$。

4）加工指令 Z

加工指令是用来确定轨迹的形状、起点和终点所在坐标象限及加工方向的，它包括直线

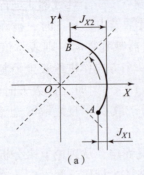
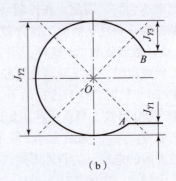

图 7-15 圆弧 J 的确定

插补指令（L）和圆弧插补指令（R）两类。

直线插补指令（L_1、L_2、L_3、L_4）表示加工的直线终点分别在坐标系的第一、二、三、四象限；如果加工的直线与坐标轴重合，则根据进给方向来确定指令（L_1、L_2、L_3、L_4）。如图 7-16（a）和图 7-16（b）所示。

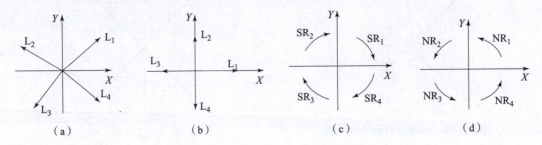

图 7-16 加工指令

注意：坐标系的原点是直线的起点。

圆弧插补指令（R）根据加工方向又可分为顺圆弧插补（SR_1、SR_2、SR_3、SR_4）和逆圆弧插补（NR_1、NR_2、NR_3、NR_4），下标的数字表示该圆弧的起点所在象限，如 SR_1 表示顺圆弧插补，其起点在第一象限。如图 7-16（c）和图 7-16（d）所示。

注意：坐标系的原点是圆弧的圆心。

7.3.2 ISO 码编程

1. ISO 格式（G 代码）数控编程

数控线切割机床的 ISO 格式（G 代码）与数控车床、数控铣床和加工中心的代码类似，下面对线切割机床的 ISO 格式（G 代码）作一介绍。

1）程序结构

每一个加工程序由一个程序名、程序主体（若干程序段）和一条程序结束指令组成。

（1）程序名。程序名就是程序文件名，每一个程序都必须有一个独有的文件名，以便于查找、调用等。程序名的规定因数控系统不同而异，一般由字母和数字组成。例如：MJ01.ISO。

（2）程序主体。程序主体是整个程序的核心，它由许多程序段组成，每一个程序段由一个或多个指令构成,它表示数控机床要完成的全部操作。

（3）程序结束指令。程序结束指令安排在程序的最后,当数控系统执行到程序结束指令段时,机床进给自动停止,工作液自动停止,并使数控系统复位,为下个工作循环做好准备。例如：M02。

2）程序段格式

每一个程序段由一个或多个程序字组成,用来指令机床完成或执行一个动作,各程序段之间用程序段结束符号分开。在数控行业中,现在使用得最多的是可变程序段格式,因为可变程序段格式程序简短、直观,不需要的字及与上一段相同的续效字可以不写（当然也可以写出来）；各字的排列顺序要求不严格,每个字的长度不固定,每个程序段的长度及程序段中字的个数都是可变的。

2. ISO 代码及其程序编制

目前我国的数控线切割系统使用的指令代码与 ISO 基本一致。表 7-6 所示为我国数控线切割机床常用的指令代码。

表 7-6 我国数控线切割机床常用的指令代码

代码	功能	代码	功能
G00	快速定位	G55	加工坐标系 2
G01	直线插补	G56	加工坐标系 3
G02	顺圆弧插补	G57	加工坐标系 4
G03	逆圆弧插补	G58	加工坐标系 5
G05	X 轴镜像	G59	加工坐标系 6
G06	Y 轴镜像	G80	接触感知
G07	X、Y 轴交换	G82	半程移动
G08	Y 轴镜像、X 轴镜像	G84	微弱放电找正
G09	X 轴镜像,X、Y 轴交换	G90	绝对坐标
G10	Y 轴镜像,X、Y 轴交换	G91	相对坐标
G11	Y 轴镜像、X 轴镜像,X、Y 轴交换	G92	定起点
G12	清除镜像	M00	程序暂停
G40	取消	M02	程序结束
G41	左偏间隙补偿 D 偏移量	M05	接触感知清除
G42	右偏间隙补偿 D 偏移量	M96	主程序调用文件程序
G50	消除锥度	M97	主程序调用文件结束
G51	锥度左偏 A 角度值	W	下导轮到工作台面高度
G52	锥度右偏 A 角度值	H	工作厚度
G54	加工坐标系 1	S	工作台面到上导轮高度

1）快速定位指令 G00

线切割机床在没有脉冲放电的情况下,以点定位控制方式快速移动到指定位置。它只是定点位置，而无运动轨迹要求且不能加工工件。其程序格式是：

G00 X___ Y___；

例如：如图7-17所示，从起点 A 快速移动到指定点 B，其程序为：

G00 X45000 Y75000；

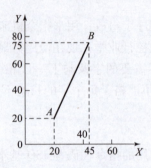

图 7-17　快速定位

2）直线插补指令 G01

直线插补指令是直线运动指令，是最基本的一种插补指令，可使机床加工任意斜率的直线轮廓或用直线逼近的曲线轮廓。线切割机床一般都有 X、Y、U、V 四轴联动功能，即四坐标。其程序格式是：

G01 X___ Y___ U___ V___；

例如：如图7-18所示，从起点 A 直线插补移动到指定点 B，其程序为：

G01 X16000 Y20000；

U、V 坐标轴在加工锥度时使用。

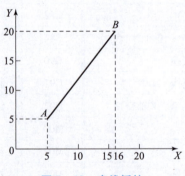

图 7-18　直线插补

3）圆弧插补指令 G02、G03

G02——顺圆弧插补加工指令；

G03——逆圆弧插补加工指令。

程序格式：G02 X___ Y___ I___ J___；
　　　　　G03 X___ Y___ I___ J___；

程序中　X，Y——圆弧终点坐标；

　　　　I，J——圆心坐标，圆心相对圆弧起点的增量值，I 是 X 方向坐标值，J 是 Y 方向坐标值。其值不得省略，与正方向相同则取正值，反之取负值。

例如：如图 7-19 所示圆弧，从起点 A 加工到指定点 B，再从 B 加工到指定点 C，其程序为：

```
G02   X1500    Y10000   I5000   J0;
G03   X20000   Y5000    I5000   J0;
```

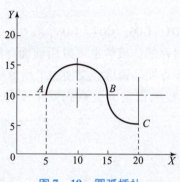

图 7-19　圆弧插补

4) 定起点指令 G92

指定电极丝当前位置在编程坐标系中的坐标值，一般情况下将此坐标作为加工程序的起点。其程序格式是：

```
G92   X___   Y___;
```

例如：如图 7-20 所示凸模，指定起点 0，假使不考虑电极丝直径和放电间隙，加工路线为 0—1—2—3—4—5—6—7—8—9—10—1—0。

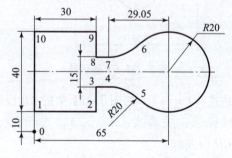

图 7-20　凸模

其加工程序为：
```
MJ01.ISO;
G90 G92 X0 Y0;
G01 X0 Y10000;
G01 X30000 Y10000;
G01 X30000 Y22500;
G01 X35950 Y22500;
G02 X50476 Y16250 I0 J-20000;
G03 X50476 Y43750 I14524 J13750;
```

233

G02 X35950 Y37500 I-14524 J13750;

G01 X30000 Y37500;

G01 X30000 Y50000;

G01 X0 Y50000;

G01 X0 Y0;

M02;

5) 镜像、交换加工指令 G05、G06、G07、G08、G09、G10、G11、G12

模具零件上的图形有些是对称的，虽然也可以用前面介绍的基本指令编程，但很烦琐，不如用镜像、交换加工指令编程方便。镜像、交换加工指令单独成为一个程序段，在该程序段以下的程序段中，X、Y 坐标按照指定的关系式发生变化，直到出现取消镜像加工指令为止。

程序格式：G05；

其他程序格式与此相同。

G05——X 轴镜像，关系式：$X = -X$，如图 7-21 中的 AB 段曲线与 BC 段曲线。

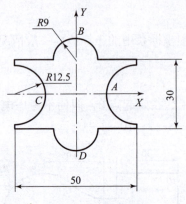

图 7-21 X 轴镜像

G06——Y 轴镜像，关系式：$Y = -Y$，如图 7-21 中的 AB 段曲线与 DA 段曲线。

G08——X 轴镜像、Y 轴镜像，关系式：$X = -X$，$Y = -Y$，即 G08 = G05 + G06，如图 7-21 中的 AB 段曲线与 CD 段曲线。

G07——X、Y 轴交换，关系式：$X = Y$，$Y = X$，如图 7-22 所示。

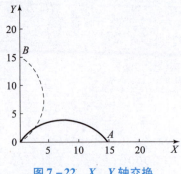

图 7-22 X、Y 轴交换

G09——X 轴镜像，X、Y 轴交换，即 G09 = G05 + G07。

G10——Y 轴镜像，X、Y 轴交换，即 G10 = G06 + G07。

G11——X 轴镜像，Y 轴镜像，X、Y 轴交换，即 G11 = G05 + G06 + G07。

G12——消除镜像，每个程序镜像后都要加上此指令，消除镜像后程序段的含义与原程序相同。

6）间隙补偿指令 G41、G42、G40

如果没有间隙补偿功能，则只能按电极丝中心点的运动轨迹尺寸编制加工程序，这就要求先根据工件轮廓尺寸及电极丝直径和放电间隙计算出电极丝中心点的轨迹尺寸。因此计算量大、复杂，且加工凸模、凹模及卸料板需重新计算电极丝中心点的轨迹尺寸，重新编制加工程序。采用间隙补偿指令后，凸模、凹模、卸料板、固定板等成套模具零件只需按工件尺寸编制一个加工程序，即可完成加工，且按工件尺寸编制加工程序计算简单，对手工编程具有重要意义。

G41——左刀补，沿着电极丝前进的方向看，电极丝在工件的左边。

程序格式：G41 D___；

G42——右刀补，沿着电极丝前进的方向看，电极丝在工件的右边。

程序格式：G42 D___；

G40——取消间隙补偿指令。

程序格式：G40；

说明：

（1）左刀补（G41）、右刀补（G42）的确定必须沿着电极丝前进的方向看，如图 7 – 23 所示。

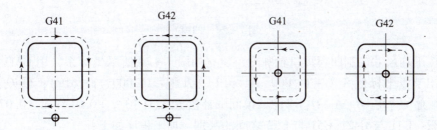

图 7 – 23　G41、G42 的确定

（2）D 为电极丝半径与放电间隙之和，单位为 μm。

（3）取消间隙补偿（G40）指令必须放在退刀线之前。

7）锥度加工指令 G50、G51、G52

G51——左偏，沿着电极丝前进的方向看，电极丝上段在底平面加工轨迹的左边。

程序格式：G51 A___；

G52——右偏，沿着电极丝前进的方向看，电极丝上段在底平面加工轨迹的右边。

程序格式：G52 A___；

G50——取消锥度加工指令。

程序格式：G50；

说明：

（1）左偏（G51）、右偏（G52）程序段必须放在进刀线之前。

（2）A 为工件的锥度，用角度表示。

（3）取消锥度（G50）指令必须放在退刀线之前。

（4）下导轮中心到工作台面的高度 W、工件的厚度 H、工作台面到上导轮中心的高度 S 需在使用 G51、G52 之前输入。

例如：如图 7-24 所示凹模，工件厚度 $H=8\,\text{mm}$，刃口斜度 $A=15°$，下导轮中心到工作台面的高度 $W=60\,\text{mm}$，工作台面到上导轮中心的高度 $S=100\,\text{mm}$。用直径为 13mm 电极丝加工，取单边放电间隙为 0.01mm。编制凹模加工程序（图中标注尺寸为平均尺寸）。

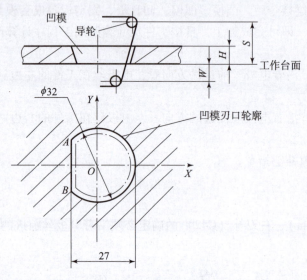

图 7-24　凹模

首先按平均尺寸绘制凹模刃口轮廓图，建立如图 7-24 所示坐标系，用 CAD 查询（或计算）求出节点坐标值 A（-11.000，11.619），B（-11.000，11.619）；取 O 点为穿丝点，加工顺序 O—A—B—A—O；考虑凹模间隙补偿 $R=(0.13/2+0.01)\,\text{mm}=0.075\,\text{mm}$。同时特别注意：G41 与 G42、G51 与 G52 之间的区别。加工程序如下：

(MJ05.ISO,02/02/02,15:57:53)

G90 G92 X0 Y0;

W60000;

H8000;

S100000;

G51 A0.250;

G42 D75;

G01 X-11000 Y-11619;

G02 X-11000 Y-11619 I-11000 J-11619;

G01 X-11000 Y-11619;

G50;

```
G40;
G01 X0 Y0;
M02;
```

8）手动操作指令 G80、G82、G84

G80——接触感知指令，使电极丝从现在位置移动到接触工件，然后停止。

G82——半程移动指令，使加工位置沿指定坐标轴返回一半的距离，即当前坐标系坐标值的一半。

G84——微弱放电找正指令，通过微弱放电校正电极丝与工作台的垂直，在加工前一般要先进行校正。

7.4　数控电火花线切割编程举例

加工如图 7-25 所示零件。已知零件毛坯：材料为 45 钢，厚度为 10mm，长、宽尺寸为 120mm×100mm 的钢板。

1. 工艺分析

电火花线切割加工一般是作为工件加工的最后工序，要达到加工零件的尺寸、精度以及表面粗糙度要求，就必须合理设计加工中的工艺参数，如电参数、切割速度、工件装夹、电极丝选择等，同时还应考虑工艺路线以及线切割加工前的准备。线切割加工的工艺准备和工艺过程如图 7-26 所示。

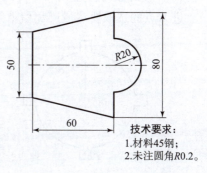

图 7-25　线切割加工零件

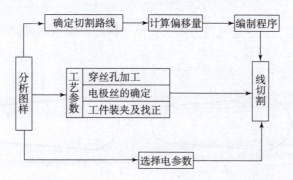

图 7-26　线切割加工的工艺准备和工艺过程

1）毛坯准备

工件材料应该在图样设计时确定，毛坯在加工之前应该根据毛坯的制作方法，有针对性地进行预热处理、消磁处理及去除表面氧化皮和锈斑等，以便保证加工质量。

该零件材料为 45 钢，板材毛坯，加工前进行必要的时效处理和清理即可。

2）穿丝孔与进刀点

（1）穿丝孔的位置及加工。

凹形类封闭工件在线切割加工之前必须先制作穿丝孔，以保证零件的完整性。穿丝孔的位置一般选在凹形零件的中心，这样既能准确确定穿丝孔位置，又便于计算轨迹的坐标。但这种方法所需要的无用行程较大，适合于中小型凹形零件的加工，对于大型的凹形零件，穿丝孔一般选在加工起始点的附近，这样能大大缩短无用行程的距离。此外，穿丝孔的位置最好选在已知坐标点或便于计算的坐标位置，以简化有关轨迹的计算。

由于许多穿丝孔要作为加工的基准，因此穿丝孔的位置精度和尺寸精度一般要高于工件的加工精度，至少应等于工件要求的精度。在加工时必须确保穿丝孔的位置精度和尺寸精度，这就要求穿丝孔应在较精密坐标工作台的机床上进行钻、镗等精密加工，也可以利用成型电加工来加工穿丝孔。

穿丝孔的直径不宜太大或太小，一般选为 3~8mm，孔径选取为整数，以简化用其作为加工基准的计算。

（2）进刀点的确定。

进刀点的选取要尽量避免留下刀痕，如图 7-27 所示。

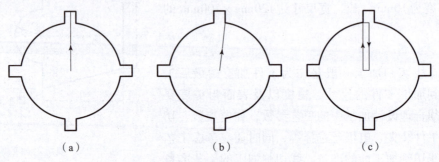

图 7-27　避免刀痕的进刀点确定
（a）不合理；（b）可用；（c）好

如果刀痕无法避免，应尽量把进刀点选在尺寸精度要求不高或钳工容易修理的地方，如图 7-28 所示。

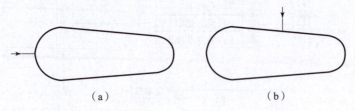

图 7-28　便于钳修的进刀点确定
（a）不合理；（b）合理

由于该零件是凸形类零件，不需要预作穿丝孔，故可以直接从毛坯外缘切入。

3）电极丝的选择

（1）电极丝材料的选择。

电火花线切割加工时，对电极丝材料性能有一定的要求。电极丝必须具有良好的导电性、抗电蚀性，抗拉强度要高，材质应均匀。如果电极丝导电性不好，消耗在电极丝上的能量多，则会使电极丝容易发热，造成断丝，且输送到放电间隙的能量减少，以致影响加工效率；若抗电蚀性不好，则电极丝在加工过程中易被腐蚀，损耗快，使得电极丝变细，强度降低，寿命减少，在快速线切割中，由于电极丝往复运动，还会影响加工精度。通常采用熔点高和导热性好的材料，有助于减少电极丝的损耗。电极丝在使用时要承受一定的张紧力，特别是快走丝线切割加工，电极丝要往复运动，受到的拉力更大些，所以电极丝必须具备足够的抗拉强度，以减少松丝和断丝故障。

目前工业中常用的电极丝主要有钨丝、黄铜丝、钼丝等。其中钨丝的抗拉强度较高，直径一般为 $\phi 0.03 \sim \phi 0.1 mm$，常用于各种窄缝的精加工，但价格较贵；黄铜丝导电性较好，直径一般为 $\phi 0.1 \sim \phi 0.3 mm$，适用于高速加工，可用于加工表面粗糙度和平面度要求较高的工件，切割速度较高，但电极丝损耗大；钼丝的抗拉强度较高，直径一般为 $\phi 0.08 \sim \phi 0.2 mm$，适用于高速走丝加工，是我国快速走丝机床常用的电极丝。

2）电极丝直径的选择。

对电极丝直径的选择应该根据切缝的宽窄、工件的厚薄以及拐角尺寸的大小综合考虑，如图 7 – 29 所示。

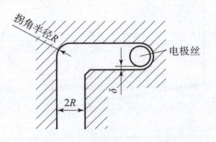

图 7 – 29　切缝宽度和拐角半径

对凹角内侧拐角半径 R 的加工，其无法小于 1/2 的切缝宽，即

$$R \geq (D/2 + \delta)$$

式中　D——电极丝直径；

δ——单边放电间隙。

如果加工中有尖角、窄缝等小型的零件，则应选用较细的电极丝；加工厚度较大的工件以及采用大电流切割方式时选较粗的电极丝。

根据被加工零件的具体情况，选择直径为 0.18mm 的钼丝，单边放电间隙为 0.01mm，钼丝中心偏移量为

$$f = 0.18/2 + 0.01 = 0.1 \ (mm)$$

4）工件的装夹与调整

根据前面介绍的装夹方式，结合该零件的加工条件，采用两端支撑方式装夹，然后用百分表找正相互垂直的三个方向。

5) 设备及工艺参数的选择

以 CTW320TB 快走丝线切割机为例。线切割工艺参数的选择，一般初学者可以根据加工参数选择的基本规则进行选取，熟练者可以根据经验选择。

由于该零件加工精度要求不高，故采用一次加工成形。加工时脉冲参数选择 5 挡，其放电脉冲时间为 $20\mu s$，放电脉冲间隔时间为 $70\mu s$，加工时根据精度调节，峰值电流可达 3A，调节加工速度旋钮，加工时切割速度达 $35\mathrm{mm}^2/\mathrm{min}$。

2. 编制并填写零件的数控线切割加工工艺文件

1) 工艺过程

根据零件形状、尺寸精度的分析，制定以下加工工艺路线。

（1）下料：用板材下料为 120mm×100mm。

（2）热处理：进行时效处理。

（3）线切割：按图样将零件加工成形。

（4）钳工打磨。

（5）检验。

2) 切割路线

根据上述分析可得零件的切割路线如图 7-30 所示，即 $A-B-C-D-E-F-G-B-A$。

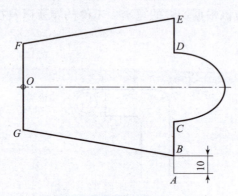

图 7-30 切割路线

3. 零件的数控线切割加工程序编制

为简化编程，此例题忽略钼丝直径和单边放电间隙的影响。

根据以上分析，通过计算钼丝轨迹各交点的坐标编制程序如下：

1) 3B 格式

B0 B0 B10000 GY L2；

B0 B0 B20000 GY L2；

B0 B20000 B40000 GX NR4；

B0 B0 B20000 GY L2；

B60000 B15000 B60000 GX L3；

B0 B50000 B50000 GY L4；

B60000 B15000 B60000 GX L4；

B0 B0 B10000 GY L4；

DD;

2）ISO 格式

设定工件坐标系的零点在 FG 段的中点（O）处，编制程序如下：

G90 G92 X60 Y-50;
G01 X60 Y-40;
G01 X60 Y-20;
G03 X60 Y20 I0 J20;
G01 X60 Y40;
G01 X0 Y25;
G01 X0 Y-20;
G01 X60 Y-40;
G01 X60 Y-50;
M02;

7.5 数控电火花成形加工

7.5.1 数控电火花成形加工原理

电火花成形加工是由成形电极进行仿形加工的方法，也就是工具电极相对于工件做进给运动，把工具电极的形状和尺寸复制到工件上，从而加工出所需要的零件。

电火花成形加工基于电火花加工的原理，在加工过程中，工具电极与工件不接触。当工具电极与工件在具有一定绝缘性的介质中相互接近，达到一定的距离时，脉冲电源施加在工具电极和工件上的电压把两极之间距离最小的介质击穿，形成脉冲放电，产生局部、瞬时高温，将工件材料蚀除，如图 7-31 所示。

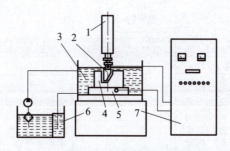

图 7-31　电火花成形加工原理

1—主轴头；2—工具电极；3—工作液槽；4—工件；
5—床身工作台；6—工作液装置；7—脉冲电源

7.5.2 数控电火花成形加工的特点

1. 电火花成形加工的优点

（1）脉冲放电的能量密度高，便于加工特殊材料和复杂形状的工件。不受材料硬度和热处理状况的影响。

（2）脉冲放电时间极短，放电时产生的热量传导范围小，材料受热处理影响范围小。

（3）加工时，工具电极和材料不接触，两者之间宏观作用力极小。工具电极材料不需要比工件材料硬度高。

（4）直接利用电能加工，便于实现加工过程的自动化。

2. 电火花成形加工的缺点

（1）只能加工金属等导电材料。但最近研究表明，在一定条件下也可以加工半导体和聚晶金刚石等非导体超硬材料。

（2）加工速度一般较慢。

（4）存在电极损耗。由于电火花加工靠电、热来蚀除金属，故电极也会受损耗，影响加工精度。

（5）最小角部半径有限制。

7.5.3 数控电火花成形加工工艺基础

电火花成形加工的基本工艺包括：电极的制作、工件准备、电极与工件的装夹定位、冲油方式的选择、加工规准的转换、电极缩放量的确定及平动量的分配等。

电火花成形加工的基本工艺路线如图 7-32 所示。电火花成形加工分为电火花穿孔加工和电火花型腔加工。

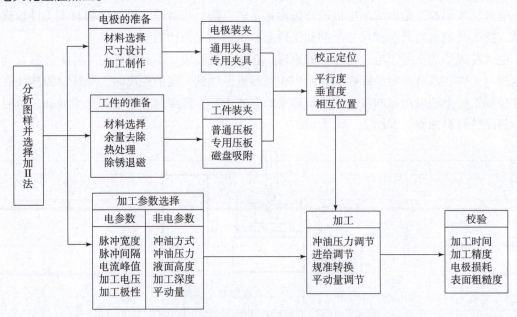

图 7-32 电火花成形加工的基本工艺路线

1. 电火花穿孔加工的主要工艺

1）分析图纸

2）选择加工方法

电火花穿孔常用的加工方法有直接法、间接法、混合法和二次放电法等。

（1）直接法是在加工过程中，将凸模长度适当增加，先作为电极，加工后将电极损耗部分切去后用作凸模使用。

（2）间接法是指在模具电火花加工中，凸模与加工凹模用的电极分开制造，先根据凹模尺寸设计电极，然后制造电极并进行凹模加工，再根据间隙要求来配制凸模。

（3）混合法就是把电极和凸模连接在一起，然后分开凸模与电极，电极用来加工凹模。

（4）二次放电法是利用一次电极加工二次电极，并加工出凸模与凹模的加工方法。

3）电极的准备

（1）电极材料的选择。

任何导电材料都可以作为电极，但电极材料对电火花成形加工的稳定性、加工速度和加工质量都有很大的影响，所以应选择导电性能良好、损耗小、制造容易、加工过程稳定、效率较高、机械加工性好和价格便宜的材料作为电极材料。电火花成形加工常用的电极材料主要有紫铜、黄铜、铸铁、钢、石墨、铜钨合金和银钨合金等。

在实际生产中，应根据情况选择电极材料，如电火花成形加工冲模的材料一般选用铸铁和钢，也可以选择电蚀性较好的紫铜和黄铜。

（2）电极的结构形式。

根据孔的尺寸精度、形位精度、表面粗糙度等决定电极的结构形式，常用的电极结构形式有以下几种：

①整体电极。用一整块电极材料加工出的完整的电极，这是最常用的结构形式。

②镶拼式电极。当整体电极制造困难时，常采用几块分开加工后再镶拼的方法，易得到"清角"，保证电极的制造精度。

③组合电极。组合电极又称多电极。在同一个凹模上加工多个型孔，可以采用组合电极加工，即将多个电极装夹在一起，一次完成凹模的型孔加工。组合电极加工效率较高，各孔的位置精度较准确，但对电极的定位要求较严格。

（3）电极的设计与制造。

2. 电火花型腔加工的主要工艺

1）分析图纸

2）选择加工方法

电火花型腔加工方法常用的有单电极平动法、多电极加工法、分解电极法和程控电极加工法等。

（1）单电极平动法。

单电极平动法是采用一个电极完成零件的粗、半精、精加工的方法。具体操作过程是：先用低损耗、高生产率的粗规准完成粗加工，然后利用平动头做平面小圆运动，按半精、精加工顺序逐级改变电规准，同时依次加大电极平动量，以补偿前、后两个加工规准之间型腔侧面的放电间隙微观不平度差，实现型腔侧面仿型修光，直到完成整个型腔的加工。单电极平动法加工装夹简单，排除电蚀产物方便，应用最广泛，但加工质量稍差，难以加工出清棱、清角的型腔。

（2）多电极加工法。

多电极加工法即将粗、精加工分开进行，通过更换不同的电极来加工同一个型腔的方法。在每个电极加工时，必须把上一规准的放电痕迹去掉，因此多电极加工仿型精度高，适用于尖角、窄缝多的型腔加工。

（3）分解电极法。

分解电极法是单电极平动法和多电极加工法的综合应用。其加工特点是根据型腔形状特点，将电极分解为主、副型腔电极制造。配合不同的电规准，先加工主型腔，再用副型腔电极加工尖角、窄缝等处的副型腔。这种方法有利于提高加工速度和改善加工表面质量。

（4）程控电极加工法。

程控电极加工法是将型腔分解成更为简单的表面，制造相应的简单电极，在数控电火花加工机床上，由程序控制自动更换电极和转换电规准，实现复杂型腔加工。

3）型腔模具选择电极材料

为了提高型腔的加工精度，所使用的工具电极首先考虑耐蚀性高的电极材料，如银钨合金和铜钨合金等。但考虑到银钨合金和铜钨合金的成本较高，加工比较困难，大多采用石墨和紫铜。由于石墨较易加工成型，密度较小，故在大、中型零件加工中应用较广。但石墨最大的弱点是加工时容易发生电弧烧伤，在精加工时电极损耗比紫铜大，故在大脉宽、大电流、粗加工时用石墨电极，而在精加工时采用紫铜电极。

4）型腔模具电极的结构形式

（1）整体式电极适用于尺寸大小和复杂程度一般的型腔模加工，它又分为电极固定板和无电极固定板两种。

（2）组合式电极适用于一模多腔的条件。

（3）镶拼式电极适用于型腔尺寸较大，单块坯料尺寸不够和型腔形状复杂、电极易于分开制作的条件。

分解式电极是将形状复杂的电极分解成若干简单形状的电极，加工也分成多次完成。

5）型腔模具电极的设计与制造

6）电极的安装与校正

电极装夹与校正的目的是使电极正确、牢固地装夹在机床主轴的电极夹具上，使电极轴线和机床主轴轴线一致，保证电极与工件的垂直和相对位置。

7）工件的安装与定位

8）加工参数的选择

9）加工工序的检验

（1）对工具电极各尺寸和损耗进行检验。

（2）对已加工工件各尺寸和相对位置进行检验。

（3）对已加工表面上型腔尺寸进行检验。

（4）检验模具多型腔之间的尺寸精度和模具的整体精度。

（5）检验工件被加工表面的表面粗糙度。

7.5.4 数控电火花成形加工编程

加工如图 7-33 所示斜孔零件图，其材料为 45 钢。

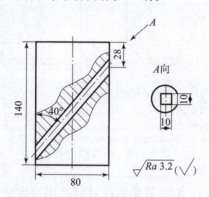

图 7-33 斜孔零件

1. 图样分析

该零件的主要尺寸为 φ80mm，高度为 140mm；零件上平面的边距斜方孔的中心线为 28mm，斜方孔的中心线与零件左边的夹角为 40°，需要加工零件斜方孔的尺寸为 10mm × 10mm；零件表面粗糙度为 $Ra3.2\mu m$。采用前面介绍的各种加工方法，很难达到图纸要求，故考虑采用数控电火花成形加工。

2. 加工路线

（1）下料。下 φ85mm×150mm 的圆棒料。

（2）车削。车削加工至 φ80mm×140mm。

（3）电火花成形加工。加工斜方孔至图样要求。

（4）检验。

3. 电火花加工工艺

该形状的零件在加工中不能用任何平动方式来修光孔壁，因此，为了提高孔壁的表面粗糙度，应采用多电极和不同的加工条件来加工，在此为了简化编程，仅以得到零件孔的形状为准，对孔的尺寸及孔壁的粗糙度没有要求，采用单电极、单条件加工即可。

4. 电火花加工步骤

1）电极制造

（1）电极材料选择：紫铜。

（2）电极尺寸：电极截面形状和尺寸如图 7-34 所示。

（3）电极加工。

2）电极的安装与校正

电极的安装与校正的目的是通过夹具把电极牢固地安装在主轴上，并使电极的轴线与主轴的进给轴线一致，从而保证电极与工件的垂直度和相对位置。具体操作时可用百分表进行，先校正 Z 向，再调整 X、Y 向。

3）建立工件坐标系

先将工件安装在机床上，设该零件的坐标系坐标原点在工件上表面中心位置，由于该零

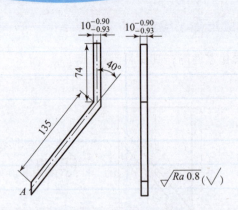

图 7-34 加工斜孔电极

件形状比较特殊,在用电极校正 X 向的坐标原点时,用机床的接触感知功能,使电极的 A 面接触工件的右侧,再通过换算间接获得 X 向的坐标原点位置,而在用电极校正工件 Z 向坐标原点时,用电极的底面间接得到。因此,采用以上方法时,必须精确测量工件的直径和电极的截面尺寸。

4)电火花加工工艺数据

停止位置为 1.00mm,加工轴向 $-Z$,材料组合为铜—钢,加工深度为 125.00mm,电极收缩量为 0.1mm,零件表面粗糙度为 $Ra3.2\mu m$,投影面积为 $0.19cm^2$,不用平动方式。

5)加工程序

T84;	启动电解液泵
G90 G54;	建工件坐标系
G00 X42.0 Y0 Z2.0;	快速移动至($X42.0$,$Y0$,$Z2.0$)坐标处
G00 X41.0 Y0 Z26.587;	快速移动至($X41.0$,$Y0$,$Z26.587$)坐标处
G31;	按路径反方向退刀
M98 P0127;	调用 127 号子程序
T85;	关闭电解液泵
M02;	程序结束
...	
N0127;	127 号子程序
C127;	按 127 号条件加工
G01 X-41.0 Z-124.311;	加工到($X-41.0$,$Z-124.311$)坐标处
M05 G00 X41.0 Y0 Z-26.587;	忽略接触感知,快速移动至($X41.0$,$Y0$,$Z-26.587$)坐标处
M99;	子程序结束

练习与思考题

1. 数控电火花线切割加工与传统金属切削加工相比有哪些优点？
2. 什么是极性效应？在电火花加工中如何充分利用极性效应？
3. 数控线切割加工的主要工艺指标有哪些？影响表面粗糙度的主要因素有哪些？
4. 电火花成形加工与电火花线切割加工的异同点是什么？
5. 为什么慢走丝比快走丝加工精度高？
6. 数控线切割加工如图 7-35 所示内花键扳手零件，编制加工程序。

花键类型：内花键；模数：1.5；压力角：30°；齿数：12；材料为 GCr15；厚度：6mm。

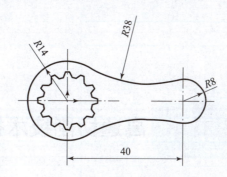

图 7-35 内花键扳手零件

第8章 先进制造技术概述

8.1 高速切削技术概述

数控高速切削加工是集高效、优质、低耗于一身的先进制造技术。相对于传统的切削加工，其切削速度、进给速度有了很大的提高，而且切削机理也不相同。高速切削使切削加工发生了本质的飞跃，其单位功率的金属切除率提高了30%~40%，切削力降低了30%，刀具的切削寿命提高了70%，工件的切削热大幅度降低，低阶切削振动几乎消失。

随着切削速度的提高，单位时间毛坯材料的去除率增加了，切削时间减少了，加工效率提高了，从而缩短了产品的制造周期，提高了产品的市场竞争力。同时，高速加工的小切削深度、快进给速度使切削力减少了，切屑的高速排出减少了工件的切削力和热应力变形，提高了刚性差和薄壁零件切削加工的切削性能。由于切削力的降低，转速的提高使切削系统的工作频率远离机床的低阶固有频率，而工件的表面粗糙度对低阶频率最为敏感，由此降低了表面粗糙度。在模具的高淬硬钢件（HRC45~HRC65）的加工过程中，采用高速切削可以取代电加工和磨削抛光的工序，从而避免了电极的制造和费时的电加工，大幅度减少了钳工的打磨与抛光量。对于一些市场上越来越需要的薄壁模具工件，高速切削也可顺利完成，而且在高速铣削CNC加工中心上，模具一次装夹可完成多工步加工。

高速切削技术是切削加工技术的主要发展方向之一，目前主要应用于汽车工业和模具行业，尤其是在加工复杂曲面的领域、工件本身或刀具系统刚性要求较高的加工领域等，多种先进加工技术的集成，其高效、高质量越来越受到人们的推崇。

高速切削技术不仅涉及高速加工工艺，而且还包括高速加工机床、数控系统、高速切削刀具及 CAD/CAM 技术等。模具高速加工技术目前已在发达国家的模具制造业中普遍应用，而在我国的应用范围及应用水平仍有待提高。由于其具有传统加工无可比拟的优势，故仍将是今后加工技术的发展方向。

高速加工技术对模具加工工艺产生了巨大影响，改变了传统模具加工采用的"退火→铣削加工→热处理→磨削"或"电火花加工→手工打磨、抛光"等复杂冗长的工艺流程，甚至可用高速切削加工替代原来的全部工序。高速加工技术除可应用于淬硬模具型腔的直接加工（尤其是半精加工和精加工）外，在 EDM 电极加工、快速样件制造等方面也得到了广泛应用。大量生产实践表明，应用高速切削技术可节省模具后续加工中约 80% 的手工研磨时间，节约加工成本费用近 30%，模具表面加工精度可达 1μm，刀具切削效率可提高 1 倍。

8.1.1　高速切削加工机床的特点

随着 CNC 技术、微电子技术、新材料和新结构等基础技术的发展，高速切削加工机床在工业制造方面的应用越来越广泛。由于模具加工的特殊性以及高速加工技术的自身特点，对高速加工的相关技术及工艺系统（加工机床、数控系统、刀具等）提出了比传统加工更高的要求，主要体现在以下几个方面。

1. 高稳定性的机床支撑部件

高速切削机床的床身等支撑部件应具有较高的动、静刚度及热刚度和最佳的阻尼特性。大部分高速切削机床都采用高质量、高刚性和高抗张性的灰铸铁作为支撑部件材料，有的机床公司还在底座中添加高阻尼特性的聚合物混凝土，以增加其抗振性和热稳定性，这不但可以保证机床精度稳定，也可防止切削时刀具振颤。另外，采用封闭式床身设计、整体铸造床身、对称床身结构并配有密布的加强筋等也是提高机床稳定性的重要措施。一些机床公司的研发部门在设计过程中，还采用模态分析和有限元结构设计等，优化了结构，使机床支撑部件更加稳定、可靠。

2. 机床主轴

高速切削机床的主轴是实现高速切削加工的重要部件。高速切削机床主轴的转速范围为 10 000～100 000m/min，主轴功率通常大于 15kW。通过主轴压缩空气或冷却系统控制刀柄和主轴间的轴向间隙不大于 0.005mm。还要求主轴具有快速升速、在指定位置快速准停的功能（即具有极高的角加减速度），因此高速主轴常采用液体静压轴承式、空气静压轴承式、热压氮化硅（Si_3N_4）陶瓷轴承式和磁悬浮轴承式等结构。润滑多采用油气润滑、喷射润滑等技术，而主轴冷却一般采用主轴内部水冷或气冷。

3. 机床驱动系统

为满足高速加工的需要，高速加工机床的驱动系统应具有以下特性。

1）高的进给速度

研究表明，对于小直径刀具，提高转速和每齿进给量有利于降低刀具磨损。目前常用的进给速度为 20～30m/min，如采用大导程滚珠丝杠传动，进给速度可达 60m/min，采用直线电动机则可使进给速度达到 120m/min。

2）高的加速度

对三维复杂曲面廓形的高速加工，要求驱动系统具有良好的加速度特性，并要求提供高速进给的驱动器（快进速度约 40m/min，三维轮廓加工速度为 10m/min），且能够提供 0.4~10m/s 的加速度和减速度。

为此，高速加工机床制造商大多采用全闭环位置伺服控制的小导程、大尺寸、高质量的滚珠丝杠或大导程多头丝杠。随着电动机技术的发展，先进的直线电动机已经问世，并成功应用于 CNC 机床。先进的直线电动机驱动有效地控制了 CNC 机床的质量惯性、超前、滞后和振动等问题，加快了伺服响应速度，提高了伺服控制精度和机床加工精度。

4. 数控系统

先进的数控系统是保证复杂曲面高速加工质量和效率的关键因素，高速切削加工对数控系统的基本要求如下：

（1）高速的数字控制回路（Digital Control Loop），包括 32 位或 64 位并行处理器及 1.5GB 以上的硬盘；极短的直线电动机采样时间。

（2）速度和加速度的前馈控制（Feed Forward Control）；数字驱动系统的爬行控制（Jerk Control）。

（3）先进的插补方法（基于 NURBS 的样条插补），以获得良好的表面质量、精确的尺寸和高的几何精度。

（4）预处理（Look-ahead）功能。要求具有大容量缓冲寄存器，可预先阅读和检查多个程序段（如 DMG 机床可多达 500 个程序段，Simens 系统可达 1 000~2 000 个程序段），以便在被加工表面形状（曲率）发生变化时可及时采取改变进给速度等措施以避免过切。

（5）误差补偿功能，包括因直线电动机、主轴等发热导致的热误差补偿、象限误差补偿、测量系统误差补偿等功能。此外，高速切削加工对数据传输速度的要求也很高。

（6）传统的数据接口，如一般的 RS232 串行口的传输速度为 19.2kb/s，而许多先进的加工中心均已采用以太局域网进行数据传输，速度可达 200kb/s。

5. 冷却润滑

高速加工采用带涂层的硬质合金刀具，在高速、高温的情况下使用切削液，切削效率更高。这是因为：切削主轴高速旋转，切削液若要达到切削区，首先要克服极大的离心力；即使它克服了离心力进入切削区，也可能由于切削区的高温而立即蒸发，冷却效果很小甚至没有；同时切削液会使刀具刃部的温度激烈变化，导致裂纹的产生，所以高速切削加工通常采用油、气冷却润滑的干式切削方式。这种方式通过高压气体迅速吹走切削区产生的切屑，从而将大量的切削热带走；同时，雾化的润滑油可以在刀具刃部和工件表面形成一层极薄的微观保护膜，可有效地延长刀具寿命并提高零件的表面质量。

8.1.2　高速切削加工的刀柄和刀具

1. 高速切削加工刀柄

由于高速切削加工时离心力和振动的影响，要求刀具具有很高的几何精度和装夹重复定位精度，以及很高的刚度和高速动平衡的安全可靠性。

高速切削加工时较大的离心力和振动等，使传统的 7:24 锥度刀柄系统在进行高速切削时表现出明显的刚性不足、重复定位精度不高、轴向尺寸不稳定等缺陷，而且主轴的膨胀会引起刀具及夹紧机构质心的偏离，影响刀具的动平衡能力。目前应用较多的是 HSK 高速刀柄和国外现今流行的热胀冷缩紧固式刀柄。

热胀冷缩紧固式刀柄有加热系统，刀柄一般都采用锥部与主轴端面同时接触的形式，其刚性较好，但是刀具可换性较差，一个刀柄只能安装一种连接直径的刀具。而且此类加热系统比较昂贵，一般企业在初期时采用 HSK 类刀柄系统的较多，当企业的高速机床数量较多时，采用热胀冷缩紧固式刀柄则比较合适。

2. 高速切削加工刀具

刀具是高速切削加工中最重要的因素之一，它直接影响着加工效率、制造成本和产品的加工精度。刀具在高速加工过程中要承受高温、高压、摩擦、冲击和振动等载荷，高速切削刀具应具有良好的机械性能和热稳定性，即具有良好的抗冲击、耐磨损和抗热疲劳的特性。高速切削加工的刀具技术发展速度很快，目前应用较多的刀具材料有金刚石（PCD）、立方氮化硼（CBN）、陶瓷刀具、涂层硬质合金、（碳）氮化钛硬质合金 TIC（N）等。

在加工铸铁和合金钢的切削刀具中，硬质合金是最常用的刀具材料。

硬质合金刀具耐磨性好，但硬度比立方氮化硼和陶瓷低。为提高硬度及降低表面粗糙度，采用刀具涂层技术，涂层材料为氮化钛（TiN）、氮化铝钛（TiAlN）等。随着涂层技术的发展，以前单一的涂层已经发展为多层、多种涂层材料的涂层，极大地提高了高速切削能力。一般直径为 $\phi10 \sim \phi40\text{mm}$，且有碳氮化钛涂层的硬质合金刀片能够加工洛氏硬度小于 HRC42 的材料，而氮化钛铝涂层的刀具能够加工 HRC42 甚至更高的材料。高速切削钢材时，刀具材料应选用热硬性和疲劳强度高的 P 类硬质合金、涂层硬质合金、立方氮化硼（CBN）与 CBN 复合刀具材料（WBN）等。切削铸铁，应选用细晶粒的 K 类硬质合金进行粗加工，选用复合氮化硅陶瓷或聚晶立方氮化硼（PCNB）复合刀具进行精加工。精加工有色金属或非金属材料时，选用聚晶金刚石 PCD 或 CVD 金刚石涂层刀具较合适。

选择切削参数时，对于圆刀片或球头铣刀，应注意切削时的有效直径。高速铣削刀具通常根据动平衡设计制造，刀具的前角比常规刀具的前角要小，后角略大。主、副切削刃连接处应修圆或导角，来增大刀尖角，防止刀尖处热磨损。同时应加大刀尖附近的切削刃长度和刀具材料体积，以提高刀具刚性。在保证安全和满足加工要求的条件下，刀具悬伸长度应尽可能短，刀体中央韧性要好。刀柄要比刀具直径粗壮一些，连接柄呈倒锥状，以增加其刚性。尽量在刀具及刀具系统中央留有冷却液孔。球头立铣刀要考虑有效切削长度，刃口要尽量短，两螺旋槽球头立铣刀通常用于粗铣复杂曲面，四螺旋槽球头立铣刀通常用于精铣复杂曲面。

8.1.3 高速加工工艺

高速加工包括以去除余量为目的的粗加工、残留粗加工，以及以获取高质量的加工表面及细微结构为目的的半精加工、精加工和镜面加工等。

1. 粗加工

粗加工的主要目标是追求单位时间内的材料去除率，并为半精加工准备均匀的工件几何轮廓。为此，高速加工中的粗加工所应采取的工艺方案是高切削速度、高进给率和小切削深度的组合。

等高加工方式是众多 CAM 软件普遍采用的一种加工方式，应用较多的是螺旋等高和等 Z 轴等高两种方式，也就是在加工区域仅一次进刀，在不抬刀的情况下生成连续光滑的刀具路径，进、退刀方式采用圆弧切入、切出。

螺旋等高方式的特点是，没有等高层之间的刀路移动，可避免频繁抬刀、进刀对零件表面质量的影响及机械设备不必要的耗损。对陡峭和平坦区域分别处理，计算适合等高及适合使用类似三维偏置的区域，并且可以使用螺旋方式，在很少抬刀的情况下生成优化的刀具路径，获得更好的表面质量。

在高速加工中，一定要采取圆弧切入、切出连接方式，并在拐角处圆弧过渡，避免突然改变刀具进给方向，禁止采用直接下刀的方式，避免将刀具埋入工件。

加工模具型腔时，应避免将刀具垂直插入工件，而应采用倾斜下刀方式（常用倾斜角为 20°~30°），最好采用螺旋式下刀以降低刀具载荷。

加工模具型芯时，应尽量先从工件外部下刀然后再水平切入工件。刀具切入、切出工件时应尽可能倾斜（或圆弧式）切入、切出，避免垂直切入、切出。采用攀爬式切削可降低切削热，减小刀具受力和加工硬化程度，提高加工质量。

2. 半精加工

半精加工的主要目标是使工件轮廓形状平整，表面精加工余量均匀，这对于工具钢模具尤为重要，因为它将影响精加工时刀具切削层面积的变化及刀具载荷的变化，从而影响切削过程的稳定性及精加工表面质量。

粗加工是基于体积模型，精加工则是基于面模型。以前开发的 CAD/CAM 系统对零件的几何描述是不连续的，由于没有描述粗加工后、精加工前加工模型的中间信息，故粗加工表面的剩余加工余量分布及最大剩余加工余量均是未知的。因此，应对半精加工策略进行优化，以保证半精加工后工件表面具有均匀的剩余加工余量。优化过程包括：粗加工后轮廓的计算、最大剩余加工余量的计算、最大允许加工余量的确定、对剩余加工余量大于最大允许加工余量的型面分区（如凹槽、拐角等过渡半径小于粗加工刀具半径的区域）以及半精加工时刀心轨迹的计算等。

现有的高速加工 CAD/CAM 软件大多具备剩余加工余量分析功能，并能根据剩余加工余量的大小及分布情况采用合理的半精加工策略。如 MasterCAM 软件提供了束状铣削（Pencil Milling）和剩余铣削（Rest Milling）等方法来清除粗加工后剩余加工余量较大的角落，以保证后续工序均匀的加工余量。

3. 精加工

高速精加工取决于刀具与工件的接触点，而刀具与工件的接触点随着加工表面的曲面斜率和刀具有效半径的变化而变化。对于由多个曲面组合而成的复杂曲面加工，应尽可能在一个工序中进行连续加工，而不是对各个曲面分别进行加工，以减少抬刀、下刀的次数。然而，由于加工中表面斜率的变化，如果只定义加工的侧吃刀量（Step Over），就可能造成在斜率不同的表面上实际步距不均匀，从而影响加工质量。

一般情况下，精加工曲面的曲率半径应大于刀具半径的 1.5 倍，以避免进给方向的突然转变。在高速精加工中，每次切入、切出工件时，进给方向的改变应尽量采用圆弧或曲线转接，避免采用直线转接，以保持切削过程的平稳性。

高速精加工策略包括三维偏置、等高精加工和最佳等高精加工、螺旋等高精加工等。这些方法可保证切削过程光顺、稳定，确保能快速切除工件上的材料，得到高精度、光滑的切削表面。精加工的基本要求是要获得很高的精度、光滑的零件表面质量，轻松实现精细区域的加工，如小的圆角、沟槽等。对有许多形状的零件来说，精加工最有效的策略是使用三维螺旋加工方法。使用这种方法可避免使用平行方法和偏置精加工方法中出现的频繁的方向改变，从而提高加工速度、减少刀具磨损。这种方法可以在很少抬刀的情况下生成连续光滑的刀具路径，其综合了螺旋加工和等高加工方法的优点，刀具负荷更稳定，提刀次数更少，可缩短加工时间，减小刀具损坏概率；还可以改善加工表面质量，最大限度地减小精加工后手工打磨的需要。在许多场合需要将陡峭区域的等高精加工和平坦区域的三维等距精加工方法结合起来使用。

高速加工的数控编程也要考虑几何设计和工艺安排，在使用 CAM 系统进行高速加工数控编程时，除刀具和加工参数根据具体情况选择外，加工方法的选择和采用的编程方法就成了关键。一名出色 CAD/CAM 工作站的编程工程师应该同时也是一名合格的设计与工艺师，他应对零件的几何结构有一个正确的理解，具备对于理想工序安排以及合理刀具轨迹设计的知识和概念。

8.1.4　高速切削数控编程的特点

高速切削加工对数控编程系统的要求越来越高，价格昂贵的高速加工设备对软件提出了更高的安全性和有效性要求。高速切削有着比传统切削更特殊的工艺要求，除了要有高速切削机床和高速切削刀具外，具有合适的 CAM 编程软件也是至关重要的。数控加工的数控指令包含了所有的工艺过程，一个优秀的高速加工 CAM 编程系统应具有很高的计算速度、较强的插补功能、全程自动过切检查及处理能力、自动刀柄与夹具干涉检查、进给率优化处理功能、待加工轨迹监控功能、刀具轨迹编辑优化功能和加工残余分析功能等。高速切削编程首先要注意加工方法的安全性和有效性；其次，要尽一切可能保证刀具轨迹光滑平稳，这会直接影响加工质量和机床主轴等部件的寿命；最后，要尽量使刀具载荷均匀，这会直接影响刀具的寿命。

1. CAM 系统应具有很高的计算编程速度

由于高速加工中采用非常小的切削深度，其 NC 程序比对传统数控加工程序要大得多，因而要求软件计算速度要快，以节省刀具轨迹生成及优化编程的时间。

2. 全程自动防过切处理能力及自动刀柄干涉检查能力

高速加工的切削速度比传统切削加工的切削速度高近 10 倍，一旦发生过切，对机床、产品和刀具将产生严重的后果，所以要求其 CAM 系统必须具有全程自动防过切处理的能力及刀柄与夹具自动进行干涉检查、绕避功能。系统能够自动提示最短夹持刀具长度，并自动进行刀具运动的干涉检查。

3. 丰富的高速切削刀具轨迹方法

高速加工对加工工艺走刀路线的要求比传统加工方式要严格得多，为了能够确保最大的切削效率，又保证在高速切削时加工的安全性，CAM 系统应能根据加工瞬时余量的大小自动对进给率进行优化处理，能自动进行刀具轨迹编辑优化、加工残余分析并对待加工轨迹进行监控，以确保高速加工刀具受力状态的平稳性，提高刀具的使用寿命。

采用高速加工设备之后，对编程人员的需求量将会增加，因高速加工工艺要求严格，过切保护更加重要，故需花更多的时间对 NC 指令进行仿真检验。一般情况下，高速加工编程时间比一般加工编程时间要长得多。为了保证高速加工设备足够的使用率，需配置更多的 CAM 人员。现有的 CAM 软件，如 PowerMILL、MasterCAM、UnigraphicsNX、Cimatron 等都提供了相关功能的高速切削刀具轨迹的方法。

8.2 自动编程技术概述

8.2.1 自动编程原理及类型

1. 数控语言型批处理式自动编程

早期的自动编程都是编程人员根据零件图形及加工工艺要求，采用数控语言，先编写成源程序单，再输入计算机，由专门的编译程序进行译码、计算和后置处理后，自动生成数控机床所需的加工程序清单，然后通过制成纸带或直接用通信接口，将加工程序送入到机床 CNC 装置中。其中的数控语言是一套规定好的基本符号及由基本符号描述的零件加工程序的规则，它比较接近工厂车间里使用的工艺用语和工艺规程，主要由几何图形定义语句、刀具运动语句和控制语句组成。

编译程序是根据数控语言的要求，结合生产对象和具体的计算机，由专家应用汇编语言或其他高级语言编写的一套庞大的程序系统。这种自动编程系统的典型就是 APT 语言。APT 语言最早于 1955 年由美国研制成功，经多次修改完善，于 20 世纪 70 年代发展成 APT－Ⅳ，一直沿用至今。其他如法国的 IFAPT、德国的 EXAPT、日本的 FAPT、HAPT，以及我国的 ZCK、SKC 等都是 APT 的发展变形。这些数控语言有的能处理 3～5 坐标轴，有的只能处理 2 坐标轴。由于当时计算机的图形处理能力较差，所以这种方式的自动编程系统一般都无图形显示，不直观，易出错。虽然后来增加了一些图形校验功能，但还需反复地在源程序方式和图形校验方式之间切换，并且还要掌握数控语言，初学者用起来总觉得不太方便。

2. 人—机对话型图形化自动编程

在人—机对话式的条件下，编程员按菜单提示的内容反复与计算机对话，陆续回答计算机的提问。从一开始，对话方式就紧密与图形显示相连，从工件的图形定义、刀具的选择、起刀点的确定、走刀路线的安排直到各种工艺指令的及时插入，在对话过程中全提交给了计算机，最后得到的是所需的机床数控程序单。这种自动编程具有图形显示的直观性和及时性，能较方便地进行对话式修改，易学且不易出错。图形化自动编程系统有 EZ－CAM、MasterCAM、UG、Pro/E、CIMATRON、CATIA 和 CAXA 制造工程师等。本章主要简单介绍 UG 自动编程系统的基本流程。

8.2.2 自动编程软件系统概述

在当前流行的 CAD/CAM 软件中,UG 是比较流行和优秀的软件,为用户提供了一个较完善的企业级 CAD/CAE/CAM/PDM 集成系统。在 UG 中,先进的参数化和变量化技术与传统的实体、线框和曲面功能结合在一起,这一结合被实践证明是强有力的。UG 自动编程软件广泛应用于数控机床的自动编程及其控制。该软件采用图形化自动编程方式,具有绘图设计、尺寸标注及轮廓铣削、钻削、车削和线切割等处理技术。用户可利用其绘图设计功能绘制出待加工零件的图样,然后直接在其上进行加工路线的描述定义。该软件可以自动计算处理并生成用于控制机床的数控加工程序。图 8-1 所示为 UG 自动编程的流程。

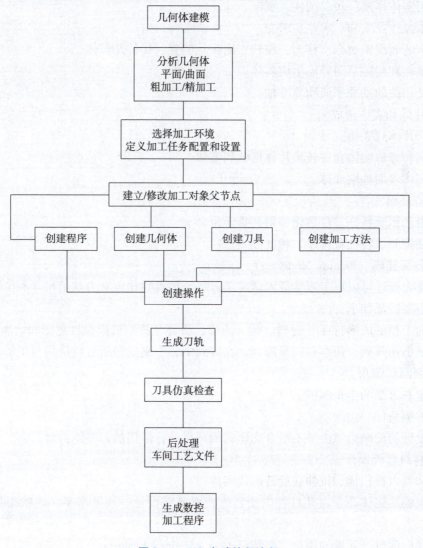

图 8-1 UG 自动编程流程

1. UG 的 CAD 功能

UG/Hybrid Modeler 复合建模模块集成基于约束的特征建模和传统的几何(实体、曲面和线框）建模到单一的建模环境内，在设计过程中为用户提供了更多的灵活性，允许参数按需添加，不必强制模型的全部约束，在设计过程中有完全的自由度，设计改变可以很方便地进行；允许传统的产品设计过程按需有效地与基于特征的建模组合。

用 UG 复合建模模块建立的模型与构造的几何体完全相关，能够有效地使用保存的产品模型数据，用户可以保护它在传统数据中的投资，在新的产品开发中，允许重访早期的设计决定，提升已存设计知识的价值，而无须再返工下游的信息。其强大的 CAD 功能通过以下途径表现。

（1）实体建模。

（2）实体操作。

①利用实体体素：块、圆柱、圆锥、球。

②布尔操作：求和、求差、求交。

③显示的面编辑命令：移动、旋转、删除、偏置、代替几何体。

④由拉伸和旋转草图外形生成实体。

⑤定义相关的基准平面和基准轴。

（3）片体和实体集成。

①缝合片体到实体。

②分割和修剪实体允许转换片体形状到实体。

③从实体表面抽取片体。

（4）特征编辑。

①编辑和删除特征。参数化编辑和重定位。

②特征抑制、特征重排序、特征插入。

（5）特征建模（Feature Modeling）。

特征建模设计可以以工程特征术语定义。特征被参数化定义为基于尺寸和位置的尺寸驱动编辑，主要特征如下：

①面向工程的成形特征（键槽、孔、凸垫、凸台、腔）捕捉设计意图和增加生产率；

②特征引用阵列。矩形和圆形阵列，在阵列中，个别的和所有特征均与主特征相关。

（6）倒圆和倒角。

①固定和可变的半径倒圆。

②能够倒角任一边缘。

③当设计的陡峭边缘倒圆不适合完全的倒圆半径，但仍然需要倒圆时。

（7）高级建模操作。

①轮廓可以被扫描、拉伸或旋转形成实体。

②高级的抽壳体命令在几秒钟内使实体变成薄壁设计。如果需要，内壁拓扑将不同于外壁。

③对共同的设计元素的用户定义特征 User – Defined Features。

（8）自由形状建模（Free Form Modeling）。

UG/Freeform Modeling 用于设计高级的自由外形，或直接在实体上，或作为一独立的片体。

片体建模完全与实体建模集成,并允许自由形状模块独立建立之后作用到实体设计。许多自由形状建模操作可以直接产生或修改实体。

① 自由形状构造。

功能强大的构造方法组:直纹、扫描、过曲线、网格曲面、点、偏置曲面。

② 操纵自由形状。

可以编辑定义的参数:数学参数及构造几何体可以重定义。可通过下列任一方式直接操纵自由形状,即控制多边形及改变曲面阶数、曲面上点和边缘。

2. UG/CAM 功能

UG/CAM 提供了一整套从钻孔、线切割到 5 轴铣削的单一加工解决方案。在加工过程中的模型、加工工艺、优化和刀具管理上,都可以与主模型设计相连接,始终保持最高的生产效率。把 UG 扩展的客户化定制的能力和过程捕捉的能力相结合,就可以一次性地得到正确的加工方案。

UG/CAM 由五个模块组成,即交互工艺参数输入模块、刀具轨迹生成模块、刀具轨迹编辑模块、三维加工动态仿真模块和后置处理模块。

1) 交互工艺参数输入模块

通过人—机交互的方式,用对话框和过程向导的形式输入刀具、夹具、编程原点、毛坯和零件等工艺参数。

2) 刀具轨迹生成模块 UG/Toolpath Generator

UG/CAM 最具特点的是其功能强大的刀具轨迹生成方法,包括车削、铣削、线切割等完善的加工方法。其中铣削主要有以下功能:

(1) Point to Point:完成各种孔加工。

(2) Planar Mill:平面铣削,包括单向行切、双向行切、环切以及轮廓加工等。

(3) Fixed Contour:固定多轴投影加工。用投影方法控制刀具在单张曲面或多张曲面上的移动,控制刀具移动的可以是已生成的刀具轨迹、一系列点或一组曲线。

(4) Variable Contour:可变轴投影加工。

(5) Parameter line:等参数线加工,可对单张曲面或多张曲面连续加工。

(6) Zig – Zag Surface:裁剪面加工。

(7) Rough to Depth:粗加工,将毛坯粗加工到指定深度。

(8) Cavity Mill:多级深度型腔加工,特别适用于凸模和凹模的粗加工。

(9) Sequential Surface:顺序曲面加工,即按照零件面、导动面和检查面的思路对刀具的移动提供最大程度的控制。

3) 刀具轨迹编辑模块 UG/Graphical Tool Path Editor

刀具轨迹编辑器可用于观察刀具的运动轨迹,并提供延伸、缩短或修改刀具轨迹的功能。同时,能够通过控制图形和文本的信息去编辑刀轨。因此,当要求对生成的刀具轨迹进行修改,或要求显示刀具轨迹和使用动画功能显示时,都需要刀具轨迹编辑器。动画功能可选择显示刀具轨迹的特定段或整个刀具轨迹。其附加的特征是能够用图形方式修剪局部刀具轨迹,以避免刀具与定位件、压板等的干涉,并检查过切情况。

刀具轨迹编辑器的主要特点:显示对生成刀具轨迹的修改或修正;可对整个刀具轨迹或

部分刀具轨迹进行刀轨动画显示；可控制刀具轨迹动画的速度和方向；允许选择的刀具轨迹在线性或圆形方向延伸；能够通过已定义的边界来修剪刀具轨迹；提供运动范围，并执行在曲面轮廓铣削加工中的过切检查。

4）三维加工动态仿真模块 UG/Verify

UG/Verify 交互地仿真检验和显示 NC 刀具轨迹，它是一个无须利用机床、成本低、效率高的测试 NC 加工应用的方法。UG/Verify 使用 UG/CAM 定义的 BLANK 作为初始的毛坯形状，显示 NC 刀轨的材料移去过程，并检验错误。最后在显示屏幕上建立一个完成零件的着色模型，用户可以把仿真切削后的零件与 CAD 的零件模型比较，能够方便地看到什么地方出现了不正确的加工情况。

5）后置处理模块 UG/Postprocessing

UG/Postprocessing 包括一个通用的后置处理器（GPM），使用户能够方便地建立用户定制的后置处理。通过使用加工数据文件生成器（MDFG），在一系列交互选项中会提示用户选择、定义的特定机床和控制器特性的参数，包括控制器和机床特征、线性和圆弧插补、标准循环、卧式或立式车床、加工中心、等等。这些易于使用的对话框允许为各种钻床、多轴铣床、车床、电火花线切割机床生成后置处理器。后置处理器的执行可以直接通过 Unigraphics 或操作系统来完成。

8.3 柔性制造技术概述

8.3.1 柔性制造的分类及特点

1. 柔性制造的分类

"柔性制造"是相对于"刚性制造"而言的。传统的"刚性"流水生产线主要实现单一品种的大批量生产。其优点是生产率很高，设备利用率也很高，单件产品的成本低。但设备价格相当昂贵，且只能加工一个或几个相类似的零件，适应性很差，如果想要加工其他品种的产品，则必须对其结构进行大调整，重新配置系统内各要素，其工作量和经费投入与构造一条新的生产线往往差不多。因此，刚性制造系统只适合大批量生产少数几个品种的产品，难以应付多品种中小批量的生产。

而由计算机信息控制系统、物料储运系统和一组数控加工设备组成的"柔性制造"系统是一种智能型的生产方式，它具有根据产品任务和生产环境的变化进行迅速调整的能力，即具有很强的"柔性"特征。随着各类先进加工技术的相继问世，柔性制造技术本身也在不断完善和提高。以数控生产为例，为向柔性制造提供基础设备，要求数控系统不仅能完成通常的加工功能，而且还应具备自动测量、自动上下料、自动换刀、自动更换主轴头（有时带坐标变换）、自动误差补偿、自动诊断和网络通信功能，特别是依据用户的不同要求，可方便灵活地快速配置和集成。随着各种相关技术的不断进步，柔性制造规模将不断扩大，给制造业带来了深刻影响。

根据机械制造科学的标准分类，按照生产系统内自动化水平的高低，柔性制造可以分为柔性制造单元（FMC）、柔性制造系统（FMS）、柔性制造线（FML）和柔性制造工厂（FMF）。

2. 柔性制造的特点

柔性制造最大的特点在于制造上的柔性。主要体现在以下几个方面：

（1）设备柔性。设备加工范围较宽，能完成多样化的生产任务，有利于实现批量生产、降低库存费用、提高设备利用率和缩短加工周期。

（2）物料运送柔性。物料运送设备能运送多种物料，具有较高的可获得性和利用率。

（3）操作柔性。具有不同加工工艺的工件能以多种方式进行加工，在机器出现故障时易于实现动态调度。

（4）人员柔性。操作人员掌握多种技能，能胜任不同的工作岗位。

（5）路径柔性。工件加工能通过制造系统的多种路径完成，便于平衡机床负荷，增强系统在机床故障、刀具磨损等情况下运行的稳定性和可靠性。

（6）产品柔性。在产品中能随时增加、去除或更换某些零部件，以提高对市场产品需求的响应速度，具有较强的适应动态变化市场环境的综合能力。

（7）扩展柔性。制造系统具有开放性，能扩展其生产能力，以适应企业拓展新市场的要求。

（8）维护柔性。系统能采用多种方式查询、处理故障，保障生产正常进行。

可见，"柔性制造"系统能够自动调整并实现一定范围内多种工件的成批高效生产，并能及时地改变产品品种及规格以满足市场需求。

8.3.2 柔性制造在制造业中的作用

柔性制造的基本特征决定了它对制造任务和生产经营环境的变化有很强的适应能力。因而，柔性制造技术在制造业企业中的应用有其极为重要的作用：

（1）"柔性制造"是现代生产方式的主流方向和共同基础。近几年，日益激烈的市场竞争和日新月异的生产技术推动着现代企业生产方式的不断创新，如准时生产、精益生产、并行工程、敏捷制造、仿生制造、绿色制造、制造资源计划、供应链管理，等等。而这些先进的生产方式无不是以"柔性"作为出发点和基础的，比如：精益生产是根据用户的需要生产出高质量的产品；敏捷制造和虚拟制造都强调快速适应产品的各种变化要求；并行工程在产品设计开发阶段就集成考虑了生产制造、销售和服务过程的适应性要求；而制造资源计划和供应链管理则是从整个生产链的范围求得更广、更高的柔性。

（2）"柔性制造"是满足消费者个性化、多样化需求最坚实的支撑。过去，在供不应求的卖方市场环境下，制造企业不必考虑消费者对其产品的要求，都是企业生产什么消费者就只能购买什么。而今消费者已成为市场的主宰，他们所需要的不仅仅是这种强制性的标准化商品，而是前所未有的非标准化产品，这将导致单一的、同类规格的大量消费市场，裂变为一系列满足不同需求的细分市场，细分市场又进一步强化了产品的多样化和个性化。这使得市场竞争从成本、价格为主的竞争，转向市场适应能力、新产品推进速度、产品个性化等方面的竞争，这在客观上需要柔性制造系统的支撑。

（3）"柔性制造"是降低生产成本、提高经济效益的有效手段。由于柔性制造是一种智能型的生产方式，它将高科技"嵌入"制造设备与制造产品中，实现硬设备的"软"提升，并提高制造产品的性能和质量，因而不仅能提高劳动生产率，而且能提升产品的附加价值，从而提高产品的竞争能力。另外，柔性制造还是一种市场导向型的生产方式，它要求制造厂商与顾客实行互动式的信息交流，及时掌握顾客对相关产品的需求信息，严格按照顾客的意愿和要求组织生产，因而能消除制造商生产的不确定性，同时使各制造商之间避免因过度竞争而造成两败俱伤的现象，使各制造商减少损失，提高经济效益。

（4）"柔性制造"是全面提升制造能力、缩小国与国之间先进制造水平差距的重要途径。各国之间经济的发展不同，导致这种先进的制造水平很不均衡。以中国为例，改革开放以来，中国已发展成为制造大国，但在制造业水平上与国际先进制造业水平还有很大差距。根据统计局调查分析显示，目前，中国制造业的劳动生产率还不到美国、日本和德国 20 世纪 90 年代中期水平的 1/10。而生产过程物耗比重、深加工程度以及技术含量的工业增加值率也比美国、日本、德国等低了约 20%。这些差距显然是由中国制造设备的技术水平普遍不高、从业人员的素质相对较低等造成的。而"柔性制造"这种先进制造方式的推行将有助于提高中国制造业的生产设备技术水平和从业人员的素质，促进已有的制造业的产业结构、人才结构和技术结构的优化，全面提升制造能力，从而缩小与国际先进制造水平的差距。

8.3.3 柔性制造技术的发展

1. 优化知识和人才结构

柔性制造是一种智能型生产方式，这在客观上要求有多层次的高素质人才去掌握和运用它，应积极引进和加速培养各类"柔性"人才，以优化企业的知识和人才结构。

（1）柔性制造需要生产工人得到更广泛的技能培训，掌握多种技能和能力，以便能很容易地从一种工作调换到另一种工作。

（2）柔性制造需要技术人员一专多能，并有很强的开拓创新能力，能根据消费者的个性化需求迅速研制出新产品，并快速制定和调整好相应的生产工艺设备。

（3）其对以顾客需求和偏好为导向的柔性制造方式的管理，也是对管理者能力的一种挑战。

总而言之，柔性制造需要企业加快各个层次人才的培养和引进速度，健全人才激励机制，开展多种形式的培训工作，优化企业的知识和人才结构。

2. 零部件的规范化

柔性制造主要是适应社会对个性化消费需求而发展起来的。但从经济学角度分析，各种产品的零部件生产如果批量很小，就会影响产品的制造成本，这样虽能满足消费者的个性化需求，但在很大程度上牺牲了经济性。而经济效益是一切经济活动的中心，因此，制造商必须考虑依靠产品的系列化、标准化和通用化来提高零部件的生产批量，以解决少量个性化需求与规模经济之间的矛盾，在实现规模经济效益的前提下满足消费者的个性化需求。

3. 完善物流配送

柔性制造必然会给制造商带来巨大的物流配送压力，一方面，消费者希望制造商能以最短的时间将商品送到手中，否则消费者会提出退货而影响制造商的销售和信誉；另一方面，如果对于每一件商品尤其是价值较低的商品都达到快速配送的要求，势必导致物流成本太高。因此，必须采取多渠道、多方式进行物流配送，如可通过第三方专业物流公司进行物流配送，以解决快速准确的物流配送与降低配送成本的矛盾；同时，企业自身可采取集中生产和开拓市场相结合的措施，尽量增加同一地区对同一商品的需求总量，使单位产品的配送成本降低；或者通过时间折扣、数量折扣等，鼓励消费者提前订购和批量订购，使制造商能分期、分批地配送商品。

4. 重构制造流程

重构制造流程的根本目的在于提高产品制造速度和质量，同时降低由此而提高的生产成本。制造流程重构主要包括以下几项工作：

（1）重构供应链。柔性制造对传统的原材料供应方式提出了挑战，柔性制造方式要求供应的材料品种大量增加，单种材料的供货量减少，供货速度加快。这就要求选择好供应商，并与供应商之间实行数据库联网或能做到互动，从而保证原材料供应的准确快速，并降低库存费用。

（2）重构生产组织。改造计划调度系统和生产过程，快速和准确地处理由柔性制造带来的大量的生产信息，提高产品制造速度。

（3）重构质量控制。建立实时质量控制系统，保证产品的制造质量。

5. 改革企业管理模式

常言道："三分技术，七分管理"。柔性制造需要相应的柔性管理。柔性制造方式的实施必然要求变革传统的管理思想、管理组织和管理方法。

（1）以人为本。树立柔性管理思想是实施柔性制造的先决条件。柔性管理思想的核心是"人性化和个性化"，它注重平等尊重、主动创新、远见和价值控制等思想观念。

（2）组织机构柔性。组织机构设置是否合理、是否有柔性，将直接影响到企业对外部市场需求的反应能力和决策能力。目前大部分制造企业的组织结构层次多，信息传递的渠道长、环节多、速度慢，不能适应柔性制造对信息传递快速、准确的需要，因而必须采取项目型、虚拟型、有机型等柔性组织形式，以增强组织结构的柔性和活力。

（3）柔性管理。柔性制造是一种新的、先进的生产方式，这在客观上要求有相应的诸如动态计划、弹性预算等柔性管理方式去管理，以获得以变应变的效果。

6. 信息资源开发

柔性制造技术作用的发挥和效益的提高，更多地取决于是否能迅速、精确地了解消费者的真实需求。为此，企业必须加强信息资源的开发利用，提高制造过程的信息化水平及信息管理技术，并建立与顾客之间互动的信息通道，以便快速有效地获取市场信息，进行需求分析，确保满足顾客需求。

附　　录

附录 1　SINUMERIK 840D 控制系统代码及含义

地址	含义	赋值	说明	编程
D	刀具刀补号	0~9 整数，不带符号	用于某个刀具 T__ 的补偿参数：D0 表示补偿值 = 0。一个刀具最多有 9 个 D 号	D__;
F	进给率	0.001~99999.999	刀具/工件的进给速度，对应 G94 或 G95，单位分别为 mm/min 和 mm/r	F__;
F	与 G4 一起可以编程停留时间	0.001~99999.999	停留时间，单位为 s	G4 F__;单独运行
G	G 功能（准备功能字）	已事先规定	G 功能，按 G 功能组划分，一个程序段中只能包含一个 G 功能组中的一个 G 功能指令。G 功能按模态有效（直到被同组中其他功能替代），或者以程序段方式有效	G__;
G00	快速移动		运动指令	G00 X__ Z__;

续表

地址	含义	赋值	说明	编程
G01	直线插补			G01 X__ Z__ F__;
G02	顺时针圆弧插补（CW）			G02 X__ Z__ I__ K__;圆心和终点 G02 X__ Z__ CR=__ F__;半径和终点 G02 AR=__ I__ K__ F__;张角和圆心 G02 AR=__ X__ Z__ F__;张角和终点
G03	逆时针圆弧插补（CCW）			G03 X__ Z__ I__ K__;圆心和终点 G03 X__ Z__ CR=__ F__;半径和终点 G03 AR=__ I__ K__ F__;张角和圆心 G03 AR=__ X__ Z__ F__;张角和终点
CIP	中间点圆弧插补		（插补方式）模态有效	CIP X__ Z__ I1=__ K1=__ F__ S__ M__;
G33	恒螺距的螺纹切削			;主轴转速,方向 G33 Z__ K__;在Z轴方向上带补偿夹具攻丝
G331	不带补偿夹具切削内螺纹			N10 SPOS=;主轴处于位置调节状态 N20 G331 Z__ K__ S__; 在Z轴方向不带夹具攻丝; 右旋螺纹或左旋螺纹通过螺距的符号（如K+）确定： +：主轴顺时针旋转； −：主轴逆时针旋转
G332	不带补偿夹具切削内螺纹,退刀			G332 Z__ K__;不带补偿夹具切削螺纹,Z退刀；螺距符号同G331
CT	带切线的过渡圆弧插补			N10 G0 Z__ X__; N20 CT__ Z__ X__ F__;圆弧以前一段切线为过渡

续表

地址	含义	赋值	说明	编程
G04	快速移动		特殊运行，程序段方式有效	G4 F__；或 G4 S__；自身程序段
G63	快速移动			G63 Z__ F__ S__ M__；
G74	回参考点			G74 X__ Z__；自身程序段
G75	回固定点			G75 X__ Z__；自身程序段
TRANS	可编程的零点偏置			TRANS X__ Z__；自身程序段
ATRANS	附加可编程的偏置			ATRANS X__ Z__；自身程序段
ROT	可编程的旋转			ROT RPL=__；在当前平面（G17、G18、G19）中旋转
AROT	附加可编程的旋转			AROT RPL=__；在当前平面（G17、G18、G19）中旋转
SCALE	可编程比例系数			SCALE X__ Z__；在所给定轴方向比例系数，自身程序段
ASCALE	附加可编程比例系数		写存储器，程序段方式有效	ASCALE X__ Z__；在所给定轴方向比例系数，自身程序段
MIRROR	可编程镜像功能			MIRROR X0；改变方向的坐标轴，自身程序段
AMIRROR	附加可编程镜像功能			AMIRROR X0；改变方向的坐标轴，自身程序段
G25	主轴转速下限			G25 S__；自身程序段 G25 X__ Z__；自身程序段
G26	主轴转速上限			G26 S__；自身程序段 G26 X__ Z__；自身程序段

续表

地址	含义	赋值	说明	编程
G17	X/Y 平面选择		平面选择，模态有效	G17 ___；所在平面的垂直轴为刀具长度补偿轴
G18 *	X/Z 平面选择			
G19	Y/Z 平面选择			
G40	刀尖半径补偿方式的取消		刀尖半径补偿，模态有效	
G41	刀尖半径补偿，刀具在轮廓左侧移动			
G42	刀具半径补偿，刀具在轮廓右侧移动			
G500	取消可设定零点偏置		可设定零点偏置，模态有效	
G54	可设定零点偏置 1			
G55	可设定零点偏置 2			
G56	可设定零点偏置 3			
G57	可设定零点偏置 4			
G58	可设定零点偏置 5			
G59	可设定零点偏置 6			
G53	按程序段方式取消可设定零点偏置		取消可设定零点，偏置段方式有效	
G153	按程序段方式取消可设定零点偏置，包括框架			
G60	准确定位		定位性能，模态有效	
G64	连续路径方式			
G9	准确定位，单程序段有效		程序段方式，准停段方式有效	
G601	在 G60、G9 方式下准确定位，精		准停窗口，模态有效	
G602	在 G60、G9 方式下准确定位，粗			
G70	英制尺寸		英制/公制尺寸，模态有效	
G71 *	公制尺寸			
G700	英制尺寸，也用于进给率 F			
G710	公制尺寸，也用于进给率 F			
G90 *	绝对尺寸		绝对尺寸/增量尺寸，模态有效	
G91	增量尺寸			
G94 *	直线进给率 F，单位为 mm/min		进给/主轴，模态有效	
G95	主轴旋转进给率 F，单位为 mm/r			

续表

地址	含义	赋值	说明	编程
CFC	圆弧加工时打开进给率修调		进给率修调，模态有效	
CFTCP	关闭进给率修调			
G901	在圆弧段进给补偿"开"			
G900	进给补偿"关"			
G450	拐角处圆弧过渡方式		刀尖半径补偿时拐角特性，模态有效	
G451	拐角处等距方式			
BRISK	轨迹跳跃加速		加速度特性，模态有效	
SOFT *	轨迹平滑加速			
FFOWF	预控关闭		预控，模态有效	
FFOWN *	预控打开			
WALIMON *	工作区域限制生效		工作区域限制，模态有效	适用于所有轴，通过设定数据激活，值通过 G25 和 G26 设置
WALIMOF	工作区域限制取消			
G920 *	西门子方式		其他 NC 语言	
G921	其他方式		模态有效	
G110	极点尺寸，相对于上次编程的设定位置			
G111	极点尺寸，相对于当前工件坐标系的零点			
G112	极点尺寸，相对于最后有效的极点			
H H0 = T0 H9999	H 功能	±（0.000001～9999.9999）（8 个十进制数据位）或使用指数形式	用于传送到 PLC 的数值，其定义由机床制造厂家确定	H0 = ＿；H9999 = ＿；H7 = 23.456；
I	插补参数	±（0.001～99999.999）螺纹：0.001～20000.000	X 轴尺寸，在 G02 和 G03 中为圆心坐标；在 G33、G331、G332 中则表示螺距大	参见 G02、G03、G33、G331 和 G332
K	插补参数	±（0.001～99999.999）螺纹：0.001～20000.000	Z 轴尺寸，在 G02 和 G03 中为圆心坐标；在 G33、G331、G332 中则表示螺距大	参见 G02、G03、G33、G331 和 G332

续表

地址	含义	赋值	说明	编程
I1	圆弧插补的中间点	±（0.001～99999.999） 螺纹：0.001～20000.000	X轴尺寸；用于CIP进行圆弧插补的中间点参数	采用CIP方式加工圆弧时，圆弧中间点的X轴坐标值
K1	圆弧插补的中间点	±（0.001～99999.999） 螺纹：0.001～20000.000	Z轴尺寸；用于CIP进行圆弧插补的中间点参数	采用CIP方式加工圆弧时，圆弧中间点的Z轴坐标值
L	子程序名及子程序调用	7位十进制整数，无符号	可以选择L1，…，L9999999；子程序调用需要一个独立的程序段。注意：L0001不等于L1	L＿；自身程序段
M	辅助功能	0～99整数，无符号	用于进行开关操作，如"打开"冷却液，一个程序段中最多有5个M功能	M＿；
M00	程序停止		用M00停止程序的执行，按"启动"键加工继续执行	
M01	程序有条件停止		与M00一样，但仅在"条件停（M01）有效"功能被软键或接口信号触发后才生效	
M02	程序结束		在程序的最后一段被写入	
M30	纸带结束			
M17	子程序结束，返回主程序		在子程序的最后一段被写入	M17；自身程序段
M03	主轴顺时针旋转			
M04	主轴逆时针旋转			
M05	主轴停			
M06	更换刀具		在机床数据有效时用M06更换刀具，其他情况下直接用T指令进行	
M07	2号切削液开			
M08	1号切削液开			
M09	切削液关			
M40	自动变换齿轮级			
M41～M45	齿轮级1到齿轮级5			
N	副程序段	0～9999 9999整数，无符号	与程序段段号一起标识程序段，N位于程序段开始	N20＿；

续表

地址	含义	赋值	说明	编程
:	主程序段	0～9999 9999 整数，无符号	指明主程序段，用字符":"取代副程序段的地址符"N"。主程序段中必须包含其加工所需的全部指令	:20
P	子程序调用次数	1～9999 整数，无符号	在同一程序段中多次调用子程序	L781 P__；自身程序段
RET	子程序结束		代替 M02 使用，保证路径连续运行	RET；自身程序段
S	主轴转速，在 G4 中表示暂停时间	0.001～99 999.999	主轴转速单位是 r/min，在 G4 中作为暂停时间	S__； G4 S30；主轴转30转后暂停
T	刀具号	1，…，32000 整数，无符号	可以用 T 指令直接更换刀具，可由 M06 进行。其可由机床数据设定	T__；
X Y Z	坐标轴	±0.001～99999.999	位移信息	X__； Y__； Z__；
AR	圆弧插补张角	0.00001～359.99999	单位是度（°），用于在 G02/G03 中确定圆弧大小	G02/G03 X__ Z__ CR=__ F__；半径和终点 G02/G03 AR=__ I__ K__ F__；张角和圆心 G02/G03 AR=__ X__ Z__ F__；张角和终点
CR	圆弧插补半径	0.001～99999.999	大于半圆的圆弧带负号"-"，在 G02/G03 中确定圆弧	G02/G03 X__ Z__ CR=__ F__；半径和终点 G02/G03 AR=__ I__ K__ F__；张角和圆心 G02/G03 AR=__ X__ Z__ F__；张角和终点
CHF	倒角		在两个轮廓之间插入给定长度的倒角	N10 G01 X__ Y__ CHF=__ N11 G01 X__ Y__
CHR	倒角轮廓连线		在两个轮廓之间插入给定边长的倒角	N10 G01 X__ Y__ CHR=__ N11G01 X__ Y__

续表

地址	含义	赋值	说明	编程
RND	圆角	0.010~999.999	在两个轮廓之间以给定的半径插入过渡圆弧	N10 G01 X__ Y__ CHR=__ N11 G01 X__ Y__
CALL	循环调用			N10 CALL CYCLE…(…)
CYCLE	加工循环	仅为给定值	调用加工循环时要求一个独立的程序段；事先必须给定的参数赋值（参见章节"循环"）	
CYCLE82	钻削,深孔加工			N10 CALL CYCLE82 (…)自身程序段
CYCLE83	深孔钻削			N10 CALL CYCLE83 (…)自身程序段
CYCLE840	带补偿的夹具切削螺纹			N10 CALL CYCLE840 (…)自身程序段
CYCLE84	带螺纹插补切削螺纹			N10 CALL CYCLE84 (…)自身程序段
CYCLE85	镗孔1			N10 CALL CYCLE85 (…)自身程序段
CYCLE86	镗孔2			N10 CALL CYCLE86 (…)自身程序段
CYCLE88	镗孔4			N10 CALL CYCLE88 (…)自身程序段
CYCLE93	凹槽循环			N10 CALL CYCLE93 (…)
CYCLE94	钻孔圆弧排列的孔			N10 CALL CYCLE94 (…)
CYCLE95	铣槽			N10 CALL CYCLE95 (…)
CYCLE97	铣圆形槽			N10 CALL CYCLE97 (…)
GOTOB	向后跳转指令		与跳转标志符一起,表示跳转到所标志的程序段,跳转方向向前	N20 GOTOB MARKE 1;
GOTOF	向前跳转指令		与跳转标志符一起,表示跳转到所标志的程序段,跳转方向向后	N20 GOTOF MARKE 2;

续表

地址	含义	赋值	说明	编程
SPOS SPOSA	主轴位置			
M17	子程序结束			
M38 M39	主轴速度范围			
LIMS	速度极限			LIMS=400;
G96	选择恒速度			
G97	取消恒速度			
G93	时间倒数,进给率			
G50	主轴最高速度限制			G50 S2000;
利用RET表示程序结束	子程序也可以利用结束语句RET代替M17表示程序结束,RET必须在独立的程序段内编程。当G64连续轨迹方式不能通过返回中断时可使用RET语句,M17可使G64中断并执行准停。 纠正:M17不要写入它自己的子程序段,应利用横移轨迹来取代它:"G1 X = YY;"M17必须设置在机床数据中:"PLC中无M17"子程序名开头两个字符必为字母,其他可以是字母、数字或下划线字符			
LABEL:	跳跃目的;冒号后为目的名			
REPEAT	重复		如:REPEAT BEGLNI P=2;EEGLNI被执行2次	
REPEATB	重复程序段			
AP=	极坐标中终点,此时为极角			
RP=	极坐标中终点,此时为与圆半径相应的极半径			

注:带 * 的功能在程序启动时生效(如果没有编程新的内容,指用于"铣削"时的系统变量)

附录2 SINUMERIK 802S/C 数控车床系统的常用 G 代码

代码	意义	说明	格式	模态/非模态	组
G0	快速移动	运动指令	G0 X_ Y_ Z_;	模态	1
G1	直线插补	运动指令	G1 X_ Y_ Z_ F_;	模态	1
G2	顺时针圆弧插补	运动指令	G2 X_ Z_ I_ K_ F_;圆心和终点 G2 X_ Z_ CR = _ F_;半径和终点 G2 AR = _ I_ K_ F_;角度和圆心 G2 AR = _ X_ F_;角度和终点	模态	1
G3	逆时针圆弧插补	运动指令	同 G2	模态	1
G4	暂停时间	特殊运动	G4 F_;以秒表示的停留时间 G4 S_;以主轴旋转表示的停留时间独立程序段	非模态	2
G5	中间点圆弧插补	运动指令	G5 X_ Z_ IX_ KZ_ F_;	模态	1
G9	准确定位减速			非模态	11
G17	平面选择 XY	进给方向 Z		模态	6
G18	平面选择 ZX	进给方向 Y		模态	6
G19	平面选择 ZY	进给方向 X		模态	6
G22	半径尺寸			模态	9
G23	直径尺寸			模态	9
G25	主轴低速限制	写入存储器	G25 S_;单独一段	非模态	3
G26	主轴高速限制	写入存储器	G26 S_;单独一段	非模态	3
G33	恒螺距的螺纹切削	运动指令	G33 Z_ K_ SF_;圆柱形螺纹 G33 X_ I_ SF = _;端面螺纹 G33 Z_ X_ K_ SF = _;锥螺纹(Z 轴路径比 X 轴长) G33 Z_ X_ I_ SF = _1;锥螺纹(X 轴路径比 Z 轴长)	模态	1
G40	取消刀具半径补偿			模态	7
G41	刀具半径左补偿			模态	7
G42	刀具半径右补偿			模态	7

续表

代码	意义	说明	格式	模态/非模态	组
G53	取消当前零点偏置	包括程序偏置		非模态	9
G54	可设置的零点偏置1			模态	8
G55	可设置的零点偏置2			模态	8
G56	可设置的零点偏置3			模态	8
G57	可设置的零点偏置4			模态	8
G60	精确定位	准确定位减速		模态	10
G63	带补偿的次螺纹		G63 Z_ G1;	非模态	2
G54	精确停止轮廓模式			模态	10
G70	英制尺寸			模态	13
G71	公制尺寸			模态	13
G74	返回参考点	加工轴	G74 X_ Z_;独立程序段	非模态	2
G75	返回固定点		G75 X_ Z_;独立程序段	非模态	2
G90	绝对尺寸			模态	14
G91	增量尺寸			模态	14
G94	每分钟进给率			模态	15
G95	每转进给率			模态	15
G96	恒线速切削开			模态	15
G97	恒线速切削关			模态	15
G110	极点编程,相对于上次编程的设定位置		G110 X_ Y_ Z_;	非模态	3
G111	极点编程,相对于当前工件坐标系的原点		G111 X_ Y_ Z_;	非模态	3
G112	极点编程,相对于上次有效的极点		G112 X_ Y_ Z_;	非模态	3
G158	可编程的位置	写入存储	G158 X_ Y_ Z_;	非模态	3
G258	可编程的旋转		G258 RPL=_;在G17到G19平面中旋转	非模态	3
G259	附加可编程的旋转		G259 RPL=_;在G17到G19平面中附加旋转	非模态	3
G331	不带补偿夹具切削内螺纹	运动指令		模态	1
G332	不带补偿夹具切削内螺纹(退刀)			模态	1

续表

代码	意义	说明	格式	模态/非模态	组
G450	圆弧过度	刀具半径补偿的拐角特征		模态	18
G451	等距交点过渡(尖角)			模态	18
G500	取消可设定零点偏置			模态	8
G601	在G60、G9方式下精准确定位	只有在G80或G9有效时才有效		模态	12
G602	在G60、G9方式下粗准确定位			模态	12
G603	在G60、G9方式下插补结束时准确定位			模态	12
G641	在G60、G9方式下,轮廓模式准确定位		G641 ADIS = _;	模态	10

附录3　FAGOR8055T系统常用的G代码

G代码	功能	G代码	功能
G00	快速定位	G12	图像相对于Y轴镜像
G001	直线插补	G13	图像相对于Z轴镜像
G02	顺时针圆弧插补	G14	图像相对于编程的方向镜像
G03	逆时针圆弧插补	G15	纵向轴的选择
G04	暂停/程序段准备停止	G16	用两个方向选择主平面
G05	圆角过渡	G17	主平面XY纵轴为Z
G06	绝对圆心坐标	G18	主平面ZX纵轴为Y
G07	方角过渡	G19	主平面YZ纵轴为X
G08	圆弧切于前一路径	G20	定义工作区下限
G09	三点定义圆弧	G21	定义工作区上限
G10	图像镜像取消	G22	激活/取消工作区
G11	图像相对于X轴镜像	G28	第二主轴选择

续表

G代码	功能	G代码	功能
G29	主轴选择	G72	通用和特定缩放比例
G30	主轴同步（偏移）	G74	机床参考点搜索
G32	进给率"F"用作时间的倒函数	G75	探针运动直到接触
G33	螺纹切削	G76	探针接触
G36	自动半径过渡	G77	从动轴
G37	切向入口	G77S	主轴速度同步
G38	切向出口	G78	从动轴取消
G39	自动倒角连接	G78S	取消主轴同步
G40	取消刀具半径补偿	G81	直线车削固定循环
G41	左手刀具半径补偿	G82	端面车削固定循环
G42	右手刀具半径补偿	G83	钻削固定循环
G45	切向控制	G84	圆弧车削固定循环
G50	受控圆角	G85	端面圆弧车削固定循环
G54～G57	绝对零点偏置	G86	纵向螺纹切削固定循环
G58	附加零点偏置	G86	端面螺纹切削固定循环
G59	附加零点偏置	G88	沿 X 轴开槽固定循环
G60	轴向钻削/攻螺纹固定循环	G89	沿 Z 轴开槽固定循环
G61	径向钻削/攻螺纹固定循环	G90	绝对坐标编程
G62	纵向槽加工固定循环	G91	增量坐标编程
G63	径向槽加工固定循环	G92	坐标预置/主轴速度限制
G66	模式重复固定循环	G93	极坐标原点
G68	沿 X 轴的余量切除固定循环	G94	直线进给率
G69	沿 Z 轴的余量切除固定循环	G95	旋转进给率，单位为 mm(in)/min
G70	以英寸为单位编程	G96	恒速切削，单位为 mm(in)/r
G71	以毫米为单位编程	G97	主轴转速，单位为 r/min

附录4 世纪星 HNC – 21M 数控铣床 G 代码功能

G 代码	组	功能	参数（后续地址字）	索引
G00 G01 G02 G03	01	快速定位 直线插补 顺圆插补 逆圆插补	X，Y，Z，4TH X，Y，Z，4TH X，Y，Z，I，J，K，R X，Y，Z，I，J，K，R	P
G01	00	暂停	P	—
G07	16	虚轴指定	X，Y，Z，4TH	—
G09	00	准停校验	—	—
G17 G18 G19	02	XY 平面选择 ZX 平面选择 YZ 平面选择	X，Y X，Z Y，Z	—
G20 G21 G22	08	英寸输入 毫米输入 脉冲当量输入	—	—
G24 G25	03	镜像开 镜像关	X，Y，Z，4TH	—
G28 G29	00	返回到参考点 由参考点返回	X，Y，Z，4TH X，Y，Z，4TH	—
G34	00	攻螺纹	K，F，P	—
G38		极坐标编程	X，Y，Z	—
G40 G41 G42	09	刀具半径补偿取消 左刀补 右刀补	 D D	—
G43		刀具长度正向补偿	H	—
G44	10	刀具长度负向补偿	H	—
G49		刀具长度补偿取消	—	—
G50 G51	04	缩放关 缩放开	X，Y，Z，P	—
G52 G53	00	局部坐标系设定 直接机床坐标系编程	X，Y，Z，4TH	—

275

续表

G 代码	组	功能	参数（后续地址字）	索引
G54	11	工件坐标系 1 选择	—	—
G55		工件坐标系 2 选择		
G56		工件坐标系 3 选择		
G57		工件坐标系 4 选择		
G58		工件坐标系 5 选择		
G59		工件坐标系 6 选择		
G60	00	单方向定位	X, Y, Z, 4TH	—
G61	12	精确停止校验方式	—	—
G64		连续方式		
G65	00	子程序调用	P, Z–Z	—
G68	05	旋转变换	X, Y, Z, P	—
G69		旋转取消		
G73	06	探孔钻削循环	X, Y, Z, P, Q, R, I, J, K	—
G74		逆攻螺纹循环	X, Y, Z, P, Q, R, I, J, K	
G76		精镗循环	X, Y, Z, P, Q, R, I, J, K	
G80		固定循环	X, Y, Z, P, Q, R, I, J, K	
G81		定心钻循环	X, Y, Z, P, Q, R, I, J, K	
G82		钻孔循环	X, Y, Z, P, Q, R, I, J, K	
G83		深孔钻循环	X, Y, Z, P, Q, R, I, J, K	
G84		攻螺纹循环	X, Y, Z, P, Q, R, I, J, K	
G85		镗孔循环	X, Y, Z, P, Q, R, I, J, K	
G86		镗孔循环	X, Y, Z, P, Q, R, I, J, K	
G87		反镗循环	X, Y, Z, P, Q, R, I, J, K	
G88		镗孔循环	X, Y, Z, P, Q, R, I, J, K	
G89		镗孔循环	X, Y, Z, P, Q, R, I, J, K	
G90	13	绝对值编程	—	—
G91		增量值编程		
G92	00	工件坐标系设定	X, Y, Z, 4TH	—
G94	14	每分钟进给	—	—
G95		每转进给		
G98	15	固定循环返回起始点	—	—
G99		固定循环返回到 R 点		

附录5 世纪星 HNC–21T 数控车床 G 代码功能

G 代码	组	功能	参数（后续地址字）
G00 G01 G02 G03	01	快速定位 直线插补 顺圆插补 逆圆插补	X, Z X, Z X, Z, I, K, R X, Z, I, K, R
G04	00	暂停	P
G20 G21	08	英寸输入 毫米输入	—
G28 G28	00	返回到参考点 由参考点返回	X, Z X, Z
G32 G37	01	螺纹切削 半径编程	X, Z, R, E, P, F —
G36	17	直径编程	—
G40 G41 G42	09	刀泵半径补偿取消 左刀补 右刀补	 D D
G52	00	局部坐标系设定	X, Z
G54 G55	—	—	—
G56 G57 G58 G59	11	零点偏置	—
G65		宏指令简单调用	P, 传递参数: A, B, C, D, E, F, H, I, J, K, M, Q, R, S, T, U, V, W, X, Y, Z
G71 G72 G73 G76	06	外径/内径车削复合循环 端面车削复合循环 闭环车削复合循环 螺纹切削复合循环	X, Z, U, W, C, P, Q, R, E
G80 G81 G82	01	内/外径车削固定循环 端面车削固定循环 螺纹切削固定循环	X, Z, I, K, C, P, R, E

续表

G 代码	组	功能	参数（后续地址字）
G90 G91	13	绝对值编程 增量值编程	—
G92	00	工件坐标系设定	X, Z
G94 G95	14	每分钟进给 每转进给	—
G96 G97	16	恒切削线速度控制 取消恒切削线速度控制	—

附录6　数控铣床常见辅助代码

M 代码	说明	M 代码	说明
M00	程序停止	M19	主轴定位
M01	可选择停止程序	M30	程序结束
M02	程序结束	M48	进给倍率取消"关"
M03	主轴正转	M49	进给倍率取消"开"
M04	主轴反转	M60	自动托盘交换
M05	主轴停止	M78	B 轴夹紧
M06	自动换刀	M79	B 轴松开
M07	切削液喷雾开	M98	子程序调用
M08	切削液"开"	M99	子程序结束
M09	切削液"关"		

附录7 常见数控车床辅助代码

M 代码	说明	M 代码	说明
M00	程序停止	M19	主轴定位
M01	可选择停止程序	M21	尾座向前
M02	程序结束	M22	尾座向后
M03	主轴正转	M23	螺纹逐渐退出"开"
M04	主轴反转	M24	螺纹逐渐退出"关"
M05	主轴停止	M30	程序结束
M07	切削液喷雾开	M41	低速齿轮选择
M08	切削液"开"	M42	中速齿轮选择1
M09	切削液"关"	M43	中速齿轮选择2
M10	卡盘夹紧	M44	高速齿轮选择
M11	卡盘松开	M48	进给倍率取消"关"
M12	尾座顶尖套筒进	M49	进给倍率取消"开"
M13	尾座顶尖套筒退	M98	子程序调用
M17	转塔向前检索	M99	子程序结束
M18	转塔向后检索		

参 考 文 献

[1] 卢万强. 数控加工技术基础（第2版）[M]. 北京：机械工业出版社，2014.
[2] 卢万强. 数控加工技术（第3版）[M]. 北京：北京理工大学出版社，2014.
[3] 陈展福，徐海波. 数控加工技术 [M]. 重庆：重庆大学出版社，2016.
[4] 王兵，张大林，彭霞. 数控加工与编程 [M]. 武汉：华中科技大学出版社，2017.
[5] 马志诚，曾谢华. 数控加工与编程 [M]. 成都：西南交通大学出版社，2015.
[6] 徐福林，周立波. 数控加工工艺与编程 [M]. 上海：复旦大学出版社，2015.
[7] 陈洪涛. 数控加工工艺与编程 [M]. 北京：高等教育出版社，2014.
[8] 杜国臣. 数控机床编程 [M]. 北京：机械工业出版社，2010.
[9] 晏初宏. 数控加工工艺与编程 [M]. 北京：化学工业出版社，2010.
[10] 陈文杰. 数控加工工艺与编程 [M]. 北京：机械工业出版社，2009.
[11] 赵松涛. 数控编程与操作 – SINUMERIK 数控系统 [M]. 西安：电子科技大学出版社，2006.